国家自然科学基金(31860611，31560597，31260517)资助

江西水鸟多样性与越冬生态研究

邵明勤　植毅进　主编

科 学 出 版 社

北　京

内 容 简 介

本书是编者在江西十多年来从事水鸟多样性及保护生物学研究的成果总结。全书包括江西自然概况、水鸟野外鉴定技巧、水鸟越冬生态的研究方法、江西水鸟资源及水鸟多样性分布格局、能量支出、时间分配与行为节律、潜水行为、取食行为、集群行为、性比及成幼比、生境选择和水鸟共存等14个章节。本书基本涵盖水鸟越冬生态的全部内容，是一本非常实用和具有参考价值的书籍。

本书内容翔实，可作为高等师范院校、农林院校、综合性大学生物科学专业、野生动植物管理及相关专业的研究生、科研人员的参考用书，也可作为中学生物教师的参考资料。

图书在版编目（CIP）数据

江西水鸟多样性与越冬生态研究 / 邵明勤，植毅进主编. —北京：科学出版社，2019.7

ISBN 978-7-03-061955-6

Ⅰ. ①江… Ⅱ. ①邵… ②植… Ⅲ. ①水生动物–鸟类–研究–江西 Ⅳ. ①Q959.708

中国版本图书馆CIP数据核字（2019）第151911号

责任编辑：张会格 / 责任校对：郑金红
责任印制：吴兆东 / 封面设计：刘新新

科 学 出 版 社 出版
北京东黄城根北街 16 号
邮政编码：100717
http://www.sciencep.com
北京虎彩文化传播有限公司 印刷
科学出版社发行　各地新华书店经销
*
2019 年 7 月第 一 版　开本：720 × 1000 1/16
2019 年 7 月第一次印刷　印张：13 3/8
字数：270 000

定价：128.00 元
（如有印装质量问题，我社负责调换）

《江西水鸟多样性与越冬生态研究》编委会

主　编

邵明勤(江西师范大学)

植毅进(江西师范大学)

副主编

戴年华(江西省科学院)

曾宾宾(江西省吉安市第一中学；江西师范大学)

章旭日(浙江省林业科学研究院；江西师范大学)

卢　萍(江西省科学院)

黄志强(东华理工大学)

郭　宏(赣州市粮油实业集团公司；江西师范大学)

编　委

蒋剑虹(江西师范大学)

石文娟(江西师范大学)

陈　斌(江西师范大学)

张聪敏(江西师范大学)

龚浩林(江西师范大学)

何文韵(江西师范大学)

前　言

江西省地形多样，为 500 余种鸟类提供栖息场所。江西省水系主要由五大河流及其支流和鄱阳湖组成。其中鄱阳湖为中国最大的淡水湖泊，每年冬季鄱阳湖水位下降，洲滩显露，为数十万只水鸟提供停息和越冬的场所。鄱阳湖为国家 I 级重点保护动物东方白鹳 *Ciconia boyciana*、白鹤 *Grus leucogeranus*、白头鹤 *Grus monacha* 等提供重要的越冬场所。鄱阳湖"五河"（赣江、抚河、信江、饶河、修河）水系也为众多水鸟提供越冬和繁殖场所，如国家 I 级重点保护动物中华秋沙鸭 *Mergus squamatus* 在"五河"水系均分布有一定的数量，其江西越冬种群数量约占全球数量的 10%。

江西鸟类研究在 20 世纪报道较少，没有专门针对江西水鸟的研究。21 世纪相继出版了有关鄱阳湖水鸟多样性和种群数量动态的专著，为江西水鸟的研究奠定了基础。2006～2018 年，作者在国家自然科学基金的资助下，开展了鄱阳湖区及其"五河"水系的水鸟多样性和濒危水鸟越冬生态的研究，重点对水鸟多样性的时空动态、濒危水鸟的数量分布、集群行为、时间分配、潜水行为与取食行为、能量支出、栖息地选择等进行了系统的研究，研究物种包括东方白鹳、4 种鹤类、中华秋沙鸭等濒危物种，还包括一些常见物种。合计发表关于鄱阳湖及其水系鸟类的相关论文 40 余篇。作者在查阅大量文献的基础上，结合自身在江西 12 年的野外工作数据，撰写了《江西水鸟多样性与越冬生态研究》一书，相信本书的出版将会对江西水鸟的研究与保护起到积极的促进作用。

全书共 14 章，其中第 1 章由戴年华、卢萍和邵明勤编写，第 2 章由章旭日和黄志强编写，第 3～第 7 章和第 9 章的编写及文献整理由植毅进负责，第 11 章由曾宾宾和郭宏编写。其他章节均由主编邵明勤编写。植毅进完成 14.6 万字，邵明勤完成 8.6 万字。此外，邵明勤、植毅进和戴年华均对全文进行了整体设计、修改和校对。

由于作者水平有限，书中难免有遗漏和不足之处，诚望读者批评指正。

邵明勤　植毅进

1048362673@qq.com

2019 年 1 月

目　　录

第1章　江西省自然概况及鸟类研究历史

1.1　江西省自然概况

1.1.1　地理位置

江西省位于长江中下游南岸，东邻浙江省、福建省，南连广东省，西接湖南省，北毗湖北省、安徽省而共接长江，是长江经济带重要组成部分。其地理坐标为 24°29′14″～30°04′41″N，113°34′36″～118°28′58″E，土地总面积 16.69 万 km²，占全国土地总面积的 1.7%（国家林业局，2015）。

1.1.2　地形地貌

江西省地形复杂多样，平原、盆地、丘陵和山地都有，以山地丘陵为主。其中，山地占全省总面积的 36%，丘陵占 42%，岗地、平原、水面占 22%。地貌上属江南丘陵的主要组成部分。省境东、西、南三面环山地，中部丘陵和河谷平原交错分布，北部则为鄱阳湖平原。鄱阳湖平原为长江和鄱阳湖水系，赣江、抚河、信江、饶河、修河等河流冲积而成的三角洲平原。其范围以鄱阳湖为中心，面积约 200 万 hm²。平原地势低平，大部分地区海拔在 50m 以下，河渠交错，港汊纵横，湖泊众多，湖滨地区还广泛发育有湖田洲地。

1.1.3　气候

江西省属中亚热带温暖湿润季风气候，日照充足，雨量充沛，四季分明。全省年均温约 16.3～19.5℃，一般自北向南递增。江西东北、江西西北山区与鄱阳湖平原，年均温为 16.3～17.5℃，江西南部盆地则为 19.0～19.5℃。夏季较长，7 月均温，除省境周围山区在 26.9～28.0℃外，南北差异很小，都在 28.0～29.8℃。极端最高温几乎都在 40℃以上，成为长江中游最热地区之一。冬季较短，1 月均温江西北部鄱阳湖平原为 3.6～5.0℃，江西南部盆地为 6.2～8.5℃。全省冬暖夏热，无霜期长达 240～307 天。日均温稳定超过 10℃的持续期为 240～270 天，活动积温 5000～6000℃（江西省人民代表大会环境与资源保护委员会，2007；国家林业局，2015）。

江西为中国多雨省份之一。年降水量 1350～1943mm。地区分布上是南多北少，东多西少；山地多，盆地少。庐山、武夷山、怀玉山和九岭山一带是全省 4 个多雨区，年均降水量 1700～1943mm；长江沿岸到鄱阳湖以北及吉泰盆地年均降水量则为 1350~1400mm；其他地区多在 1500~1700mm。全年秋冬季一般晴朗少雨。春季阴雨连绵，4 月后全省先后进入梅雨期。5~6 月为全年降水最多时期，平均月降水量在 200~350mm，最高为 700mm 以上。

1.1.4　水文

江西省境地形南高北低，有利于水源汇聚，水网稠密，降水充沛。省内湖泊众多，分布广泛，均为淡水湖泊。面积在 8hm² 以上的湖泊有 1248 个(包括天然湖泊和人工湖泊)。其中，水面大于 100hm² 的湖泊有 119 个。鄱阳湖是中国最大的淡水湖，面积为 38.41 万 hm²，平均水深 5.1m。全省的大小河流共有 2400 多条，总长度达 1.84 万 km，除边缘部分分属珠江、湘江流域及直接注入长江外，其余均分别发源于省境山地，汇聚成赣江、抚河、信江、饶河、修河五大河系，最后注入鄱阳湖，经湖口县汇入长江，构成以鄱阳湖为中心的向心水系，其流域面积达 16.22 万 km²。

1.1.5　动植物资源

江西从南向北由亚热带湿润季风气候向暖温带半湿润季风气候过渡，植被类型自南向北有中亚热带常绿阔叶林、北亚热带落叶与常绿阔叶混交林、暖温带落叶阔叶林，具有过渡性明显的特点。在动物地理区系上属于古北界华北区和东洋界华中区的交汇区，动物区系比较古老，古北界成分和东洋界成分兼有。

1. 植物和植被

江西植物区系主要属于泛北极植物区。根据资料显示，初步统计出江西省共有种子植物 205 科 1209 属 4087 种，分别占全国种子植物科、属、种的 59.59%、37.97%、14.29%；其中，裸子植物 7 科 18 属 29 种，被子植物 198 科 1191 属 4058种。据统计，全省有湿地高等植物 994 种，隶属 162 科 455 属。其中，苔藓植物49 科 82 属 137 种；蕨类植物 22 科 38 属 55 种；裸子植物 2 科 4 属 5 种；被子植物 89 科 331 属 797 种(国家林业局，2015)。

2. 动物

在动物地理区系上，江西省属于东洋界华中地区的东部丘陵平原亚区。

据统计，江西省有鱼类 222 种，主要种类是鲤科鱼类，有 124 种，占鱼类总数的 55.86%；其次是鳍科种类较多，有 17 种；鳅科分布也较多，有 16 种。在鄱阳湖分布的鱼类有 133 种，占全省鱼类的 59.91%，在赣江、抚河、信江、饶河和修河中分布的鱼类分别有 129 种、126 种、125 种、137 种和 102 种，分别占全省鱼类的 58.11%、56.76%、56.31%、61.71%和 45.95%。

两栖类 58 种，隶属于 2 目 8 科 23 属。其中，有尾目 2 科 4 属 6 种；无尾目 6 科 19 属 52 种。8 个科中，蛙科属数和种类最多，有 10 属 28 种，分别占江西省湿地两栖类动物总属数和总种类数的 43.48% 和 48.28%；其次是角蟾科，为 4 属 10 种，分别占 17.39% 和 17.24%（李言阔等，2013）。

爬行类 90 种，隶属于 3 目 15 科 52 属。以游蛇科的属数和种类最多，有 22 属 52 种，分别占江西省湿地爬行类动物总属数和总种类数的 42.31% 和 57.78%。有 17 种是中国特有种；有 2 种属于国家 I 级保护动物。

鸟类 497 种，隶属于 19 目 75 科。其中，雀形目 Passeriformes 鸟类最多，有 36 科 245 种，占鸟类总种数的 49.30%；其次是鸻形目 Charadriiformes，共 9 科 59 种；雁形目 Anseriformes，共 1 科 37 种；隼形目 Falconiformes，共 3 科 36 种。在所记录的 497 种鸟类中，国家 I 级重点保护鸟类 12 种，II 级重点保护鸟类 72 种，中国特有鸟类 20 种（黄慧琴等，2016）。

哺乳类 102 种，隶属于 9 目 27 科，其中江西湿地分布的哺乳动物共 18 科 41 种，占全省所有哺乳类种数的 40.20%。

江西淡水贝类和虾蟹类也很丰富，已记录有 143 种。贝类 97 种，其中，双壳纲种类为 46 种，隶属 3 目 3 科 15 属；腹足纲种类 51 种，隶属 2 目 11 科 20 属。虾蟹类 46 种，其中，蟹类 3 科 6 属 36 种，虾类 3 科 3 属 10 种。

1.2　江西省的水系分布与湿地资源

江西水域占江西省总面积的 10% 左右，江西水系主要由五大河流及其支流和鄱阳湖组成。

1.2.1　五大河流

1. 赣江

赣江为鄱阳湖五大河流之首，是江西省第一大河流，也是长江的第七大支流，全长 991km，其中干流长 751km。赣江由南至北纵贯江西全境，流经 47 个县（市、区），流域面积 82 809km²，占鄱阳湖流域面积的 51%。赣江水系支流众多，河长大于 30km² 的干、支流共 125 条，集水面积大于 10km² 的河流有 2000 余条，集水面积大于 1000km² 的有 19 条。赣江流域东临抚河流域，西以罗霄山脉与湘江流域毗邻，南以大庾岭、九连山与东江、北江为界，北通鄱阳湖。

2. 抚河

抚河位于江西省东部，是鄱阳湖水系主要河流之一，主河道全长 348km，自然落差 968m。抚河自南向北流,流域面积 16 493km²,占鄱阳湖流域总面积的 10.2%。抚河流域东临福建省闽江流域,南毗赣江一级支流梅江,西靠清丰山溪、赣江一级支流乌江,东北依信江,北入鄱阳湖。

3. 信江

发源于浙江、江西两省交界的怀玉山南的玉山水和武夷山北麓的丰溪,在上饶汇合后始称信江。干流自东向西流向,流经上饶、铅山、弋阳、贵溪、鹰潭、余江、余干等县(市),在余干县境分为两支注入鄱阳湖,主河道长 359km,流域面积 17 599km²,占鄱阳湖流域总面积的 10.8%。信江流域西邻鄱阳湖,北倚怀玉山脉与饶河毗邻,南倚武夷山脉与福建省闽江相邻,东毗浙江省富春江。

4. 饶河

饶河位于江西省东北部,是江西东北两条母亲河之一。饶河有南北两支,北支称昌江,发源于安徽省祁门县东北部大洪岭;南支称乐安河,发源于婺源县北部大庚岭、五龙山南麓。南、北两支于鄱阳县姚公渡汇合,曲折西流,主河经鄱阳县西流,过双港、尧山至龙口,在鄱阳县莲湖附近注入鄱阳湖,全长 313km,流域面积 15 300km²,占鄱阳湖流域总面积的 9.4%。饶河流域西邻鄱阳湖,北倚五龙山脉与安徽省青弋江毗邻,南靠怀玉山脉与信江相邻,东毗浙江省富春江。

5. 修河

修河位于江西省西北,流经江西省九江市、宜春市、南昌市 3 市的 12 县(区),主河道长 419km,流域面积 14 797km²,占鄱阳湖流域总面积的 9.1%,在永修县吴城镇注入鄱阳湖。修水河流域东临鄱阳湖,南隔九岭山主脉与锦江毗邻,西以黄龙山、大围山为分水岭,与湖北省陆水湖和湖南省汨罗江相依,北以幕阜山脉为界,以湖北省富水水系和长江干流相邻。修河尾闾有大湖池、蚌湖、沙湖、南湖、朱市湖等湖泊(湿地国际,2014;王圣瑞,2014;国家林业局,2015)。

1.2.2 鄱阳湖

鄱阳湖位于江西省北部,长江中下游南岸,为长江流域一个过水性、吞吐型、季节性的重要浅水湖泊。它在调节长江水位、涵养水源、改善当地气候和维护周围地区生态平衡等方面都起着巨大的作用。湖体分属江西省的庐山区、湖口县、星子县、共青城市、都昌县、永修县、新建区、鄱阳县、余干县、南昌县、进贤县等地区。当湖口水位 22.59m 时,湖泊面积为 4070km²。湖体南北长 173km,东西平均宽 16.9km,最宽 74km,最窄 3km,湖盆自东南向西北倾斜,比降 12～1m,湖岸线长约 1200km,湖泊形态系数 109,发展系数(弯曲系数)为 6。湖中有岛屿

41 个，面积 103km²。

湖体通常以都昌和吴城间的松门山为界，分为南北(或东西)两湖。松门山西北为北湖，或称西鄱阳湖，湖面狭窄，实为一狭长通江港道，长 40km，宽 3～5km，最窄处约 2.8km。松门山东南为南湖，或称东鄱阳湖，湖面辽阔，是湖区主体，长 133km，最宽处达 74km。平水位时湖面高于长江水面，湖水北泄长江。经鄱阳湖调节，赣江等河流的洪峰可减弱 15%～30%，减轻了长江洪峰对沿岸的威胁。

鄱阳湖承五河通长江，成为江西省的"集水盆"，五河入江的"中转站"。年内季节性和年际间差异性的水位落差的巨大变幅依然不变，年内变幅在 9.59～15.36m，年际间最大变幅达 16.69m。在一年中水位与湖面积变化很大，如 1976年洪水期星子站水位 21m，湖面积约 3841km²，容积约 260 亿 m³；枯水期湖面积约 526km²，容量约 9 亿 m³。鄱阳湖是流域的汇水中心，仅以湖口与长江相通，控制着流域与长江的水量吞吐平衡，多年平均年入出湖径流量 1509 亿 m³。它不仅接纳流域五大河来水，湖区周边还有 14 条 30km 以上的河流直流入湖，在一定的情况下还接受长江水倒灌(湿地国际，2014；王圣瑞，2014；国家林业局，2015)。

截至 2017 年 12 月 31 日，鄱阳湖区共建立以候鸟、水生生物及湿地生态系统为主要保护对象的保护区近 50 个(表 1-1)(黄燕等，2016)。其中，有国家级保护区 2 个，总面积为 557km²；省级保护区 4 个。

表 1-1　鄱阳湖区以候鸟、水生生物及湿地生态系统为主要保护对象的部分保护区

序号	名称	批建时间(年)	行政区域	面积/km²	主要保护对象	类型	级别	主管部门
1	鄱阳湖南矶湿地国家级自然保护区	2008	新建县	333	天鹅、大雁等越冬珍禽和湿地生境	湿地	国家级	林业
2	鄱阳湖国家级自然保护区	1988	永修县、星子县、新建县	224	白鹤等越冬珍禽及其栖息地	动物	国家级	林业
3	都昌候鸟省级自然保护区	2004	都昌县	411	湿地生态系统及越冬候鸟	湿地	省级	林业
4	南昌三湖自然保护区	1999	南昌县	171.1	越冬候鸟和湿地生态系统	湿地	县级	林业
5	庐山姑塘湿地自然保护区	2000	九江县	97.66	候鸟及湿地生态系统	湿地	县级	林业
6	永修荷溪湿地自然保护区	2007	永修县	40	湿地生态系统及候鸟	湿地	县级	林业
7	星子蓼花池县级自然保护区	2001	星子县	37.782	湿地生态系统	湿地	县级	林业
8	湖口屏峰县级自然保护区	2003	湖口县	4.91	湿地生态系统及候鸟	湿地	县级	林业
9	鄱阳湖银鱼产卵场省级自然保护区	2014	南昌县、进贤县	171.03	银鱼	野生动植物	省级	林业
10	鄱阳湖鲤鲫产卵场省级自然保护区	2014	南昌县、余干县、鄱阳县、都昌县	306	鲤鲫鱼等及其产卵场、越冬场等生境	野生动植物	省级	林业

续表

序号	名称	批建时间(年)	行政区域	面积/km²	主要保护对象	类型	级别	主管部门
11	余干康山县级候鸟自然保护区	2001	余干县	133.3	白鹤、东方白鹳、白头鹤等越冬候鸟和湿地生境	动物	县级	林业
12	白沙洲自然保护区	2005	鄱阳县	409	野生动物	动物	县级	林业
13	鄱阳湖长江江豚省级自然保护区	2004	都昌县、鄱阳县	68	江豚及其生境	野生动物	省级	林业

近年来，鄱阳湖国家级自然保护区、鄱阳湖南矶湿地国家级自然保护区开展了多年的水鸟监测工作，每个月在保护区开展 3 次鸟类调查，鄱阳湖区鸟类保护力度不断加大，研究成果的展现形式和传播途径更加多样。例如，鄱阳湖国家级自然保护区、鄱阳湖南矶湿地国家级自然保护区、都昌候鸟省级自然保护区开展了大量的候鸟及其栖息地保护工作，保护成效相对显著，基础监测数据齐全(黄燕等，2016)。但鄱阳湖的水位处于变化中，水位变化会引起湿地景观的剧烈变化，使候鸟的适宜生境也处于变化中(刘成林等，2011)。研究发现，在鄱阳湖区 70 多个子湖泊都分布有白鹤 *Grus leucogeranus*、灰鹤 *Grus grus*、东方白鹳 *Ciconia boyciana* 等越冬水鸟，是越冬水鸟的重要栖息地，但是其中很多湖泊并未纳入保护区体系中，如企湖、大莲子湖、汉池湖、珠湖等(单继红，2013)。同时，鄱阳湖区绝大多数保护区级别较低，多为县级保护区，存在缺少统一规划、土地权属不明、经费投入严重不足、管理机构缺失等问题，无法对水鸟和湿地开展必要的保护(黄燕等，2016；刘鹏等，2017)。

因此，我们建议对于分布有重要越冬水鸟栖息地的县级自然保护区，应尽快将其升级为省级自然保护区；对一些尚未被纳入保护区体系的重要湖泊，应尽早建立保护小区，明确候鸟保护的责任主体，开展有效的保护措施，完善鄱阳湖区水鸟保护与监测网络，加强资源共享，建立保护区的联动保护机制并构建完整的候鸟保护体系。另外，应加强宣传教育、自然保护区建设和候鸟专项保护行动等措施，加大保护力度，规范湿地资源开发利用时间、尺度和空间位置，规范当地群众利用资源的方式和数量(吴英豪和纪伟涛，2002；夏少霞等，2015；刘鹏等，2017)。在条件成熟后，可整合鄱阳湖区内的保护区等资源，推动鄱阳湖国家公园的建设试点。

1.3　江西鸟类研究历史

新中国成立以前，江西鸟类多以外国人在江西的鄱阳湖、庐山等地做过一些记录，20 世纪 50 年代末 60 年代初，江西大学生物系郭治之等报道鄱阳湖冬季鸟类 87 种。80 年代，科研人员对江西部分地区鸟类进行了报道，如周开亚等(1981)记录江西庐山夏季鸟类 84 种。李小惠和梁启华(1985)报道江西南部鸟类 106 种，并对这些鸟类的食性、出现时间等进行了初步报道。傅道言(1988)分生境记录江西靖安县夏季鸟类 68 种。90 年代，楚国忠等(1995)和戴年华等(1995)分别报道分宜林场和宜春地区鸟类 125 种和 237 种，其中宜春地区还发现了 18 种江西新记录，并出版了《宜春地区野生动物(鸟类·兽类)》，书中首次总结列出了江西省鸟类名录 19 目 60 科 420 种。这些成果为后续江西鸟类多样性及其保护研究奠定了基础，做出了重大贡献。21 世纪初，江西水鸟研究逐步开展，相继出版《江西鄱阳湖国家级自然保护区研究》《江西南矶山湿地自然保护区综合科学考察》等书籍，为江西鄱阳湖的水鸟研究奠定了基础。此外，鄱阳湖、九连山、武夷山、井冈山、九岭山、婺源、齐云山等保护区也相继报道了各自区域的鸟类多样性和生态分布。目前江西鄱阳湖及其水系的水鸟数量分布、生态习性的研究较多，现将主要成果报道如下。

1.3.1　水鸟多样性

鄱阳湖水鸟多样性的报道较多，但多数仅分析水鸟在不同湖泊的分布，未结合环境进行定量分析。主要报道鄱阳湖及其水系水鸟多样性及时空动态，调查时间一般为越冬期的某个时段或整个越冬期(邵明勤等，2013；Shao et al.，2014a)。

1.3.2　水鸟的长期数量动态及其影响因子

利用水鸟长期监测数据，揭示水鸟分布动态与气候因子的关系。结果表明，6 年前的 10 月平均最低温度、2 年前的 10 月最高温度及 5 年前的 10 月平均气温是白鹤种群数量变化的显著预测因子(李言阔等，2014)。灰鹤越冬种群数量与 10 月平均最低气温及 10 月平均气温呈显著正相关，与 10 月平均最大风速呈显著负相关，与各月的平均水位没有显著相关性(单继红等，2014)。

1.3.3　水鸟越冬生态

鄱阳湖 4 种鹤类(白鹤、白头鹤 Grus monacha、白枕鹤 Grus vipio 和灰鹤)的年龄组成与集群特征已有报道，结果表明，鹤类集群类型以家庭群为主，灰鹤、白鹤、白头鹤集群中幼体分别占 20.21%、12.48%、29.22%(Shao et al.，2014b；邵明勤等，2017)。鄱阳湖及其水系水鸟的时间分配和行为节律也有相关报道，如白鹤、灰鹤、东方白鹳、中华秋沙鸭 Mergus squamatus、鸿雁 Anser cygnoid、白额雁 Anser albifrons、小天鹅 Cygnus columbianus 等水鸟的时间分配和行为节律。结果表明，觅食(41%～83%)和警戒(11%～25%)是鹤类的主要行为，东方白鹳的主要行为是休息(40.07%)和取食(35.44%)，鸿雁、白额雁和小天鹅主要行为均为休息(35%～50%)和取食(25%～37%)(曾宾宾等，2013；蒋剑虹等，2015；Shao et al.，2015；郭宏等，2016；邵明勤等，2018a，2018b)。此外还对鄱阳湖及其"五河"水系水鸟的集群(邵明勤等，2012)、潜水(Shao and Chen，2017)、能量支出(邵明勤等，2017)、生境选择(邵明勤等，2016c)等做了初步研究。

第 2 章　水鸟分类与野外鉴定技巧

2.1　动物分类基础知识

2.1.1　生物进化与分类系统

1859 年达尔文《物种起源》一书的出版标志着现代生物进化理论的确立，根据达尔文的进化学说，自然界中的所有生物都具有同一个共同祖先，也即任何一种生物都或近或远地与其他生物存在着演化亲缘关系，我们今天所看到的物种已无法知晓其具体的进化路径，但是我们可以通过研究生物的地质化石、地理分布、形态解剖结构、胚胎发育历程、遗传物质来探寻这些踪迹。通过这些研究我们可以把全球数百万乃至数千万个物种进行归并和分类，也即每种生物在自然界中都有其相对固定的分类地位。

在研究生物分类过程中，因涉及生物的进化和起源问题，科学家们曾提出过多种不同的分类系统。早在林奈时代，人们对生物的区分局限于肉眼观察到的特征，林奈以生物能否运动为标准提出了两界分类系统，也即动物界和植物界。随着观测手段的进步，之后又有人提出过三界、四界、五界、六界等分类系统，但目前较普遍为人们所接受的系统是 1969 年惠特克按照细胞结构的复杂程度及营养方式提出的五界分类系统，即原核生物界、原生生物界、真菌界、植物界和动物界（侯林和吴孝兵，2007）。后来科学家们还增加了介于生物与非生物之间的病毒界。

2.1.2　分类阶元及物种命名

分类学根据生物之间的相同、相异程度及亲缘关系的远近，使用不同的等级特征，将生物逐级分类。在动物分类系统中有界（kingdom）、门（phylum）、纲（class）、目（order）、科（family）、属（genus）、种（species）7 个由大到小的分类阶元。在这些分类阶元之外有时还建立亚门、亚纲、亚目、亚科、亚属和亚种及总纲、总目、总科等。按照国际惯例，总科、科、亚科等名称有标准的字尾，总科是-oidea、科是-idae、亚科是-inae。在这些分类阶元中，种和亚种是客观存在的实体，亚种是种下分类阶元，它指的是一个物种的不同地理种群，又称为地理宗。当一个物种由于地理隔离等因素而产生分化时，其中一个地理种群75%的个体与其他地理种群中的全部个体存在稳定的差异时，我们可以认为该物种已经形成了不同的亚种，这里值得一提的是不同亚种之间仍可以交配及产生可育的后代（高玮，1992；郑光美，2012）。

目前动物命名采用国际统一的"国际动物命名法规"双名制。此命名法最开始由林奈提出，因而又称为"林奈制"。双名制包括属名和种名两部分，均要以拉丁文或拉丁化的文字书写。这个拉丁文名称即为"学名"，在科学上是世界通用的，在印刷时一律用斜体字表示，或正楷名底下加一横线表示。

在分类学论著和期刊文章里，为表示尊敬或指明责任人，学名第一次出现一般要附以命名人的姓氏和发表年份，这时，一个完整的动物学种名就有 5 部分组成：属名、种本名、命名人姓氏、逗号、发表年份（周长发，2009）。例如，绿头鸭的学名为 *Anas platyrhynchos* Linnaeus，1758（表明物种 *Anas platyrhynchos* 在 1758 年由林奈 Linnaeus 所命名）。按照国际命名法规，属名第一个字母要大写，要用主格单数名词；种名多用形容词或形容词化的名词，第一个字母要小写，在语法上应与属名的性、数、格相一致。命名人的姓氏一律正楷，而且首字母需要大写。

亚种名的名称以三名制表示，依次为属名、种名、亚种名，命名的原则及写法与种名相同，如绿头鸭在全球共有 7 个亚种，其在美国南部到墨西哥中部的亚种是 *Anas platyrhynchos diazi*（绿头鸭美国亚种）。当已知一个物种有亚种分化时，就将原先所定的种（最初确定种名的种）称为指名亚种，如我国分布有绿头鸭指名亚种 *Anas platyrhynchos platyrhynchos*。

如果一个物种只鉴定到属而尚不知道种名时，用属名加 sp.表示，表示是某属的 1 个种。多于 1 个种时用 spp.表示，表示是某属的两个或多个种，sp.和 spp.不用斜体。在确立新的分类单元时，必须在其名称首次出现时明确标明是新分类单元。例如，建立新属时，必须标明"g. n."或"gen. nov."或"n. g."，意为新属（genus novum）。如果确立的是一个新种，则要注明"sp. n."或"sp. nov."或"n. sp."，意为新种（species nova）（周长发，2009）。

2.2　水鸟的定义及分类学术语

2.2.1　水鸟的定义

水鸟是指在生态上依赖于湿地的鸟类，其整个生活史与湿地紧密相连，是湿地生态系统的重要组成成分，对生态环境的变化有很好的指示作用。水鸟按照生活型通常分为浮游型、潜游型、涉水型和傍水型。广义水鸟（含海鸟）包括企鹅目 Sphenisciformes、雁形目 Anseriformes、䴙䴘目 Podicipediformes、红鹳目 Phoenico-pteriformes、鹤形目 Gruiformes、鸻形目 Charadriiformes（不包括三趾鹑科 Turnicidae）、鹲形目 Phaethontiformes、潜鸟目 Gaviiformes、鹱形目 Procellariiformes、鹳形目 Ciconiiformes、鲣鸟目 Suliformes、鹈形目 Pelecaniformes12 个目。水鸟的物种集团(guild)是指群落中以同一方式利用共同资源的物种。根据物种形态和取食生态（如食性、取食基质、取食位置、取食水深等），可将水鸟分为不同的物种集团。Tavares 和 Siciliano（2013）将水鸟分为 6 个集团：潜水鸟类（diving bird，如鸊鹈）、钻水鸭（dabbling duck，如树鸭属和鸭属）、大型涉禽（large wading bird，如鹭、鹳、鹤）、植被拾取者（vegetation gleaner，如水雉 *Hydrophasianus chirurgus*、黑水鸡 *Gallinula chloropus* 等）、食鱼鸟（fishing bird，如燕鸥、红嘴鸥 *Chroicocephalus ridibundus*）和小型涉禽（small wading bird，也称为鸻鹬类 shorebird，如各种鹬、鸻）。Hamza 等（2015）将研究区域的水鸟分为 4 个物种集团：鸻鹬类（shorebird）、涉禽（wading bird，鹭、鹳等大型涉禽）、开阔水面鸟类（open-water bird，各种鸥）、水禽（waterfowl，鸊鹈、雁鸭类、鸬鹚等）。研究人员可根据研究区域的水鸟组成将其分为不同的物种集团或称为取食集团。

2.2.2 水鸟的外部形态

不管何种动物类群的鉴定和分类，首先需要掌握其基本形态学术语，以便准确描述其形态特征，为野外调查工作打好基础。鸟体的外部形态，以水鸟为例参见图 2-1，水鸟的飞行形态参见图 2-2。

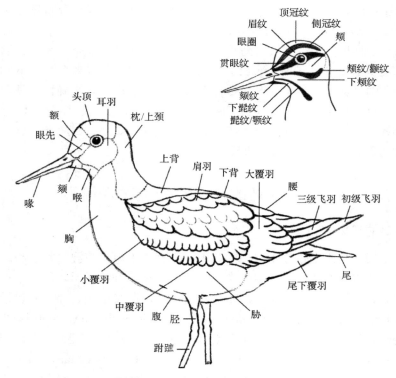

图 2-1 水鸟的外部形态及头部斑纹（仿自 Brazil，2009）

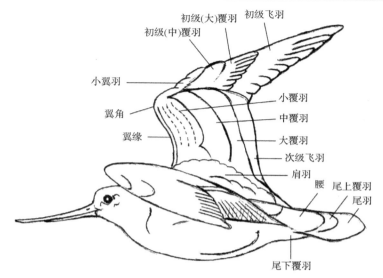

图 2-2　水鸟的飞行形态(仿自 Brazil，2009)

2.2.3　水鸟的比较形态

1. 喙的形态

水鸟喙的形态多种多样，这种现象是与其食物长期共同进化的结果。比如雁鸭类的喙上下扁平，侧缘具有缺刻形成栉状，可滤水，有利于搜集小型无脊椎动物和水生植物。鸻鹬类的喙有的长直而壮、有的短钝、有的上翘、有的下弯，有利于取食泥层中不同位置的食物(图 2-3)。

图 2-3　水鸟喙的形态(仿自约翰·马敬能等，2000；Brazil，2009)

第 1 列(从上至下)：大天鹅、针尾鸭、琵嘴鸭、普通秋沙鸭；第 2 列：凤头鸊鷉、普通鸬鹚、黑水鸡、白胸苦恶鸟；第 3 列：大白鹭、白鹤、黑鹳；第 4 列：白琵鹭、大红鹳、蛎鹬；第 5 列：扇尾沙锥、大杓鹬、反嘴鹬、凤头麦鸡

2. 蹼的形态

由于野外环境及水鸟习性的限制，蹼的形态一般不易观察，其类型主要有以下几种(图 2-4)。

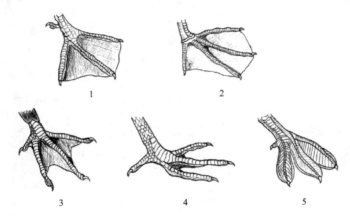

图 2-4　水鸟蹼的形态(仿自郭冬生，2007)

1. 蹼足(潜鸟、雁鸭)；2. 全蹼足(鸬鹚)；3. 凹蹼足(燕鸥)；4. 半蹼足(鹬鹬)；5. 瓣蹼足(䴙䴘、骨顶)

蹼足：前趾间具有极发达的蹼相连，易于划水。

全蹼足：前趾及后趾，其间均有蹼相连。

凹蹼足：与蹼足相似，但蹼膜中部往往凹入，发育不很完全。

半蹼足：前趾间的蹼大部分退化，仅基部留存，易于涉水。

瓣蹼足：趾的两侧覆有叶状膜，易于行走和游泳。

2.3　水鸟的野外识别与鉴定

2.3.1　鸟类分类及生态类群

鸟类恒温摆脱了环境的束缚、因能主动迁徙而适应于多变的环境，它的出现已有 1.4 亿～1.5 亿年的历史，它们是陆生脊椎动物中种类最多、分布最广的类群。目前全世界现存鸟类有 1 万多种，据《中国鸟类分类与分布名录(第三版)》(郑光美，2017)记载我国现有鸟类 1445 种(2344 种及亚种)，隶属于 26 目 109 科 497 属。随着分子生物学及基因组学的不断进步，结合形态学、行为学、鸣声学、生物地理学等不同层次的深入研究，不同学者对鸟类分类系统主体框架的认识基本趋于一致，但也有各自的观点。除了科学分类系统外，亦可按照鸟类的生活习性和形态特征将其分为陆禽(雉鸡、斑鸠、鸵鸟等)、涉禽(鹭、鹤、鹬等)、游禽(企鹅、雁鸭、天鹅、鸥类等)、猛禽(鹰、隼、鸮等)、攀禽(啄木鸟、杜鹃、翠鸟等)、鸣禽(百灵、画眉、缝叶莺等雀鸟)等生态类型。

2.3.2　水鸟的特征及鉴别

1. 水鸟的识别要点

在野外观鸟时，鸟类的形态、大小、颜色、生境、行为、鸣声、分布都可作为鉴别依据。其中体型大小、颜色和行为是鸟类野外快速判断的依据，因此对于鸟类初学者来说，需要初步了解鸟类的大概体型大小。初学者们可以先记住几种常见鸟类（如斑嘴鸭 *Anas zonorhyncha*、小天鹅、白鹭 *Egretta garzetta*、鹤鹬 *Tringa erythropus*）的大小，然后将遇见的鸟类的大小与之比较。在无法快速鉴别鸟类到种时，我们可以先按照整体特征进行类群锁定，再通过局部特征加以鉴别(图 2-5～图 2-9)。

图 2-5　水鸟的外形及大小(仿自郭冬生，2007；体长数据引自聂延秋，2017)
涉禽：1. 苍鹭(92cm)，2. 大杓鹬(63cm)，3. 夜鹭(61cm)，4. 黑翅长脚鹬(37cm)，5. 黑水鸡(31cm)，6. 凤头麦鸡(30cm)，7. 扇尾沙锥(26cm)，8. 金眶鸻(16cm)；游禽：9. 疣鼻天鹅(150cm)，10. 普通鸬鹚(90cm)，11. 豆雁(80cm)，12. 绿头鸭(58cm)，13. 凤头䴙䴘(50cm)，14. 普通海鸥(45cm)

图 2-6　水鸟的站立形态(仿自约翰·马敬能等，2000)
1. 苍鹭；2. 夜鹭；3. 灰鹤；4. 普通鸬鹚；5. 白腰草鹬；6. 林鹬；7. 金眶鸻；8.红嘴鸥；9. 斑嘴鸭

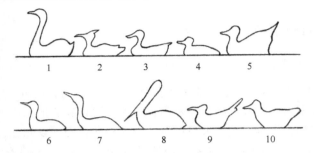

图 2-7　游禽的游泳姿势（仿自郑光美，2012）

1. 天鹅；2. 秋沙鸭；3. 河鸭；4. 潜鸭；5. 雁；6. 鸊鷉；7. 鸬鹚；8. 鹈鹕；9. 鸥；10. 骨顶

图 2-8　水鸟的飞行姿态（仿自约翰·马敬能等，2000；Brazil，2009）

1. 鸥；2. 燕鸥；3. 鹭；4. 鹤；5. 雁；6. 鸭；7. 鹬

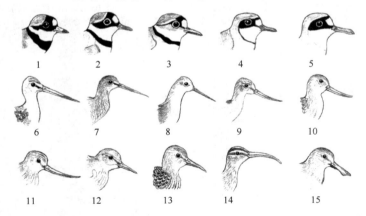

图 2-9　鸻鹬类喙的形态（仿自约翰·马敬能等，2000；Brazil，2009）

1. 剑鸻；2. 金眶鸻；3. 长嘴剑鸻；4. 蒙古沙鸻；5. 铁嘴沙鸻；6. 黑尾塍鹬；7. 鹤鹬；8. 泽鹬；9. 青脚鹬；
10. 小青脚鹬；11. 翘嘴鹬；12. 矶鹬；13. 黑腹滨鹬；14. 中杓鹬；15. 勺嘴鹬

2. 水鸟的站立形态

鹭鸟站立时脖子弯曲呈明显的"S"状或脖子缩起不易看见。鹤类站立时脖子一般较直，有时也呈"S"状，但不如鹭鸟明显。鸻鹬类及鸥类站立时脖子一般缩起，警戒时脖子通常伸直。䴙䴘站立时脖子略呈"S"状，头向上仰起，似"昂首挺胸"状。雁鸭类站立时脖子挺直或稍缩回。水鸟站立形态参见图 2-5和图 2-6。

3. 游禽的游泳姿势

许多水禽在水面上休憩或游泳时，可根据它们的姿势进行识别(图 2-5 和图 2-7)。在观察时，要注意其体型大小，上体露出水面的情况，头颈的长短和角度，翅膀与尾的距离，尾部与水面的角度等。一般而言，越善于潜水的鸟类，后肢越靠后，停落于水面的身体后部露出水面越少。在这方面鸬鹚、䴙䴘与天鹅、鸥类及雁类有明显区别(郑光美，1995)。鸳鸯、麻鸭、鸭属鸟类很少潜水，游泳时尾较上翘并露出水面；潜鸭、秋沙鸭善潜水，尾部较平露出水面较少。

4. 水鸟的飞行姿态

水鸟的飞行姿态是野外水鸟鉴定的重要依据。鹭类飞行时脖子呈典型的"S"形收缩，雁鸭类、鹤类、鸬鹚、琵鹭飞行时脖子伸直，这些水鸟一般沿着一个方向飞行，从一个点飞向另一个点。鸥类飞行轻盈，偏爱在一片水域或湿地上空飞来飞去，寻找食物，大部分不会飞远(图 2-8)。

5. 鸻鹬类喙的形态及觅食行为

鸻鹬类水鸟是中国南方地区越冬水鸟的重要类群，有些种类经常混群而居，在野外调查时通常难以识别。除了羽色和身体斑纹外，在冬季非繁殖期，喙的形态(包括[喙长]与[头长]或[喙基至眼]的距离比)在物种鉴别中尤显重要(章麟和张明，2018)。鸻鹬类的喙形变化多样(图 2-9)，由于不同物种间的个体大小有所差异，可比较喙长与头长的相对长度。鸻类的喙长一般较短，鹬类较长。另外，鸻类个体一般较小，大部分是在泥滩上快速奔停式取食。由于鸻类具备个体小、视觉取食和快速奔跑的特点，因此它们更偏爱在泥滩上觅食，当然也见其在浅水处觅食；鹬类个体相对较大，一般在泥滩或浅水中边走边取食，取食行走速度一般较鸻类慢很多。

2.4　野外水鸟调查准备

近年来越来越多的人加入到野外观鸟这一大群体，我们把这个群体称为"鸟友"。通过各大院校和科研机构的努力及鸟友的奉献，我国鸟类资源现状和动态变得越来越明晰，目前各省级鸟类名录不断被刷新，那么对于一个初学者来说想要到野外观鸟感受大自然的魅力，需要做哪些准备呢？

2.4.1　熟悉当地鸟类

在准备观鸟前，我们可以从网上(林业单位网站)或文献中搜集当地鸟类名录，把常见的种类列出，通过鸟类野外手册或鸟类图鉴(或手机下载识鸟 App)对这些鸟类进行书面观察，包括手绘图或照片的对照及阅读文字描述，以熟悉它们的鉴别特征、栖息生境和行为等。若遇到困难，也可以加入当地的爱鸟协会以寻求鸟友们的帮助。观鸟前，应多看几遍并熟记常见鸟类的图片。

2.4.2　购置观鸟设备

一般大型鸟类或不怕人的鸟类可以用肉眼直接观察和识别，但在野外绝大部分鸟类离我们较远，而且鸟类生性机敏，若想近距离观察并不容易，因此购置望远镜显得十分必要。望远镜包括单筒和双筒望远镜(品牌较好的有 KOWA、SWAROVSKI、NIKON 等)，前者机型较大，多用于调查停留在远处的鸟类，如湖泊、滨海水鸟等，使用时需要三脚架支撑。

双筒望远镜的基本部件主要包括物镜、目镜、镜筒、调焦环和视差调节环，镜身上标有两组数据，如"10×42"，第一个数据为放大倍数，第二个数据为物镜口径(单位：mm)。单筒望远镜一般的放大倍数是 20～60 倍。放大倍数越大，视野宽度越小，不利于搜索目标；物镜口径越大，聚光力越强、成像越清晰，反观其缺点是机身较大且重，长时间使用手会酸软抖动，因此观鸟者们可以根据自身需求进行购买(郭冬生，2007)。

除望远镜外，在野外观鸟时还需准备便携式的鸟类图鉴，如地方性鸟类图鉴、《中国鸟类识别手册》及具有"观鸟圣经"之称的《中国鸟类野外手册》等；另外，《中国野生鸟类》、《中国鸟类图志》、《中国鸟类志》等含有各物种的详细信息，可作为案头工具书使用(图 2-10)。如若经济允许还可以购置单反相机或摄影机，以便留下鸟类美丽的身影，具体如何拍鸟可以到网上查询技术帖或询问专业摄影人士。

图 2-10　常用的鸟类图鉴

2.4.3　观察笔记

每次出行观鸟除了愉悦身心外，都应做好观鸟记录。记录前要预先准备好小型笔记本、（自动）铅笔、橡皮擦、防水袋等。记录内容包括时间、地点、人员、天气、鸟类名称、鸟类数量等。现在的智能手机还可以提供一些环境数据，如"指南针"里有地理坐标、海拔、坡度等数据可以使用。如果遇到不认识的鸟类可以通过拍照或绘制草图（画出大致形态、标好主要特征和颜色等）的方式做好记录。

第3章 研究地区与研究方法

3.1 研究地区

3.1.1 鄱阳湖湖区

鄱阳湖(115°49′~116°46′E，28°11′~29°51′N)位于江西北部，是中国第一大淡水湖，它上承赣江、抚河、信江、饶河、修河五大河流，下与长江相通。鄱阳湖隶属于 12 个县(市、区)，包括九江市的星子县、永修县、德安县、都昌县、湖口县、共青城市、庐山区，南昌市的南昌县、新建区和进贤县，上饶市的鄱阳县和余干县(王圣瑞，2014)。属典型的亚热带季风气候，夏季盛行偏南风，炎热多雨；冬季盛行偏北风，气温低而降雨少；年平均气温 17.6℃，年平均降水量 1450~1550mm。鄱阳湖为季节性、过水型湖泊，汇"五河"来水，以赣江和修河为主体，经九江湖口调蓄后注入长江。高水位(20m)时，水域面积达 4125km² 以上；平水期(14~15m)时，水域面积为 3150km²；而低水位(12m)时，水域面积仅为 500km²(Wang et al.，2007)。鄱阳湖高、低水位面积、容差相差巨大，对长江中下游洪量调节起到至关重要的作用。本次鄱阳湖鸟类调查主要包括 6 个区域，即鄱阳湖国家级自然保护区(PYH，包括大湖池、朱市湖、常湖池、中湖池、蚌湖和沙湖)、鄱阳湖南矶湿地国家级自然保护区(NJ，包括战备湖、常湖、白沙湖、三泥湾、凤尾湖、南深湖、北深湖、三湖、西湖、林充湖、上北甲湖、下北甲湖和泥湖)、白沙洲自然保护区(BS，包括外珠湖、罗潭、车门、荣七村、内珠湖、四十里街、云湖、四望、大莲子湖、大鸣湖、小鸣湖、汉池湖、南疆湖、聂家和企湖)、都昌候鸟省级自然保护区(DC，包括中坝、下坝、大坝、多宝村、滨湖、黄金咀、枭阳、泗山村和西湖)、鄱阳湖银鱼产卵场省级自然保护区(YY，包括金溪湖、军山湖和青岚湖)和五星垦殖场(WX，该地区的行为研究在鄱阳湖周边的藕塘中开展)。作者共选择 47 个样点进行鄱阳湖越冬雁鸭类数量与分布的调查。

3.1.2 鄱阳湖"五河"水系

鄱阳湖"五河"(修河、抚河、信江、饶河和赣江)属欧亚大陆东部的副热带地区，气候为典型的季风气候，冬夏季风交替显著，四季分明，春秋短，夏冬长，春多雨、夏炎热、秋干燥、冬阴冷。总体来说，气温适中，日照充足，雨量丰沛，无霜期长，冰冻期短。多年平均降水量为 1620mm，1~3 月占 17%~22%，4~6月占 42%~53%，7~9 月占 16%~29%，10~12 月占 8%~16%，降水量年际变化较为明显。鄱阳湖流域内年均气温为 16～20℃。流域大部分地区的多年平均陆地蒸发量在 700～800mm，多年平均水面蒸发量都在 800～1200mm，大部分地区为 1000～1100mm。鄱阳湖流域多年平均年进湖悬移质泥沙为 2104.2 万 t（邵明勤等，2012；曾宾宾，2014；Shao et al.，2014b）。

1. 修河流域

修河流域位于江西省西北部，发源于铜鼓县西南山羊尖紫茶坪西北麓。修水县城以上为上游，流经丛山地带，河宽在 50～120m，平均水深 1.06～2.3m，多急流险滩，支流较多，修水县城至柘林水库为中游，柘林水库以下为下游。流域植被丰富，以马尾松、杉、毛竹为主，还有樟、楠、黄檀等珍贵树种。在此流域共调查了 2 个河段：①修河修水（太阳升）段，河岸两侧以村庄农田为主，村庄周边有些稀疏的乔木，部分河段的岸边有高大的乔木，隐蔽度高，山区离河岸两侧较远；②修河靖安（潦河）段，该河段两侧均为林地和近河边的村庄农田，其中一侧河岸农田相对较多，该区人类活动相对较少（表 3-1）。

表 3-1　鄱阳湖流域中华秋沙鸭栖息地河道生境特征

河流	河段	地区	经度	纬度	河道两侧生境
修河	修水（太阳升）	修水县	114°39′	29°08′	以村庄农田为主，并有稀疏的植被
	靖安（潦河）	靖安县	115°17′	28°53′	林地和近河边的村庄农田，其中一侧农田较多
抚河	宜黄（桃陂）	宜黄县	116°15′	27°36′	均有山区林地，其中一侧杂有村庄和农田
信江	龙虎山	鹰潭市	117°04′	28°02′	均有山区林地，其中一侧山地与河道之间有火车轨道相隔
	耳口	贵溪市	117°07′	27°59′	一侧为茂密的山区林地，隐蔽度高，另一侧有村庄、道路和过往车辆，视野开阔，隐蔽度较差；
	弋阳（清湖）	弋阳县	117°20′	28°23′	一侧为林地并杂有较多的农田，另一侧有林地并杂有少许村庄
饶河	浮梁	浮梁县	117°16′	29°33′	均为山区林地，并有农田和村庄
	婺源	婺源县	117°50′	29°10′	部分保存良好，有竹林和针叶林，有较高的植被盖度，但有些河段破坏严重

2. 抚河流域

抚河流域位于江西省东部，发源于武夷山脉西麓广昌县驿前镇的里木庄，经过南丰，在南城县北与黎滩河汇合称抚河，流经 15 个县（市），于进贤三阳流入鄱阳湖。南城县以南为上游，南城县与临川区之间为中游，抚州以下为下游。此次调查的抚河宜黄水宜黄（桃陂）段，该河段两侧均有山区林地，其中一侧杂有村庄和农田，并有频繁的车辆通过。2012 年 11 月～2013 年 3 月在宜黄段采用瞬时扫描法和焦点动物法记录了中华秋沙鸭的越冬行为。

2012年12月～2013年3月，在此河段研究了中华秋沙鸭的日移动距离和活动范围。该河段紧靠208省道，道路边每隔100m有一里程标杆，这些标杆及位于河边的水文站、工厂、木材检查站和河中浅滩等可作为确定中华秋沙鸭活动位置的依据。

3. 信江流域

信江流域位于江西省东北部，发源于浙江、江西边界仙霞岭西侧，南流称为金沙溪。上饶以上为上游，上饶至鹰潭为中游，鹰潭以下为下游。主要支流有丰溪河、铅山河和白塔河等。两岸植被保存完好，水面宽阔，没有工业污染。在此流域共调查了3个河段：①信江泸溪河鹰潭龙虎山段，该河段两侧均有山地林区，其中一侧山地与河道之间有火车轨道相隔，该河段两侧植被均比较茂密，隐蔽度高；②信江泸溪河贵溪耳口段，该河段一侧为茂密的山区林地，隐蔽度高，另一侧有村庄道路和过往车辆，视野开阔，隐蔽度较差；③信江弋阳（清湖）段，该河段一侧为林地并杂有较多的农田，另一侧有林地并杂有少许村庄。

4. 饶河流域

饶河流域包括江西东北及安徽、浙江省各一小部分。饶河由乐安河与昌江于鄱阳县姚公渡汇合而成。有南北二源，北源流经河道名为昌江，南源流经河道名为乐安江，汇合至鄱阳县莲湖附近注入鄱阳湖。昌江以浮梁县峙滩以上为上游，峙滩至景德镇的吕蒙渡为中游，吕蒙渡以下为下游；乐安江以德兴市以上为上游，乐平市境内为中游，鄱阳县县境以下为下游。河床宽度为150～400m。流域周围有木本植物和草本植物共4000种，有世界上最大的鸳鸯栖息地鸳鸯湖，曾经绝迹的黄喉噪鹛重现于此。在此流域共调查了2个河段：①饶河昌江浮梁段，该河段两侧为山区林地，并有农田和村庄；②饶河乐安河婺源段，该河段有部分生境保存良好，有竹林和针叶林，具有较高的植被盖度，隐蔽度高，鸟类多样性调查主要在这部分河段中进行，在2011年11月～2012年3月在婺源段，采用瞬时扫描法记录了中华秋沙鸭的越冬行为。

3.1.3　南昌市艾溪湖

南昌市位于江西省中部偏北，在赣江、抚河下游，毗邻我国第一大淡水湖——鄱阳湖，位于115°27′～116°35′E，28°09′～29°11′N（章旭日等，2009）。本研究地区艾溪湖位于江西省南昌市城东高新技术产业开发区内，湖面呈条状，南北长约5km，东西宽0.8～1.4km，湖面面积约4km²，艾溪湖湿地公园为南昌市景点，人类活动较多。艾溪湖主湖面水位较深，有100余只小䴙䴘全年在此栖息，常年有30～100只凤头䴙䴘来此越冬。该区气候湿润温和，属亚热带季风区，雨量充沛，春秋季短,冬夏季长。年均气温在 17~17.7℃,年降水量在 1600~1700mm(章旭日等,2009)。

3.2 研 究 方 法

3.2.1 水鸟群落多样性与分布格局

1. 鄱阳湖水鸟多样性与分布格局

2012 年 10 月~2013 年 4 月及 2014 年 10 月~2015 年 4 月采用样点法对鄱阳湖水鸟的分布进行了调查,即在鄱阳湖选取多处视野开阔的样点,借助 SWAROVSKI (20~60×)单筒望远镜观察并记录视野范围内所能见到的所有水鸟。对于小范围内数量较大的鸟类采用"集团统计法"(罗祖奎等,2009)。2014 年 12 月~2015 年 4 月在调查数量分布的同时记录水鸟所处生境。每次调查间隔 15 天左右。水鸟数量占该区域水鸟总数的≥10%为主要物种,占 1%~9.99%为常见物种。

2. 多样性指数

(1)鸟类多样性的测度采用 Shannon-Wiener 多样性指数:

$$H' = -\sum (P_i)(\ln P_i)$$

式中,H' 为 Shannon-Wiener 多样性指数,P_i 为 i 物种的个体占所有物种个体总数的比例(刘灿然等,1998;陈振宁和曾阳,2001)。

(2)鸟类群落均匀度的测度采用 Pielou 均匀度指数:

$$J' = H'/H_{max}$$

式中,J' 为 Pielou 均匀度指数;$H_{max} = \log_2 S$,S 为物种数(马克平,1994)。

(3)鸟类群落间相似性分析:

$$S = 2c/(a+b)$$

式中,S 为相似性指数;a 为群落 A 的物种数目;b 为群落 B 的物种数目;c 为群落 A 和群落 B 中共有的种数(孙儒泳,2001)。

3.2.2 数量与分布

鸟类调查方法包括样点法、样线法和样点样线相结合。样点法是指在调查区域选择几个样点进行鸟类计数,样点之间间隔一般大于 1km,以免重复计数。每个样点一般计数 8~15min。这种方法主要适合视野开阔的调查区域,如湖泊、水库等,国外在林区鸟类多样性调查有时也采用样点法,一般观察时间为 8～10min。样线法是指在调查区域选择几条样线(一般每种生境选择 6 条以上),每条样线一般 1～3km,2～3km/h 速度沿样线行进,记录两侧各 50m 内的鸟类种类和数量,从后向前飞的鸟类不计数。这种方法在林区、河道、村庄农田等生境中经常使用。样线通常选择在这些生境中的小道上,道路宽度不能太宽,避免边缘效应。样点样线相结合是指在调查区域选择几条样线,然后在每条样线中每隔一定距离选择一个样点(样点间的距离一般超过 200m,以免重复调查),进行鸟类数量计数。

1. 鄱阳湖区雁鸭类的数量与分布

2014 年 10 月～2015 年 4 月,借助 SWAROVSKI(20～60×)单筒望远镜记录各样点内雁鸭类数量与分布。根据雁鸭类在鄱阳湖的迁徙规律,将越冬期划分为越冬前期(10～11 月)、越冬中期(12 月～翌年 2 月)和越冬后期(翌年 3～4 月)(崔鹏等,2013)。其中,PYH(包括吴城镇 5 个样点和恒丰镇 2 个样点)共调查 12 次(吴城镇 11 月～4 月每月 1 次,恒丰镇 11 月、12 月、2 月、4 月各 1 次,1 月 2 次),NJ 7 次(12 月 2 次,10 月、11 月、1 月、3 月和 4 月各 1 次),BS 4 次(12 月、1 月、3 月和 4 月各 1 次),DC 5 次(11 月、12 月、2 月、3 月和 4 月各 1 次),YY 6 次(11 月 2 次,10 月、1 月、3 月和 4 月各 1 次)。文中的累计数量是指物种在 5 个保护区记录到的总数量,频次是指物种在调查中累计出现的湖泊数,出现湖泊数是指物种在所有调查的湖泊中出现的湖泊个数。

2. 鄱阳湖区 4 种鹤类的数量与分布

2012 年 10 月～2013 年 4 月,借助双筒望远镜(8×)和单筒望远镜(20～60×)记录各湖泊内白鹤、白头鹤、白枕鹤和灰鹤的种群数量。合计调查 6 次。我们将越冬期分为越冬前期(10～12 月)、中期(1～2 月)和后期(3～4 月)。根据湖泊大小,在每个湖泊选择 1～5 个样点对每个点内目标动物进行计数。

3. 鄱阳湖区东方白鹳的数量与分布

2014 年 11 月～2015 年 3 月,对鄱阳湖区东方白鹳种群数量进行了调查。每个湖泊固定 1～3 个样点,借助 SWAROVSKI(20～60×)单筒望远镜和 Nikon(8×)双筒望远镜,观察并统计视野范围内东方白鹳数量。调查时间每隔 1 个月左右进行。

4. 鄱阳湖流域中华秋沙鸭的数量与分布

在鄱阳湖四大水系(修河、抚河、信江和饶河昌江)的 8 个河段设置样线 17 条,修河修水太阳升段 1 条、修河靖安潦河段 3 条、抚河宜黄水宜黄桃陂段 2 条、信江泸溪河鹰潭龙虎山段 2 条、信江泸溪河贵溪耳口段 1 条、信江弋阳清湖段 1

条、饶河昌江浮梁段 4 条和乐安河婺源段 3 条，每条样线长 4～7km。为避免重复，每条样线每次只单向记录 1 次。本次调查主要采用样线和样点法结合对所选河段进行中华秋沙鸭的数量调查。样线法即沿所选样线在适宜步行河段以 2km/h 左右的速度步行观察，记录河中中华秋沙鸭的数量。部分河段无适合行走小道，则采用样点法，即沿河道最近道路驱车行进，每隔 1～2km 停留步行至河岸边观察 1 次。采用 Nikon 单筒望远镜(30×)和双筒望远镜(8×)进行数量统计。

3.2.3　能量支出

2015 年 12 月～2016 年 3 月，借助 SWAROVSKI (20～60×) 单筒望远镜和双筒望远镜(10×)，采用瞬时扫描法对研究地内的中华秋沙鸭昼间可见时段(07:30～17:30)的越冬行为进行 22 天观察(12 月观察 6 天，1 月 4 天，2 月 6 天，3 月 6 天)。观察时，每隔 5min 通过望远镜扫描和记录 1 次各个体的行为数据，直至研究对象飞离视线后再寻找下一群的研究对象。为避免对其行为产生干扰，观察者位于河边约 50m 且有隐蔽物遮挡的高地观察。为了量化各种因子对中华秋沙鸭能量支出的影响，我们收集了不同性别、温度(日平均气温)和群体大小的行为数据并进行比较。记录的数据包括气温 (整点和半点使用温度计各记录一次)、群体大小、行为类别。根据文献将中华秋沙鸭越冬行为分为取食、休息、修整、游泳、警戒、飞翔、社会和逃跑 8 类(邵明勤等，2012；曾宾宾等，2013)。

依据下列公式计算出中华秋沙鸭的行为能量支出：

$$RMR=446×Mass^{0.98}$$

式中，RMR 为静止代谢率，单位是 kJ/d；Mass 为体重，单位是 kg；446 为常数或系数；0.98 为体重的幂(Jones et al., 2014；Miller and Eadie,2006)。用各行为的 RMR 倍数(取食 1.7、休息 1.1、修整 1.6、游泳 2.2、警戒 2.1、飞翔 11、社会 2.3、逃跑 2.4)乘以静止代谢率，将所得数值除以 24h，得出每小时的能量支出，再乘以每小时各行为时间所占比例，得到各行为每小时的能量支出，再乘以昼间的观察时段，即得到它们的昼间能量支出。

3.2.4　行为时间分配与节律

1. 水鸟行为定义

根据文献将游禽越冬行为分为取食、休息、修整、游泳、警戒、飞翔、社会和逃跑 8 类(陈斌等，2015)，具体定义见表 3-2。

表 3-2　游禽越冬期行为分类与定义

行为分类	行为定义
取食	是指潜水寻找、捕捉和吞咽食物的过程
休息	包括游荡、睡觉及睡觉姿势的移动
修整	包括理羽、拍翅、戏水和摇头
游泳	水中或急或缓地游动，有时伴随头部轻点水面，但与取食有明显区别
警戒	是指昂头密切注视周围环境的变化
飞翔	主动飞离所在位置
社会	包括追逐、嬉戏、攻击或与异种鸟类抢食、打斗等
逃跑	是指被惊吓的飞翔

根据文献将涉禽越冬行为分为觅食、休息、修整、警戒、社会、飞行和行走 7 类(邵明勤等，2018b)，具体定义见表 3-3。

表 3-3　涉禽越冬期行为分类与定义

行为类型	行为描述
觅食	注视水中并啄取水生植物，低头寻找食物，吞咽食物及成鸟喂食和幼鸟乞食的过程
休息	用单脚或双脚站立不动或静卧的行为
修整	包括啄理羽毛，涂脂，清洁，用爪挠抓头部及颈前部分，用喙啄跗蹠及足，振翅，抖、蓬羽
警戒	举头环视、扬头走动、远眺等
社会	直接打斗、追赶和仪式化威胁
飞行	振翅飞离地面于空中产生一段位移
行走	平头行走或奔跑

2. 焦点动物法

焦点动物法，是指观察记录特定物种个体在某一特定的时间内发生的行为及特点，记录观察期内个体各种行为发生的持续时间(易国栋等，2010)。常把观察时间划分成 15min 的记录单位，并以每一记录单位的前面 10min 为记录单元，记录特定物种的某种行为。在每个记录单元中，对一个个体进行观察并记录它的行为，休息 5min 后选择另外一个不同的个体，进行下一个单元的记录，共记录 40min，休息 20min，这个过程如此重复下去，直到该物种结束这一行为过程或天黑为止(曾宾宾，2014)。

3. 瞬时扫描法

瞬时扫描法，是指每隔 3~5min 通过望远镜扫描和记录一次各个体的行为数据(邵明勤等，2010a)。观察时间为每天 7:00~17:59 的整个可见时间段。为避免对观察个体行为产生干扰,观察者应位于河边约 50m 且有隐蔽物遮挡的高地观察。记录的数据常包括气温(整点和半点各记录一次)、群体大小、行为类别等(陈斌,2017)。

4. 行为数据处理

以各行为发生频次占总行为频次的比例,来计算各行为的时间分配,以指定时间段内各类行为频次占总行为频次的比例来计算研究对象的日行为节律。时间分配和日行为节律均以每天平均值计算。先用 Kolmogorov-Smironov 检验数据的正态性,若符合正态分布则选择单因素方差分析(one-way ANOVA)检验数据的差异性,若不符合正态分布则选择 Mann-Whitney U 检验(双独立样本)或 Kruskal-Wallis H 检验(多独立样本)(陈斌等,2015)。数据表示为平均值±标准差($x \pm SD$),显著性水平设置为 $\alpha = 0.05$。所有统计分析借助 Excel 2010 和 SPSS 22.0 完成。

3.2.5　潜水行为

1. 潜水行为观察

潜水行为是鸊鷉、鸬鹚和部分鸭类的主要觅食行为(Frere et al., 2002;Casaux, 2004;Bourget et al., 2007;Mittelhauser et al., 2008)。通常借助单筒望远镜及双筒望远镜,采用焦点动物法对研究对象的潜水行为进行观察,即连续记录取食波次中潜入水下时间(潜水持续时间)和暂停于水面时间(暂停持续时间),若连续 2min 未潜水,则认为该取食波次完成,放弃观察(Shao and Chen, 2017)。观察时尽量不重复选择同一个体,以减少重复取样,尽可能表现整体状况。潜水效率定义为潜水持续时间与暂停持续时间之比(d/p)(Shao and Chen, 2017)。

2. 数据处理

将记录到的数据先用 Kolmogorov-Smironov 检验数据的正态性,若符合正态分布则选择单因素方差分析(one-way ANOVA)检验数据的差异性,若不符合正态分布则选择 Mann-Whitney U 检验(双独立样本)或 Kruskal-Wallis H 检验(多独立样本)(蒋剑虹等,2015)。采用 Spearman 秩相关性检验(双侧)检验各主要行为的相关性及暂停持续时间与前一次和后一次潜水的相关性(Shao and Chen, 2017;蒋剑虹和邵明勤,2015)。数据表示为平均值±标准差($x \pm SD$),显著性水平设置为 $\alpha = 0.05$。所有统计分析借助 Excel 2010 和 SPSS 22.0 完成。

3.2.6　取食行为

研究水鸟的取食行为，通常借助单筒望远镜（SWAROVSKI, $20\sim60\times$），采用焦点动物法对水鸟的取食行为进行观察，并记录相关取食行为参数。由于游禽和涉禽的取食方式不同，因此对一次取食行为的定义和所需记录的行为参数也不同。以白鹤为例，介绍涉禽的取食行为研究方法。记录为 1 次取食行为以下列任一标准为依据：①白鹤的喙进入水面寻找食物开始，至喙离开水面；②喙埋入水中表层，但出现明显停顿或吞咽动作；③当白鹤出现啄食泥土翻找食物，喙频繁出入水面时，以出现明显停顿记作 1 次。记作 1 次取食成功以掷头吞咽或喉咙发生运动伴随着吞咽为依据。涉禽除了在草洲上取食，还常在浅水域取食。栖息水深的记录方法如下，将白鹤的腿分 5 个等级：Ⅰ级（<1/3 跗蹠）、Ⅱ级（1/3～2/3 跗蹠）、Ⅲ级（2/3～1 跗蹠）、Ⅳ级（跗蹠关节～<1/2 胫骨）和Ⅴ级（>1/2 胫骨）。根据动物志的平均量度，将上述白鹤栖息位置的 5 个等级换算成栖息水深，每个等级水深范围的中值为平均水深（表 3-4）。

表 3-4　白鹤的栖息水深

水深级别	栖息水深	水深范围/cm	平均水深/cm
Ⅰ	<1/3 跗蹠	0～8.5	4.25
Ⅱ	1/3～2/3 跗蹠	8.6～17	12.8
Ⅲ	2/3～1 跗蹠	17.1～25.5	21.3
Ⅳ	跗蹠关节～1/2 胫骨	25.6～30.5	28.05
Ⅴ	>1/2 胫骨	30.6～35.5	33.05

采用 Kolmogorov-Smironov 对所有数据进行正态分布拟合检验，大部分数据呈非正态分布。因此本研究选用 Kruskal-Wallis H 检验（多独立样本）方法进行统计分析（吕九全和李保国，2006），分别检验取食次数、取食成功次数和取食成功率（1min 内成功取食次数/总取食次数）的差异。用卡方分析成幼鹤取食成功次数与失败次数的差异。数据表示为平均数±标准差（$x\pm SD$），显著性水平设置为 $\alpha=0.05$。所有统计分析均借助 SPSS 21.0 和 Excel 2013 完成。

以鸿雁和小天鹅为例，介绍游禽的取食行为研究方法。采用焦点动物法每隔 10 min 记录 1 次小天鹅或鸿雁的取食方式、每次取食持续时间，每分钟取食次数（Tatu et al., 2007；张永，2009）（表 3-5）。出现下列任一标准为 1 次取食：①小天鹅和鸿雁的喙开始进入水面寻找食物至喙离开水面；②搜寻或挖掘食物时出现明显停顿或吞咽动作。

表 3-5　越冬小天鹅和鸿雁的取食方式

物种	取食方式
小天鹅	Ⅰ取食水体或者稻田表面食物
	Ⅱ仅头部浸入水中取食
	Ⅲ头颈浸入水中取食
	Ⅳ翻身取食，整个头颈和部分身体翻入水中取食
鸿雁	Ⅰ取食水体表面食物，挖掘陆地植物等
	Ⅱ仅头部浸入水中取食
	Ⅲ头颈部浸入水中取食
	Ⅳ翻身取食，整个头颈和部分身体翻入水中取食

以各取食行为的持续时间占各取食行为的只次的比例，计算各取食行为的持续时间，以每天记录的取食次数占每天记录的取食次数时间，计算 1min 取食的次数。采用 Kolmogorov-Smironov 检验数据的正态性，若符合正态分布，则使用单因素方差分析(one-way ANOVA)检验不同时期主要行为时间分配的差异，若不符合，则选择 Mann-Whitney U 检验(双独立样本)或 Kruskal-Wallis H 检验(多独立样本)方法(蒋剑虹等，2015)。数据表示为平均值±标准差($x±SD$)，显著性水平设置为 $α=0.05$。所有数据统计分析借助 SPSS 20.0 和 Excel 2013 完成。

3.2.7　集群行为

借助 SWAROVSKI(20~60×)单筒望远镜，记录鸟类的集群大小、雌雄、成幼。本研究一个集群表示活动相对独立的单位，集群内的个体步调一致的群体。中华秋沙鸭只记录集群大小、成幼比例。鹤类活动群的集群类型分为家庭鹤、聚集群和孤鹤。其中，家庭鹤是由亲鹤和幼鹤组成，分 2 成、1 成 1 幼、2 成 1 幼及 2 成 2 幼 4 种形式。聚集群为个体数量大于或等于 5 的群体。

3.2.8　生境选择

1. 中华秋沙鸭生境选择

根据调查区实际情况，考虑中华秋沙鸭生物学特点，选定 25 个 10m×10m 样方。根据影响动物生境选择的食物、隐蔽条件、水基本因素，加上与野生动物生境密切相关的人为干扰(赵成等，2012)，选择以下生境因子进行测量：经纬度、海拔、水流速度、水清澈度、pH、河段宽度、两岸坡度、两岸植被盖度、浅滩数目、离浅滩的最近距离、离岸的最近距离、离大道的最近距离、离小道的最近距离、离采砂场最近距离、离居民点最近距离、浅滩面积占河段的比例。

运用 GPS、双筒望远镜、卷尺、pH 试纸、秒表和记录本等工具，对研究区域中选定的样方河段生境因子进行测量。中华秋沙鸭栖息地生境因子测量、分级和赋值方法见表 3-6。用网捕法捕获中华秋沙鸭栖息河段中潜在食物资源并对其进行拍照和体长测量。

表 3-6　中华秋沙鸭栖息生境因子确定及测定方法

生境因子	测量与分级	赋值方法
经纬度	样方处经纬度，用 GPS 测定	
海拔/m	样方处海拔，用 GPS 测定	
水流速度/(m/s)	样方河段河水流速，用秒表测得选定漂浮物沿与水流方向平行固定摆放且长度已知标竿移动的时间，计算得到速度	
水清澈度/cm	竹竿垂直放入水中能见程度，卷尺测量恰好看不见干燥竹竿底端时底端距水面的垂直深度	
pH	样方河水酸碱度，用实验室 pH 试纸直接测得	
河段宽度/m	样方河段的两岸宽度，用 GPS 测得，部分河段用样方河段附近的桥长度来估计	
两岸坡度/(°)	两岸坡面与水平面夹角的平均值，目测	
两岸植被盖度	两岸植被覆盖程度，目测，分≥80%良好、40%～80%一般、≤40%稀疏 3 个等级	3 个等级分别赋值 1、2、3
浅滩数目	样方中心附近岛屿个数，分多个、1 个、0 个 3 个等级	3 个等级分别赋值 1、2、3
浅滩占河道比例	以栖息点为中心内 10m×10m 样方内浅滩总面积占河段面积比例，目测，分≥50.1%、30.1%～50%、10.1%～30%、≤10%4 个等级	4 个等级分别赋值 1、2、3、4
离浅滩最近距离	样方中心与最近浅滩的距离，目测，分 0～20m、20.1～40m、≥40.1m3 个等级	3 个等级分别赋值 1、2、3
离岸最近距离/m	样方中心离最近岸距，目测	
离大道最近距离	样方中心离大道最近距离，目测，分 0～50m、50.1～100m、100.1～150m、≥150.1m4 个等级	4 个等级分别赋值 1、2、3、4
离小道最近距离	样方中心离小道最近距离，目测，分 0～50m、50.1～100m、100.1～150m、≥150.1m4 个等级	4 个等级分别赋值 1、2、3、4
离采砂场最近距离	样方中心离最近采砂场距离，目测，分 0～200m、200.1～400m、≥400.1m3 个等级	3 个等级分别赋值 1、2、3
离居民点最近距离/m	样方中心离附近最近居民点距离，目测	

2. 鄱阳湖水鸟的微生境选择

2014 年 10 月～2015 年 4 月采用样点法对鄱阳湖各样点的水鸟分布进行了调查，借助 SWAROVSKI（20～60×）单筒望远镜观察并记录视野范围内所能见到的所有水鸟。2014 年 12 月～2015 年 4 月在调查数量分布的同时记录水鸟所处微生境。共对 PYH 和 YY 调查了 6 次，NJ7 次，BS4 次，DC5 次，每次调查间隔 15 天以上。本研究中水鸟包括鹏鹏目、鹈形目（鹈鹕、鸬鹚）、鹳形目、雁形目、鹤形目（鹤类 、秧鸡）和鸻形目中的物种（Shao et al., 2014a；邵明勤等，2016c）。

水鸟利用的微生境类型划分见表 3-7。

表 3-7　鄱阳湖水鸟主要分布生境的类型及其描述

生境类型	描述
深水	水深≥50cm，或基本没过苍鹭腿部
浅水	水深<50cm，或仅没过苍鹭腿以下部分
草滩	基质长有植物但水体基本将其淹没
泥滩	基质为泥浆
泥地	泥质基质，水分较少
草洲	基质基本被植物覆盖，无出露水体
水中突出物	水中突出的木桩、竹竿或渔网等
沙地	表层为沙质，无植被覆盖
稻田	生长水稻的水田
岩石	质地坚固的石块

3.2.9　生态位分化

根据实地考察，参考文献本研究统计了鄱阳湖常见越冬水鸟(24 种游禽和 36 种涉禽)的体重、体长、嘴峰、跗蹠长的平均值。对物种间各形态特征指标进行降序排列，计算各参数的比值(最大数据除以第二大数据，以此类推)。对物种形态特征进行判别分析，用体重的三次方根对体长、翅长、尾长和跗蹠长等进行标准化($L'=L/BW^{1/3}$，L' 为标准化的长度；L 为起始长度；BW 为体重)，由于嘴峰长与鸟类食物的大小有关，故未对其进行标准化。所有数据在进一步分析前均进行对数转换($z'=\log_{10} z$，z 为体重、嘴峰长和各相对长度指标)，以避免伴随多元分析出现的与比例相关指标问题。数据表示为平均值±标准误($x\pm SD$)，显著性水平设置为 $\alpha=0.05$，所有统计分析借助 Excel 2007 和 SPSS21.0 完成。

3.2.10　生态位分析

(1)生态位宽度测定(朱曦等，1998；张金屯，2018)：

$$H= -\left(\sum_i P_i \log_2 P_i \right)/H_{max}$$

式中，$H_{max}=\log_2 N$，N 为各类资源的总单位数。

(2)生态位重叠度测定(朱曦等，1998；张金屯，2018)：

$$\alpha_{xy}(D)=1-\frac{1}{2}\sum_{i=1}^{n}\left| P_{xi}-P_{yi} \right|$$

式中，P_{xi} 和 P_{yi} 分别是种 x 和种 y 在第 i 项资源中出现的数目占各自个体总数的比例。$\alpha_{xy}(D)$值域从 0(没有重叠)到 1(完全重叠)。

下列 3 个表格(附表 3-1,附表 3-2,附表 3-3)为本研究野外常用的记录表,供读者参考。

附表 3-1 群落多样性记录样表

日期		天气情况	
观察人		记录人	
地点		温度	
物种名称	数量	生境	备注
白鹤	2+2+6	湖泊	3 群:2 群 1 成 1 幼;2 成 4 幼
灰鹤	50	稻田	
灰鹤	20	湖泊	
斑嘴鸭	300	湖泊	

附表 3-2 行为时间分配与节律及取食行为记录样表

观察人		地点		天气		日期			
记录人		海拔		最低温度		最高温度			
		取食	休息	修整	警戒	社会	飞行	行走	
	成体	5		2					
	幼体	7	1						
	成体								
	幼体								
	成体								
7:00～7:59	幼体								
	成体								
	幼体								
	成体								
	幼体								
	成体:1min 取食次数( )—成功次数( );水深　;取食深度　;								
	幼体:1min 取食次数( )—成功次数( );水深　;取食深度　;								

注:取食行为可以 10min 记录一次

附表 3-3 潜水行为记录样表

观察人		地点		天气		日期	
记录人		海拔		最低温度		最高温度	
7:00～7:59	潜水次数	4	潜水；暂停；潜水；暂停…		12s:7s:20s:18s:19s:5s:14s		
	潜水次数		潜水；暂停；潜水；暂停…				
	潜水次数		潜水；暂停；潜水；暂停…				
	潜水次数		潜水；暂停；潜水；暂停…				
	潜水次数		潜水；暂停；潜水；暂停…				
	潜水次数		潜水；暂停；潜水；暂停…				
	潜水次数		潜水；暂停；潜水；暂停…				
	潜水次数		潜水；暂停；潜水；暂停…				
	潜水次数		潜水；暂停；潜水；暂停…				
	潜水次数		潜水；暂停；潜水；暂停…				
	潜水次数		潜水；暂停；潜水；暂停…				
8:00～8:59	潜水次数		潜水；暂停；潜水；暂停…				
	潜水次数		潜水；暂停；潜水；暂停…				
	潜水次数		潜水；暂停；潜水；暂停…				
	潜水次数		潜水；暂停；潜水；暂停…				
	潜水次数		潜水；暂停；潜水；暂停…				
	潜水次数		潜水；暂停；潜水；暂停…				
	潜水次数		潜水；暂停；潜水；暂停…				
	潜水次数		潜水；暂停；潜水；暂停…				
	潜水次数		潜水；暂停；潜水；暂停…				
	潜水次数		潜水；暂停；潜水；暂停…				

注：连续记录取食波次中潜入水下时间(潜水持续时间)和暂停于水面时间(暂停持续时间)，若连续 2min 未潜水，则认为该取食波次完成，放弃观察。如表中记录表示，一次取食潜水次数为 4 次，潜水时间分别为 12s、20s、19s 和 14s，暂停持续时间分别为 7s、18s 和 5s，接着超过 2min 未潜水，则认为该取食波次结束

第4章 水鸟资源与区系特征

水鸟是鸟类生态类群中的重要组成部分,它们与湿地生态系统相伴,是指示湿地健康状况的一个重要指标,它们的数量是国际重要湿地认定的指定标准,通过研究水鸟的种群动态、空间分布、群落结构、区系组成等可为理解物种生存状况、环境变化及生物多样性保护提供重要参考。目前,全球有8条候鸟迁徙路线,其中4条途经我国,每年特别是冬季的时候都有大量的水鸟迁来越冬或停歇中转。现有关水鸟多样性的研究很多,主要集中在各级湿地自然保护区,包括全国各大湖泊湿地、河流河口湿地、近海海岸湿地等,比如青海湖、洞庭湖、鄱阳湖、升金湖、崇明东滩湿地、杭州湾湿地、乐清湾湿地、东南部沿海红树林湿地等(杨月伟等,2005;周放,2010;Cao et al.,2011;章旭日,2011;戴年华等,2013;蒋科毅等,2013;张姚等,2014;邵明勤等,2014a,2014b,2015,2016a;关蕾等,2016;曾南京等,2016)。

4.1 世界与中国的水鸟资源

4.1.1 世界水鸟资源概况

国际奥委会世界鸟类名录(IOC World Bird List)(v8.1)显示,全世界现存水鸟12目46科286属1132种(表4-1)。其中,物种数>100的目有:鸻形目(18科86属366种,占世界水鸟物种数的32.33%)、鹤形目(6科51属189种)、雁形目(3科56属177种)、鹱形目(4科27属147种)、鹈形目(5科35属118种);在这些水鸟中鸻形目拥有最多的科、属、种,为水鸟中最大的类群。

表 4-1 世界水鸟统计

	企鹅目	雁形目	鹏鹕目	红鹳目	鹤形目	鸻形目	鹳形目	潜鸟目	鹱形目	鹲形目	鲣鸟目	鹈形目	总计
科数	1	3	1	1	6	18	1	1	4	1	4	5	46
属数	6	56	6	3	51	86	1	1	27	6	8	35	286
种数	18	177	23	6	189	366	3	5	147	19	61	118	1132

注:鸻形目水鸟不包括三趾鹑科(下同)

4.1.2 中国水鸟资源概况

中国水鸟根据郑光美院士(2017)的《中国鸟类分类与分布名录(第三版)》显

示一共有 11 目 29 科 123 属 296 种,目占全世界水鸟的 91.67%、科占 63.04%、属占 43.01%、物种数占 26.15%(表 4-2 和表 4-3)。其中排名前四的目有:鸻形目(12 科 50 属 131 种,占中国水鸟物种数的 44.26%)、雁形目(1 科 23 属 54 种)、鹈形目(3 科 15 属 35 种)、鹤形目(2 科 13 属 29 种),从统计数据看,鸻形目为中国水鸟的最主要类群。

表 4-2　中国水鸟统计

	雁形目	䴙䴘目	红鹳目	鹤形目	鸻形目	鹲形目	潜鸟目	䴕形目	鹳形目	鲣鸟目	鹈形目	总计
科数	1	1	1	2	12	1	1	1	3	1	3	3	29
属数	23	2	1	13	50	1	1	9	4	4	15	123
种数	54	5	1	29	131	3	4	16	7	11	35	296

表 4-3　世界、中国和江西水鸟比例

	中国/世界	江西/世界	江西/中国
目/%	91.67	75.00	81.82
科/%	63.04	43.48	68.97
属/%	43.01	28.32	65.85
种/%	26.15	14.49	55.41

4.2　江西省的水鸟多样性与分布格局

4.2.1　江西省的水鸟种类与保护级别

据笔者统计,截至 2018 年,江西现有水鸟 164 种,隶属于 9 目 20 科 81 属,占全省鸟类种数(20 目 76 科 550 种)(曾南京等,2017;Zeng et al.,2018)的 29.82%,占世界水鸟目的 75.00%、科的 43.48%、属的 28.32%、种的 14.49%,占中国水鸟目的 81.82%、科的 68.97%、属的 65.85% 以及 55.41% 的物种数(表 4-3、表 4-4、附表 4-1)。从分析结果来看,江西省水鸟以鸻形目(8 科 29 属 69 种)、雁形目(1 科 18 属 40 种)、鹈形目(3 科 13 属 22 种)和鹤形目(2 科 11 属 19 种)为主,一共占全部水鸟种数的 91.46%,其中鸻形目最多,占 42.07%。

表 4-4　江西省水鸟统计

	雁形目	䴙䴘目	红鹳目	鹤形目	鸻形目	䴕形目	鹳形目	鲣鸟目	鹈形目	总计
科数	1	1	1	2	8	1	1	2	3	20
属数	18	2	1	11	29	1	4	2	13	81
种数	40	5	1	19	69	1	5	2	22	164

在记录的江西水鸟中，国家重点保护鸟类 27 种（占 16.46%），包括白鹤、白头鹤、遗鸥 *Ichthyaetus relictus*、黑鹳 *Ciconia nigra*、东方白鹳和中华秋沙鸭 6 种国家 I 级重点保护鸟类，以及大天鹅 *Cygnus cygnus*、小天鹅、白枕鹤、灰鹤、黑脸琵鹭 *Platalea minor*、卷羽鹈鹕 *Pelecanus crispus* 等国家 II 级重点保护鸟类 21种。被《濒危野生动植物种国际贸易公约》（CITES）附录 I 收录的水鸟有 6 种（白枕鹤、东方白鹳、卷羽鹈鹕等）、附录 II 收录的水鸟有 8 种（花脸鸭 *Sibirionetta formosa*、灰鹤、白琵鹭 *Platalea leucorodia* 等）。列入世界自然保护联盟（IUCN）红色名录的受胁水鸟有 39 种，其中，近危（NT）16 种，易危（VU）13 种，濒危（EN）7种（包括中华秋沙鸭、大杓鹬 *Numenius madagascariensis*、东方白鹳、黑脸琵鹭等），极危（CR）3 种（青头潜鸭 *Aythya baeri*、白鹤、白斑军舰鸟 *Fregata ariel*）（表 4-5 和附表 4-1）。在以上受保护水鸟中，鹤形目和鹳形目濒危程度最高。

表 4-5　江西省受保护水鸟

保护级别	雁形目	鹏鹕目	红鹳目	鹤形目	鸻形目	䴙䴘目	鹳形目	鲣鸟目	鹈形目	总计
国家 I 级/II 级	1/5	0/2	0/0	2/5	1/1	0/0	2/1	0/0	0/7	6/21
CITES 附录 I / II	0/2	0/0	0/1	3/3	1/0	0/0	1/1	0/0	1/1	6/8
IUCN NT/VU/EN/CR	2/5/1/1	0/1/0/0	0/0/0/0	1/3/0/1	10/2/2/0	1/0/0/0	1/1/1/0	0/0/0/1	1/1/3/0	16/13/7/3

注：保护级别：国家重点保护鸟类；CITES：《濒危野生动植物种国际贸易公约》；IUCN：世界自然保护联盟，受胁程度：NT（near threatened）近危，VU（vulnerable）易危，EN（endangered）濒危，CR（critically endangered）极危

4.2.2　江西省的水鸟居留型与区系

居留型组成上，江西省水鸟以候鸟为主，共 152 种，占全部水鸟物种数的93.83%；其中，冬候鸟 82 种，占候鸟物种数的 53.95%；旅鸟 44 种，占 28.95%；夏候鸟 26 种，占 17.10%。从水鸟类群组成看，雁形目冬候鸟和鸻形目旅鸟最多（均为 36 种），共占候鸟物种数的 47.37%；候鸟物种总数最多的是鸻形目共 69 种（夏候鸟 7 种、冬候鸟 26 种、旅鸟 36 种），占候鸟物种总数的 45.39%。在全省水鸟中，繁殖鸟共计 33 种（留鸟 7 种、夏候鸟 26 种，共占物种总数的 20.37%），此外还有 3 种迷鸟（表 4-6、表 4-7 和附表 4-1）。

表 4-6　江西省水鸟目的居留型与区系组成

目	居留型					区系		
	留鸟	夏候鸟	冬候鸟	旅鸟	迷鸟	东洋界	古北界	广布型
雁形目	1	2	36	1		1	36	3
鹏鹕目	1		4				4	1
鹤形目	3	5	7	3		5	8	5

目	居留型					区系		
	留鸟	夏候鸟	冬候鸟	旅鸟	迷鸟	东洋界	古北界	广布型
鸻形目		7	26	36		1	59	9
鹲形目				1				1
鹈形目		1	2	1	1	3	2	
鲣鸟目			1		1			2
鹈形目	2	11	6	2	1	3	3	16
合计	7	26	82	44	3	13	112	37

注：大红鹳和蓑羽鹤为逃逸鸟类，不做居留型和区系分析(下同)

表 4-7　江西省水鸟的居留型与区系组成

区系	留鸟	夏候鸟	冬候鸟	旅鸟	迷鸟	总计	比例/%
东洋界	1	10		1	1	13	8.02
古北界		4	73	35		112	69.14
广布型	6	12	9	8	2	37	22.84
总计	7	26	82	44	3	162	
比例/%	4.32	16.05	50.62	27.16	1.85		

　　鸟类区系组成上，古北界鸟类占绝对优势，共 112 种，占全省水鸟物种数的 69.14%；此外，广布型鸟类 37 种，东洋界鸟类 13 种(表 4-6 和表 4-7)。从水鸟组成类群看，绝大多数雁形目(90.00%)和鸻形目(85.51%)鸟类为古北种(表 4-6)。统计结果与全省鸟类区系组成相似(邵明勤等，2010b)，但与江西省地理区系属于东洋界相矛盾。从表中可以看出，候鸟中有 112 种(冬候鸟 73 种)为古北界迁徙而来(表 4-7)，因而导致水鸟区系以古北种为主，分析结果同时也反映了江西省水鸟有古北界向东洋界渗透的现象。

附表 4-1　江西省水鸟名录

物种名称	学名	居留型	区系	保护级别	CITES	IUCN
一、雁形目	ANSERIFORMES					
(一)鸭科	Anatidae					
1. 栗树鸭	*Dendrocygna javanica*	夏	东			
2. 鸿雁	*Anser cygnoid*	冬	古			易危
3. 豆雁	*Anser fabalis*	冬	古			
4. 灰雁	*Anser anser*	冬	古			
5. 白额雁	*Anser albifrons*	冬	古	II级		

物种名称	学名	居留型	区系	保护级别	CITES	IUCN
6. 小白额雁	*Anser erythropus*	冬	古			易危
7. 斑头雁	*Anser indicus*	冬	古			
8. 雪雁	*Anser caerulescens*	冬	古			
9. 加拿大雁	*Branta canadensis*	冬	古			
10. 黑雁	*Branta bernicla*	冬	古			
11. 红胸黑雁	*Branta ruficollis*	冬	古	II级	附录II	易危
12. 小天鹅	*Cygnus columbianus*	冬	古	II级		
13. 大天鹅	*Cygnus cygnus*	冬	古	II级		
14. 翘鼻麻鸭	*Tadorna tadorna*	冬	古			
15. 赤麻鸭	*Tadorna ferruginea*	冬	古			
16. 鸳鸯	*Aix galericulata*	冬	古	II级		
17. 棉凫	*Nettapus coromandelianus*	夏	广			
18. 赤膀鸭	*Mareca strepera*	冬	古			
19. 罗纹鸭	*Mareca falcata*	冬	古			近危
20. 赤颈鸭	*Mareca penelope*	冬	古			
21. 绿头鸭	*Anas platyrhynchos*	冬	古			
22. 斑嘴鸭	*Anas zonorhyncha*	留	广			
23. 针尾鸭	*Anas acuta*	冬	广			
24. 绿翅鸭	*Anas crecca*	冬	古			
25. 琵嘴鸭	*Spatula clypeata*	冬	古			
26. 白眉鸭	*Spatula querquedula*	冬	古			
27. 花脸鸭	*Sibirionetta formosa*	冬	古		附录II	
28. 赤嘴潜鸭	*Netta rufina*	冬	古			
29. 红头潜鸭	*Aythya ferina*	冬	古			易危
30. 青头潜鸭	*Aythya baeri*	冬	古			极危
31. 白眼潜鸭	*Aythya nyroca*	旅	古			近危
32. 凤头潜鸭	*Aythya fuligula*	冬	古			
33. 斑背潜鸭	*Aythya marila*	冬	古			
34. 斑脸海番鸭	*Melanitta fusca*	冬	古			
35. 长尾鸭	*Clangula hyemalis*	冬	古			易危
36. 鹊鸭	*Bucephala clangula*	冬	古			
37. 斑头秋沙鸭	*Mergellus albellus*	冬	古			
38. 普通秋沙鸭	*Mergus merganser*	冬	古			

续表

物种名称	学名	居留型	区系	保护级别	CITES	IUCN
39. 红胸秋沙鸭	*Mergus serrator*	冬	古			
40. 中华秋沙鸭	*Mergus squamatus*	冬	古	Ⅰ级		濒危
二、䴙䴘目	PODICIPEDIFORMES					
（二）䴙䴘科	Podicipedidae					
41. 小䴙䴘	*Tachybaptus ruficollis*	留	广			
42. 赤颈䴙䴘	*Podiceps grisegena*	冬	古	Ⅱ级		
43. 凤头䴙䴘	*Podiceps cristatus*	冬	古			
44. 角䴙䴘	*Podiceps auritus*	冬	古	Ⅱ级		易危
45. 黑颈䴙䴘	*Podiceps nigricollis*	冬	古			
三、红鹳目	PHOENICOPTERIFORMES					
（三）红鹳科	Phoenicopteridae					
46. 大红鹳	*Phoenicopterus roseus*				附录Ⅱ	
四、鹤形目	GRUIFORMES					
（四）秧鸡科	Rallidae					
47. 花田鸡	*Coturnicops exquisitus*	旅	古	Ⅱ级		易危
48. 白喉斑秧鸡	*Rallina eurizonoides*	夏	东			
49. 灰胸秧鸡	*Lewinia striata*	夏	东			
50. 普通秧鸡	*Rallus indicus*	冬	古			
51. 红脚田鸡	*Zapornia akool*	留	东			
52. 小田鸡	*Zapornia pusilla*	旅	广			
53. 红胸田鸡	*Zapornia fusca*	夏	广			
54. 斑胁田鸡	*Zapornia paykullii*	旅	古			近危
55. 白胸苦恶鸟	*Amaurornis phoenicurus*	夏	东			
56. 董鸡	*Gallicrex cinerea*	夏	东			
57. 紫水鸡	*Porphyrio porphyrio*	留	广			
58. 黑水鸡	*Gallinula chloropus*	留	广			
59. 白骨顶	*Fulica atra*	冬	广			
（五）鹤科	Gruidae					
60. 白鹤	*Grus leucogeranus*	冬	古	Ⅰ级	附录Ⅰ	极危
61. 沙丘鹤	*Grus canadensis*	冬	古	Ⅱ级	附录Ⅱ	
62. 白枕鹤	*Grus vipio*	冬	古	Ⅱ级	附录Ⅰ	易危
63. 蓑羽鹤	*Grus virgo*			Ⅱ级	附录Ⅱ	
64. 灰鹤	*Grus grus*	冬	古	Ⅱ级	附录Ⅱ	

续表

物种名称	学名	居留型	区系	保护级别	CITES	IUCN
65. 白头鹤	*Grus monacha*	冬	古	Ⅰ级	附录Ⅰ	易危
五、鸻形目	CHARADRIIFORMES					
(六)蛎鹬科	Haematopodidae					
66. 蛎鹬	*Haematopus ostralegus*	旅	广			近危
(七)反嘴鹬科	Recurvirostridae					
67. 黑翅长脚鹬	*Himantopus himantopus*	旅	广			
68. 反嘴鹬	*Recurvirostra avosetta*	冬	古			
(八)鸻科	Charadriidae					
69. 凤头麦鸡	*Vanellus vanellus*	冬	古			近危
70. 灰头麦鸡	*Vanellus cinereus*	夏	古			
71. 金鸻	*Pluvialis fulva*	旅	古			
72. 灰鸻	*Pluvialis squatarola*	冬	古			
73. 长嘴剑鸻	*Charadrius placidus*	旅	古			
74. 金眶鸻	*Charadrius dubius*	旅	广			
75. 环颈鸻	*Charadrius alexandrinus*	旅	广			
76. 蒙古沙鸻	*Charadrius mongolus*	旅	古			
77. 铁嘴沙鸻	*Charadrius leschenaultii*	旅	古			
78. 东方鸻	*Charadrius veredus*	旅	古			
(九)彩鹬科	Rostratulidae					
79. 彩鹬	*Rostratula benghalensis*	冬	广			
(十)水雉科	Jacanidae					
80. 水雉	*Hydrophasianus chirurgus*	夏	东			
(十一)鹬科	Scolopacidae					
81. 丘鹬	*Scolopax rusticola*	冬	古			
82. 姬鹬	*Lymnocryptes minimus*	旅	古			
83. 孤沙锥	*Gallinago solitaria*	冬	古			
84. 针尾沙锥	*Gallinago stenura*	旅	古			
85. 大沙锥	*Gallinago megala*	旅	古			
86. 扇尾沙锥	*Gallinago gallinago*	冬	古			
87. 长嘴半蹼鹬	*Limnodromus scolopaceus*	旅	古			
88. 半蹼鹬	*Limnodromus semipalmatus*	旅	古			近危
89. 黑尾塍鹬	*Limosa limosa*	旅	古			近危
90. 斑尾塍鹬	*Limosa lapponica*	旅	古			近危

续表

物种名称	学名	居留型	区系	保护级别	CITES	IUCN
91. 小杓鹬	*Numenius minutus*	旅	古	II级		
92. 中杓鹬	*Numenius phaeopus*	旅	古			
93. 白腰杓鹬	*Numenius arquata*	冬	古			近危
94. 大杓鹬	*Numenius madagascariensis*	旅	古			濒危
95. 鹤鹬	*Tringa erythropus*	冬	古			
96. 红脚鹬	*Tringa totanus*	冬	古			
97. 泽鹬	*Tringa stagnatilis*	冬	古			
98. 青脚鹬	*Tringa nebularia*	冬	古			
99. 白腰草鹬	*Tringa ochropus*	冬	古			
100. 林鹬	*Tringa glareola*	旅	古			
101. 灰尾漂鹬	*Tringa brevipes*	旅	古			近危
102. 翘嘴鹬	*Xenus cinereus*	冬	古			
103. 矶鹬	*Actitis hypoleucos*	冬	古			
104. 翻石鹬	*Arenaria interpres*	旅	古			
105. 大滨鹬	*Calidris tenuirostris*	旅	古			濒危
106. 红腹滨鹬	*Calidris canutus*	旅	古			近危
107. 三趾滨鹬	*Calidris alba*	冬	古			
108. 红颈滨鹬	*Calidris ruficollis*	旅	古			近危
109. 小滨鹬	*Calidris minuta*	旅	古			
110. 青脚滨鹬	*Calidris temminckii*	旅	古			
111. 长趾滨鹬	*Calidris subminuta*	旅	古			
112. 尖尾滨鹬	*Calidris acuminata*	旅	古			
113. 阔嘴鹬	*Calidris falcinellus*	旅	古			
114. 流苏鹬	*Calidris pugnax*	旅	古			
115. 弯嘴滨鹬	*Calidris ferruginea*	旅	古			近危
116. 黑腹滨鹬	*Calidris alpina*	冬	古			
117. 红颈瓣蹼鹬	*Phalaropus lobatus*	旅	古			
(十二)燕鸻科	Glareolidae					
118. 普通燕鸻	*Glareola maldivarum*	夏	广			
(十三)鸥科	Laridae					
119. 红嘴鸥	*Chroicocephalus ridibundus*	冬	古			
120. 黑嘴鸥	*Saundersilarus saundersi*	冬	古			易危
121. 遗鸥	*Ichthyaetus relictus*	冬	古	I级	附录 I	易危

物种名称	学名	居留型	区系	保护级别	CITES	IUCN
122. 渔鸥	*Ichthyaetus ichthyaetus*	旅	古			
123. 黑尾鸥	*Larus crassirostris*	夏	古			
124. 普通海鸥	*Larus canus*	冬	古			
125. 小黑背银鸥	*Larus fuscus*	冬	古			
126. 西伯利亚银鸥	*Larus smithsonianus*	冬	古			
127. 黄腿银鸥	*Larus cachinnans*	冬	古			
128. 灰背鸥	*Larus schistisagus*	冬	古			
129. 鸥嘴噪鸥	*Gelochelidon nilotica*	旅	古			
130. 红嘴巨燕鸥	*Hydroprogne caspia*	冬	广			
131. 白额燕鸥	*Sternula albifrons*	夏	广			
132. 普通燕鸥	*Sterna hirundo*	夏	古			
133. 灰翅浮鸥	*Chlidonias hybrida*	夏	广			
134. 白翅浮鸥	*Chlidonias leucopterus*	旅	古			
六、鹱形目	PROCELLARIIFORMES					
(十四)鹱科	Procellariidae					
135. 白额鹱	*Calonectris leucomelas*	旅	广			近危
七、鹳形目	CICONIIFORMES					
(十五)鹳科	Ciconiidae					
136. 彩鹳	*Mycteria leucocephala*	夏	东	II级		近危
137. 钳嘴鹳	*Anastomus oscitans*	迷	东			
138. 黑鹳	*Ciconia nigra*	冬	古	I级	附录II	
139. 东方白鹳	*Ciconia boyciana*	冬	古	I级	附录I	濒危
140. 秃鹳	*Leptoptilos javanicus*	旅	东			易危
八、鲣鸟目	SULIFORMES					
(十六)军舰鸟科	Fregatidae					
141. 白斑军舰鸟	*Fregata ariel*	迷	广			极危
(十七)鸬鹚科	Phalacrocoracidae					
142. 普通鸬鹚	*Phalacrocorax carbo*	冬	广			
九、鹈形目	PELECANIFORMES					
(十八)鹮科	Threskiornithidae					
143. 黑头白鹮	*Threskiornis melanocephalus*	冬	广	II级		近危
144. 彩鹮	*Plegadis falcinellus*	迷	广	II级		
145. 白琵鹭	*Platalea leucorodia*	冬	古	II级	附录II	

续表

物种名称	学名	居留型	区系	保护级别	CITES	IUCN
146. 黑脸琵鹭	*Platalea minor*	冬	广	II级		濒危
(十九)鹭科	Ardeidae					
147. 大麻鳽	*Botaurus stellaris*	冬	广			
148. 黄斑苇鳽	*Ixobrychus sinensis*	夏	广			
149. 紫背苇鳽	*Ixobrychus eurhythmus*	夏	古			
150. 栗苇鳽	*Ixobrychus cinnamomeus*	夏	广			
151. 黑苇鳽	*Ixobrychus flavicollis*	夏	广			
152. 海南鳽	*Gorsachius magnificus*	夏	东	II级		濒危
153. 栗头鳽	*Gorsachius goisagi*	旅	广			濒危
154. 夜鹭	*Nycticorax nycticorax*	夏	广			
155. 绿鹭	*Butorides striata*	夏	广			
156. 池鹭	*Ardeola bacchus*	夏	广			
157. 牛背鹭	*Bubulcus ibis*	夏	广			
158. 苍鹭	*Ardea cinerea*	留	广			
159. 草鹭	*Ardea purpurea*	夏	广			
160. 大白鹭	*Ardea alba*	冬	广			
161. 中白鹭	*Ardea intermedia*	夏	东			
162. 白鹭	*Egretta garzetta*	留	东			
163. 岩鹭	*Egretta sacra*	旅	广	II级		
(二十)鹈鹕科	Pelecanidae					
164. 卷羽鹈鹕	*Pelecanus crispus*	冬	古	II级	附录I	易危

注：居留型：留(留鸟)，夏(夏候鸟)，冬(冬候鸟)，旅(旅鸟)，迷(迷鸟和偶见鸟)；区系：东(东洋界)，古(古北界)，广(广布型)；大红鹳和蓑羽鹤为逃逸鸟类，不做居留型和区系分析。保护级别：国家级重点保护鸟类；CITES：《濒危野生动植物种国际贸易公约》；IUCN：世界自然保护联盟。黄嘴白鹭 *Egretta eulophotes*、剑鸻 *Charadrius hiaticula*、红胸鸻 *Charadrius asiaticus*、小青脚鹬 *Tringa guttifer*、黑枕燕鸥 *Sterna sumatrana*、银鸥 *Larus argentatus* 因证据不足或分类地位变动暂不列入本名录。本名录按照《中国鸟类分类与分布名录(第三版)》(郑光美，2017)分类系统编制，根据该名录，常用的中文名红脚苦恶鸟更为红脚田鸡 *Zapornia akool*、蓝胸秧鸡更为灰胸秧鸡 *Lewinia striata*、须浮鸥更为灰翅浮鸥 *Chlidonias hybrida*、灰林银鸥 *Larus heuglini* 作为小黑背银鸥的亚种 *Larus fuscus heuglini* 处理

4.3 江西省的水鸟资源保护现状

江西省湿地是众多水鸟停息、越冬和繁殖的场所，水鸟资源丰富，数量大、种类多。江西省鄱阳湖是越冬水鸟集中的地方，每年为 50 万～70 万只水鸟提供栖息和觅食场所。鄱阳湖"五河"水系及其支流虽然越冬水鸟密度不高，但也分

布多种国家重点保护动物，如中华秋沙鸭、鸳鸯 *Aix galericulata* 等，"五河"水系面积大，其容纳的总的水鸟数量和种类也相当多。此外，容易忽视的是鄱阳湖周边水田、池塘等同样给很多鸟类甚至濒危鸟类如白鹤、灰鹤、小天鹅等提供栖息和觅食场所，有些种类如鸿雁、豆雁 *Anser fabalis* 在农田的数量相当大。为此江西在水鸟资源保护上做了很多工作，如①建立自然保护区：鄱阳湖区建立了 2 个国家级自然保护区(鄱阳湖国家级自然保护区和鄱阳湖南矶湿地国家级自然保护区)和多个省级保护区或湿地公园，鄱阳湖水系也在婺源、宜黄、弋阳等地为中华秋沙鸭设立了保护小区；②水鸟数量监测：每年对鄱阳湖及其水系开展多次水鸟多样性的监测；③水鸟生态习性的研究：江西的鸟类科研工作者开展了多种濒危水鸟生态习性及其对环境响应的生态学研究。此外，江西还在水鸟保护宣传、保持人鸟和谐发展等方面做了大量的工作。

第5章 江西常见和关注度高的水鸟类群

江西省常见或关注度较高的水鸟大都分布在鄱阳湖湖区，个别物种如中华秋沙鸭、鸳鸯等偏爱有一定流速或深度水域的鸟类会分布在"五河"流域或水库等地。本章根据笔者十多年的野外调查，列举了鄱阳湖湖区及其流域的一些常见或关注度高的水鸟，分属参考郑作新(2002)的专著，介绍它们的大致分布范围和规律。鄱阳湖国家级保护区的一些鸟类种群数量主要参考金斌松等(2016)的专著，水鸟体型特征主要参考赵正阶(2001)的专著。

5.1 雁 形 目

雁形目包括鸭科，鸭科分海鸭族(海番鸭属、长尾鸭属、鹊鸭属和秋沙鸭属)、麻鸭族(麻鸭属)、河鸭族(河鸭属)、潜鸭族(潜鸭属)、雁族(雁属、黑雁属和天鹅属)、鸳鸯属等14个属40种(表5-1)。

表 5-1 雁形目鸟类的分属

属	雁形目 鸭科						
	海番鸭属	长尾鸭属	鹊鸭属	秋沙鸭属	麻鸭属	河鸭属	潜鸭属
种数	1	1	1	4	2	10	5
属	鸳鸯属	棉凫属	树鸭属	狭嘴潜鸭属	雁属	黑雁属	天鹅属
种数	1	1	1	1	7	3	2

5.1.1 鸭科

(1)鸿雁 *Anser cygnoid*：大型水鸟，体长 82～93cm，是我国家鹅的祖先。嘴黑色，后颈黑色，前颈近白色，形成明显的对比，是与其他雁类最明显的野外鉴定特征。每年9月底10月初陆续迁至鄱阳湖区，春季3月底4月初迁回北方繁殖，在鄱阳湖越冬时间较长。集大群在湖区草洲、浅水、湖区周边稻田挖掘食物和休息，常与豆雁、白额雁混群。分布于鄱阳湖的大部分湖泊。鄱阳湖国家级保护区的种群数量约为76 000只，鄱阳湖南矶湿地国家级自然保护区有多个湖泊(常湖、白沙湖、神塘湖等)常见3000只以上大群鸿雁栖息；都昌候鸟省级自然保护区的多个湖泊(朱袍山、黄金咀、大沔池)分布有3000只以上的大群鸿雁。鄱阳湖湖畔鲤鱼洲(五星垦殖场)常见5000只以上大群鸿雁在一片稻田中觅食和飞行，场面非常壮观。

(2) 豆雁 *Anser fabalis*：大型水鸟，体长 69～80cm。野外鉴定特征为嘴黑褐色带黄色斑点。每年 9 月底 10 月初陆续迁至鄱阳湖区，春季 3 月底 4 月初迁回北方繁殖。与鸿雁习性类似，集大群在湖区草洲、浅水、湖区周边稻田觅食和休息，常与鸿雁、白额雁混群。分布于鄱阳湖的大部分湖泊。鄱阳湖南矶湿地国家级自然保护区有多个湖泊(常湖、白沙湖等)和南昌三湖县级自然保护区常见大群豆雁栖息，数量与鸿雁相当。大群常与鸿雁分布在不同湖泊，实现生态位的分离，减少竞争。鄱阳湖湖畔鲤鱼洲(五星垦殖场)常见几千只大群豆雁在一片稻田中觅食和飞行，稻田中的数量和遇见率较鸿雁少。

(3) 灰雁 *Anser anser*：大型雁类，体长 70～90cm。嘴、脚肉红色，上体灰褐色，下体污白色，在我国雁类中体色最淡，野外易于识别。每年 9 月底 10 月初陆续迁至鄱阳湖区，春季 3 月底 4 月初迁回北方繁殖。较鸿雁、豆雁和白额雁的遇见率低，千只以上的大群遇见率极低，常以小群或 300 只左右的群出现，与其他雁类混群。在浅水、草洲或湖区周边藕塘中均有分布，很少至稻田中觅食。分布于鄱阳湖的大部分湖泊。

(4) 白额雁 *Anser albifrons*：大型雁类，体长 64～80cm。野外鉴定特征为上体大多灰褐色，从上嘴基部至额有一宽阔白斑，下体白色杂有黑色块斑。每年 9 月底 10 月初陆续迁至鄱阳湖区，春季 3 月底 4 月初迁回北方繁殖。遇见率高，与其他雁类习性类似，集大群在湖区草洲、浅水、湖区周边稻田觅食和休息，常与鸿雁、豆雁混群。广泛分布于鄱阳湖的大部分湖泊。鄱阳湖国家级保护区的种群数量约为 57 000 只。

(5) 斑头雁 *Anser indicus*：大型雁类，体长 62～85cm。通体灰褐色，头和颈侧白色，头顶有两道黑色带斑，野外极易与其他雁类区分。江西斑头雁的种群数量少，很少遇见，与其他雁类混群。在稻田、湖区草洲觅食栖息。鄱阳湖南矶湿地国家级自然保护区稻田生境遇见 1 只斑头雁与豆雁混群，最多时在南矶湿地白沙湖见到 5 只群体，余干康山县级候鸟自然保护区也发现 3 只斑头雁与豆雁、白额雁混群于湖区草洲中觅食。

(6) 雪雁 *Anser caerulescens*：中型雁类，体长 54～73cm。野外鉴定特征为除嘴和脚为红色，初级飞羽为黑色外，通体白色。江西雪雁的种群数极少，很难遇见。在鄱阳湖区的都昌候鸟省级自然保护区的矶山湖中坝区域观测到雪雁 2 只。

(7) 小天鹅 *Cygnus columbianus*：大型水鸟，体长 110～135cm。全身洁白，嘴端黑色，嘴基黄色，外形较大天鹅明显小，野外易于区分。亚成鸟上体暗灰，头部灰色更深，嘴基黄色不明显。每年 9 月底 10 月初陆续迁至鄱阳湖区，春季 3 月底 4 月初迁回北方繁殖。集大群在湖区草洲、浅水、湖区周边稻田、藕塘中觅食和休息。常见于鄱阳湖的大部分湖泊。鄱阳湖国家级保护区的种群数量约为

78 000 只。鄱阳湖南矶湿地国家级自然保护区有多个湖泊(常湖、白沙湖等)、都昌候鸟省级自然保护区(滨湖)、鄱阳县白沙洲自然保护区(南疆湖)、余干康山县级候鸟自然保护区(落脚湖)、五星垦殖场等湖泊均可见千只以上的小天鹅集群,越冬期比较常见。20 世纪 90 年代末,一直未见小天鹅在农田中觅食。但近年来,湖区环境包括水位的变化,不少湖区周边的稻田和藕塘(五星垦殖场)出现小天鹅觅食,特别是暴雨之后,很多湖区农田被淹没,数千只小天鹅出现在一片稻田中觅食和休息,飞行时场面壮观。笔者在进行中华秋沙鸭调查时也偶见小天鹅在饶河、修河(修水)等河道栖息,数量极少,种群不稳定。

(8)大天鹅 *Cygnus cygnus*:大型水鸟,体长 120～160cm。全身洁白,嘴端黑色,嘴基黄色较多,外形较小天鹅明显大,常与小天鹅混群。江西鄱阳湖区大天鹅数量较少,在都昌等地的鄱阳湖区发现过少量大天鹅。

(9)赤麻鸭 *Tadorna ferruginea*:中型游禽,体长 51～68cm。野外鉴定特征为全身赤黄褐色,翅上有明显的白色翅斑和铜绿色翼镜,野外易于识别。每年 9 月底 10 月初陆续迁至鄱阳湖区,春季 3 月底 4 月初迁回北方繁殖。集群大小一般在几只至 300 只左右在湖区草洲、浅水、岸边取食和休息,不爱与其他游禽混群。都昌候鸟省级自然保护区的多个湖泊(大汊池、黄金咀、三山等)分布有千余只赤麻鸭。五星垦殖场、鄱阳县白沙洲自然保护区车门也较为常见。

(10)鸳鸯 *Aix galericulata*:中型游禽,体长 38～45cm。雌雄异色,雄鸟羽色鲜艳而华丽,头具艳丽的冠羽,眼后有宽阔的白色眉纹,翅上有帆一样的扇状直立羽毛。雌鸟头和整个上体灰褐色,眼周白色,其后连有一细的白色眉纹。大部分个体为冬候鸟,在婺源、靖安等地发现繁殖个体。越冬地广泛分布于江西的“五河”水系(信江、饶河、修河、抚河和赣江)及其支流,在婺源、景德镇的浮梁、靖安、吉安等地的有一定水流和小岛屿的河流中均有发现,鸳鸯常在岛屿上休息和在岛屿附近觅食,常与中华秋沙鸭、斑嘴鸭等混群。鸳鸯很少在鄱阳湖湖区出现,越冬地常见 1 对或 10 只以下的小群。

(11)绿头鸭 *Anas platyrhynchos*:中型游禽,体长 47～62cm。野外鉴定特征为头和颈辉绿色,颈部有一明显的白色领环,是我国家鸭的祖先。每年 9 月底 10 月初陆续迁至鄱阳湖区及其“五河”流域,春季 3 月底 4 月初迁回北方繁殖。分布较分散,在“五河”水系的每个样点常见几只个体的小群,鄱阳湖区的大部分湖泊均较为常见,但一般也以小群混在斑嘴鸭、赤颈鸭 *Mareca penelope* 等的大群中。

(12)斑嘴鸭 *Anas zonorhyncha*:中型游禽,体长 50～64cm。野外鉴定特征为黑色嘴端具黄斑,距离较远时,通常以翅近尾部有白色斑点为鉴定依据。江西留鸟。斑嘴鸭是江西鄱阳湖及其“五河”水系最为常见的水鸟,几乎每次湖区或河道调查均能见到,常以几十至几百只的群体出现,鄱阳湖区千只以上的群体也会出现。斑嘴鸭大部分在水中取食，以深水区较为常见，有时也会在郊区的小型湖泊或河道中出现。

(13)针尾鸭 *Anas acuta*：中型游禽，体长43～72cm。雄鸭颈侧有一条白色纵带，正中一对尾羽特别延长，野外易于鉴定。雌鸭体型较小，无翼镜。冬候鸟，常以数只或数十只个体混群于其他鸭类或小天鹅群中，在水中觅食。鄱阳湖国家级自然保护区的沙湖、蚌湖遇见率相对较高，其他湖区遇见率很低。鄱阳湖鲤鱼洲藕塘有时可见，偶尔也能见于鄱阳湖"五河"水系中觅食，但遇见率极低。

(14)绿翅鸭 *Anas crecca*：小型鸭类，体长31～40cm，江西省鄱阳湖及其五大水系的常见种，仅次于斑嘴鸭的遇见率。绿翅鸭个体较江西常见种斑嘴鸭、绿头鸭、赤麻鸭的个体明显小。雄鸟头至颈部深栗色，两侧覆羽各有一黄色三角形斑，飞翔时，雌雄鸭翅上具有金属光泽的翠绿色翼镜和翼镜前后缘的白边。每年9月底10月初陆续迁至鄱阳湖区及其"五河"水系，春季3月底4月初迁回北方繁殖。通常雌鸟先抵达鄱阳湖。常见绿翅鸭集大群(300～500只)在深水区觅食，常在空中集大群一起飞翔，然后集中落入水中，湖区集大群飞行的鸭类几乎都是绿翅鸭。绿翅鸭还在"五河"流域(婺源、景德镇等河段)广泛分布，种群数量大，遇见率高，通常也以上百只个体在一个区域内觅食，这是河道中比较少见的大群体鸟类。

(15)琵嘴鸭 *Spatula clypeata*：中型游禽，体长43～51cm。琵嘴鸭嘴黑色，大而扁平，先端扩大呈铲状，形态极为特别。每年9月底10月初陆续迁至鄱阳湖区，春季3月底4月初迁回北方繁殖。种群数量不大，常见于鄱阳湖国家级自然保护区的蚌湖、沙湖的浅水中觅食，与赤颈鸭、豆雁混群。

(16)红头潜鸭 *Aythya ferina*：中型游禽，体长41～50cm。野外特征为雄鸭头和颈栗红色，上体灰白色，鄱阳湖区远处看到背部白色且善于潜水的鸭子基本就是红头潜鸭，雌鸟头、颈棕褐色，胸暗黄褐色。每年9月底10月初陆续迁至鄱阳湖区，春季3月底4月初迁回北方繁殖。红头潜鸭主要栖息在湖区深水处，河道很少遇见。红头潜鸭广泛分布于鄱阳湖国家级自然保护区大湖池、八字墙；鄱阳湖南矶湿地国家级自然保护区的战备湖、白沙湖；鄱阳县白沙洲自然保护区的大鸣湖一般数量都在800只以上。

(17)凤头潜鸭 *Aythya fuligula*：中型游禽，体长34～49cm。雄鸟头上具长形黑色羽冠，背部羽毛黑色，两侧具白色羽毛。雌鸟头、颈、上体和胸黑褐色，羽冠较短。每年9月底10月初陆续迁至鄱阳湖区，春季3月底4月初迁回北方繁殖。凤头潜鸭主要栖息在湖区深水处，河道很少遇见。分布区与红头潜鸭类似，常以百只以上的群体活动。

(18)青头潜鸭 *Aythya baeri*：中型游禽，体长42～47cm。雄鸟头和颈黑绿色而有光泽，胸部暗栗色，雌鸟上体和胸部淡棕褐色，常与雄鸟在一起。鄱阳湖区青头潜鸭种群数量极少，在余干康山县级候鸟自然保护区发现一些青头潜鸭在深水处觅食。

（19）普通秋沙鸭 *Mergus merganser*：普通秋沙鸭是秋沙鸭中个体最大的一种，体长 54～68cm。雄鸟头和上颈黑褐色且具有绿色金属光泽，枕部有短的黑褐色冠羽，雌鸟头和上颈棕褐色，冠羽短，且具有白色翼镜。每年 9 月底 10 月初陆续迁至鄱阳湖及其流域，春季 3 月底 4 月初迁回北方繁殖。种群数量不大，在都昌候鸟省级自然保护区和鄱阳县白沙洲自然保护区几乎每年都能发现普通秋沙鸭在深水区觅食，水域一般有突出的石头供其休息，数量一般 10 只以下，在"五河"水系的饶河、信江也常遇见 1～2 对普通秋沙鸭在河中觅食。

（20）中华秋沙鸭 *Mergus squamatus*：中型游禽，体长 49～64cm。雄鸟头顶有黑色长形冠羽，体后和两胁有显著的鳞片状斑，这两个特征是区别于普通秋沙鸭的主要特征。雌鸟胸和两胁亦具有黑色鳞状斑，雌鸟冬羽颜色与亚成鸟类似。每年 9 月底 10 月初陆续迁至鄱阳湖五大流域，春季 3 月底 4 月初迁回北方繁殖。偏爱栖息在五大流域的有一定水流和浅滩的河道中栖息和觅食，善于潜水取食。中华秋沙鸭栖息的河道两侧常有密林分布，常与斑嘴鸭、白鹭共存。主要分布在修河（修水）、饶河（浮梁、耳口、婺源）、信江（弋阳县庙脚村、鹰潭龙虎山）、抚河（宜黄）和赣江（吉安）。其中，修河、饶河、信江和赣江的种群数量稳定在 20～60 只。中华秋沙鸭具有很强的栖息地忠实性，几乎每年分布的河段类似。偶尔在鄱阳湖区也发现少数个体的踪迹。

5.2　䴙　䴘　目

䴙䴘目包括䴙䴘科 1 科，分小䴙䴘属（1 种）和䴙䴘属（4 种）2 属 5 种。

（1）小䴙䴘 *Tachybaptus ruficollis*：小型游禽，体长 25～32cm，是䴙䴘中体型最小的一种。身体短胖，嘴裂和眼乳黄色。偏爱潜水觅食，为江西省留鸟。小䴙䴘是江西最常见的游禽，遇见率极高，对生境要求不高。小䴙䴘分布在鄱阳湖各大湖泊、大小型河道、小型池塘、校园水域等，因其潜水取食，对水深有一定要求，常在深水区觅食。小䴙䴘在深水区常以单个个体活动，个体与个体之间有一定的距离，有时一个群体也有几十只，但比较少见。

（2）凤头䴙䴘 *Podiceps cristatus*：中型游禽，是䴙䴘中个体最大者，体长 45～48cm。嘴长而尖，从嘴角至眼有一黑线，喉、前颈和下体白色，以及明显的羽冠是其野外鉴定的主要特征，休息时前颈大片白色羽毛易于辨认。偏爱潜水觅食，为江西省冬候鸟，但 5 月底仍能看到少量个体，部分个体在江西有繁殖。与小䴙䴘类似，江西各大湖泊和水库极为常见，种群数量多。但其很少出现在河道和小型池塘，这与小䴙䴘不同。常成对或 10～30 只中小群活动于深水区。

5.3　鹤　形　目

鹤形目包括秧鸡科和鹤科。其中秧鸡科包括田鸡属、斑秧鸡属、纹秧鸡属等8属13种，鹤科包括鹤属6种（表5-2）。

表5-2　鹤形目鸟类的分科

鹤形目								
秧鸡科								鹤科
田鸡属	斑秧鸡属	纹秧鸡属	苦恶鸟属	董鸡属	紫水鸡属	黑水鸡属	骨顶鸡属	鹤属
种数 5	2	1	1	1	1	1	1	6

5.3.1　秧鸡科

（1）白胸苦恶鸟 *Amaurornis phoenicurus*：中型涉禽，体长26～35cm。上体石板灰色，下体白色，体羽上下黑白分明，极为醒目。江西省夏候鸟。常栖息于水田和小型河道岸边觅食，种群数量不多，遇见率低。

（2）红胸田鸡 *Zapornia fusca*：小型涉禽，体长19～23cm。上体褐色或暗橄榄褐色，胸和上腹红栗色，尾短，行走时尾会不停地动。江西省冬候鸟。分布比较广泛，多栖息于小型河道岸边觅食，驱车去鄱阳湖区的路上，常见受惊吓的红胸田鸡从岸边跑向路边的另一侧。常成对出现。

（3）黑水鸡 *Gallinula chloropus*：又名红骨顶，中型涉禽，体长24～35cm。野外鉴定特征为通体黑褐色，嘴基与额甲红色，两胁具宽阔的白色纵纹。江西省留鸟，分布比较广泛，遇见率极高。冬季常栖息在湖区有植被的水面觅食，集群大小从几十至100只左右，藕塘、河道和有丰富植被的池塘也常见黑水鸡。

（4）白骨顶 *Fulica atra*：又名骨顶鸡，中型水鸟，体长35～43cm。通体黑色，两胁无白色纵纹，嘴和额部甲板色，这是与黑水鸡的主要野外区别。冬候鸟。主要分布在鄱阳湖湖区，在河道遇见率低。鄱阳湖湖区的深水处常见数百只甚至上千只集群觅食，偏爱潜水取食，然后在湖心突出的小岛或岸边休息。

5.3.2　鹤科

（1）白鹤 *Grus leucogeranus*：大型涉禽，体长130～140cm。野外鉴定特征为站立时通体白色，前额鲜红色，嘴和脚暗红色。我国Ⅰ级重点保护鸟类，全球种群数量约4000只，其中95%的种群在鄱阳湖区越冬，鄱阳湖国家级保护区记录的最大种群数量约为4300只。每年9月底10月初陆续迁至鄱阳湖及其水系，春季3月上中旬几乎全部北迁，但有时4月中旬也可见一些以幼体为主的白鹤群，可能在继续补充能量，为北迁做好准备。2010 年之前主要分布于鄱阳湖国家级自然保护区的蚌湖、沙湖、大湖池和大汊湖的浅水区，以及鄱阳湖南矶湿地国家级自然保护区的北深湖也有数百只。之后，近 1/3 的白鹤开始向人工生境扩散，在去往鄱阳湖南矶湿地国家级自然保护区的路边农田偶见几个家庭群，余干县插旗洲湖区周边稻田出现近 300 只左右白鹤，白鹤群中还混有灰鹤、白枕鹤。余干其他地区的农田常见到一些家庭群或 20 只左右的小群白鹤活动。五星垦殖场藕塘生境最多出现约 1200 只白鹤，周边农田也偶见约 100 只或小群白鹤觅食。新建区恒湖农场稻田也见数百只白鹤觅食。白鹤开始向鄱阳湖湖区周边农田扩散，扩散原因还有待进一步研究。

（2）白枕鹤 *Grus vipio*：大型涉禽，体长 120～150cm。脸红色，头、枕和颈白色，颈的两侧有一暗灰色条纹，飞翔时翅尖黑色，与白色覆羽形成鲜明对比。我国 II 级重点保护鸟类，鄱阳湖国家级自然保护区记录的最大种群数量约为 3700 只。每年 9 月底 10 月初陆续迁至鄱阳湖，春季 3 月上中旬几乎全部北迁。主要分布在鄱阳湖国家级自然保护区的蚌湖、沙湖和大湖池的浅水或草洲。其他湖区的遇见率和种群数量不高。常以家庭群或小群活动，有时偶见家庭群白枕鹤混群在稻田的灰鹤群中觅食。

（3）灰鹤 *Grus grus*：大型涉禽，体长 100～120cm。野外鉴定特征为全身羽毛大都灰色，头顶裸出皮肤鲜红色，眼后至颈侧具一灰白色纵带，脚黑色。我国 II 级重点保护鸟类，也是江西种群数量最多、分布最广的鹤类。鄱阳湖国家级保护区记录的最大种群数量约为 2000 只。每年 9 月中下旬陆续迁至鄱阳湖，是最早至鄱阳湖越冬的鹤类。春季 3 月上中旬几乎全部北迁。广泛分布于鄱阳湖区的各个湖泊，偏爱在鄱阳湖区的浅水处、草洲、湖区周边农田觅食和休息。稻田收割后，灰鹤常集大群在稻田中觅食，鄱阳县表恩村常见几百甚至近千只灰鹤在稻田中觅食，有时与当地放养家鸭争食。都昌、五星垦殖场、余干康山和新建区昌邑的恒湖农田中均有大量的灰鹤分布，有时见 300 只以上的群体在空中翱翔。灰鹤对栖息地忠实性高，每年几乎都可以在固定的地点发现它们。

（4）白头鹤 *Grus monacha*：大型涉禽，体长 92～97cm。野外鉴定特征为颈、脚较长，头、颈白色，前额黑色。与白枕鹤的主要野外区别在于，白头鹤前颈和后颈均为白色，不间断。白头鹤的背部羽毛偏黑色，而白枕鹤背部羽毛偏灰白色。我国 I 级重点保护鸟类，种群数量较少。鄱阳湖国家级保护区记录的最大种群数量约为 808 只，每年 9 月中下旬陆续迁至鄱阳湖，春季 3 月上中旬几乎全部北迁。主要分布于鄱阳湖国家级自然保护区的蚌湖、沙湖和大湖池，这几个湖泊的群体较大，其他湖泊一般数量较少，常以家庭群 2 成 1 幼或 2 成 2 幼的群体出现。偏爱在鄱阳湖区草洲觅食和休息，很少出现在人工生境中。

5.4 鸻 形 目

鸻形目包括鹬科、蛎鹬科、反嘴鹬科等 8 科 28 属 69 种(表 5-3)。

表 5-3　鸻形目鸟类的分科

鹬科						
丘鹬属	姬鹬属	沙锥属	半蹼鹬属	塍鹬属	杓鹬属	鹬属
种数 1	1	4	2	2	4	7
漂鹬属	翘嘴鹬属	翻石鹬属	滨鹬属	阔嘴鹬属	流苏鹬属	瓣蹼鹬属
种数 1	1	1	10	1	1	1

蛎鹬科	反嘴鹬科		鸻科			彩鹬科
蛎鹬属	长脚鹬属	反嘴鹬属	麦鸡属	斑鸻属	鸻属	彩鹬属
种数 1	1	1	2	2	6	1

水雉科	燕鸻科	鸥科				
水雉属	燕鸻属	鸥属	噪鸥属	巨鸥属	燕鸥属	浮鸥属
种数 1	1	10	1	1	2	2

5.4.1　反嘴鹬科

(1)黑翅长脚鹬 *Himantopus himantopus*:中型涉禽,体长 29～41cm。脚特别长而细,粉红色,黑色嘴稍长而细尖,飞翔时黑色翅和白色体羽,以及远远伸出于尾后的红色脚极为醒目。主要偏爱在湖区农田中觅食,常单个或小群活动,混群于其他鹬中,因其腿较其他鹬类明显长,因此特别容易辨认。

(2)反嘴鹬 *Recurvirostra avosetta*:中型涉禽,体长 40～45cm。野外鉴定特征为嘴黑色,细长且上翘,头顶从前额至后颈黑色,翼尖和翼上及肩部两条带斑黑色,其余体羽白色,不易认错。每年 9 月底陆续迁至鄱阳湖区,春季 4 月上中旬北迁,但有时 5 月中旬仍能在农田发现不少个体,属于北迁较晚的涉禽。广泛分布于鄱阳湖区的各个湖泊及湖区周边的浅水池塘、水田等。觅食时嘴在水中来回扫动,嘴不离开水面,边走边扫,与白琵鹭的取食方式类似。种群数量较大。遇见率高,常在远处看到大群黑白个体即是反嘴鹬。常集 1000～3000 只大群在湖区或水田中觅食和休息。

5.4.2　鸻科

(1)凤头麦鸡 *Vanellus vanellus*:中型涉禽,体长 29～34cm。野外鉴定特征为头顶具有细长而稍向前弯的黑色冠羽,上体暗绿色,下体白色,胸具宽阔的黑色环带。每年 9 月底陆续迁至鄱阳湖区，春季 3 月底 4 月初北迁。广泛分布于鄱阳湖区的各个湖泊泥滩及湖区周边的湿润但几乎无水或浅水的农田中。种群数量较大，遇见率高。常集几十至 300 只左右的群体。

（2）灰头麦鸡 *Vanellus cinereus*：中型涉禽，体长 32～36cm。头、颈和胸灰色，下胸具黑色横带，其余下体白色，灰头麦鸡头部无羽冠，这在野外可很好地与凤头麦鸡区分开。灰头麦鸡在空中边飞边叫，声音较尖细。夏候鸟。灰头麦鸡 2 月底即迁入江西繁殖，属于迁徙较早的水鸟。常与冬候鸟凤头麦鸡同时出现在一起。灰头麦鸡偏爱在泥滩、草地、水田中觅食，边走边取食。多见单个活动。在鄱阳湖区的草洲(特别是沙湖和蚌湖的草洲可见大量繁殖的灰头麦鸡成鸟及其幼鸟)、校园或公园的草地上均可见其幼鸟。

（3）金鸻 *Pluvialis fulva*：中型涉禽，体长 23～26cm。野外鉴定特征为上体黑色，密布金黄色斑点，下体纯黑色。江西省旅鸟，在 4 月可以经常在鄱阳湖区周边稻田遇见。偏爱栖息在鄱阳湖区周边的水田和泥滩中，在 3 月底至 4 月中，数十只至 200 只左右的金鸻聚集在余干康山、五星垦殖场及昌邑恒湖周边的稻田中。

（4）金眶鸻 *Charadrius dubius*：小型涉禽，体长 15～18cm。野外鉴定特征为眼周金黄色。偏爱栖息在有一定浅水且周边有一定面积的泥滩上，快速行走，边走边取食。以 2～10 只的小群活动。

（5）环颈鸻 *Charadrius alexandrinus*：小型涉禽，体长 17～24cm。上体沙褐色或灰褐色，下体白色，具黑白两色颈环，白色环较宽，黑色环在颈部中间未连接完整。与其他鸻的主要区别在于额头有明显的栗色，黑色颈圈不完整，是江西数量较多和遇见率较高的鸻。与其他鸻的栖息地类似，偏爱栖息在有一定面积泥滩的湖边或池塘，常见集 40～100 只的群体活动。

5.4.3　水雉科

（1）水雉 *Hydrophasianus chirurgus*：中型水鸟，体长 31～58cm。夏羽具特别长的黑色尾，头和前颈白色，后颈金黄色，枕部和其余体羽黑色，翅白色。夏候鸟，鄱阳湖南矶湿地国家级自然保护区 11 月也偶见几只着冬羽的水雉栖息在浅水处觅食，是否留居江西还有待进一步研究。夏季偏爱芡实、菱角、藕塘生境。

5.4.4　鹬科

（1）扇尾沙锥 *Gallinago gallinago*：小型涉禽，体长 24～30cm。嘴粗长而直，上体黑褐色，头顶具有乳黄色或白色中央冠纹，背、肩有乳白色羽缘，形成 4 条纵带。江西比较常见，遇见率高，每次遇见的个体数量一般是 1 只或几只，不偏爱集群。偏爱在湖区有一定植被盖度的浅水处、水田或废弃的水田。

（2）黑尾塍鹬 *Limosa limosa*：中型涉禽，体长 36～44cm。嘴、脚和颈皆较长，嘴长而直微向上翘，尖端较钝、黑色，基部肉色。个体较鄱阳湖区常见的鹤鹬明显大，嘴也明显长。冬候鸟，相对常见。偏爱湖区浅水处觅食，偶见小群个体在水田中觅食。偏爱集大群觅食，群体大小常在 100 只至数千只。南矶湿地的三湖经常见到数百只黑尾塍鹬，但对栖息地的忠实性不如其他大型涉禽强。

（3）白腰杓鹬 Numenius arquata：大型涉禽，体长 57～63cm。野外特征为嘴特别细长且向下弯曲，上体淡褐色具黑褐色纵纹，尾白色具黑色横斑。江西省冬候鸟，数量较少，遇见率低。偏爱浅水处觅食，常单个或数个白腰杓鹬一起觅食。

（4）鹤鹬 Tringa erythropus：小型涉禽，体长 26～33cm。嘴和脚皆细长，下嘴基部红色，脚暗红色。冬候鸟，是鄱阳湖区数量最多、分布最广的一种鹬。广泛分布于鄱阳湖的各个湖泊及其周边的水田、河道等，对生境的要求较低。常集大群数十只至数千只一起觅食，但也常见单个或数个鹤鹬一起觅食。

（5）泽鹬 Tringa stagnatilis：小型涉禽，体长 19～26cm。嘴细长、黑色，冬羽上体浅白色具细窄白色羽缘，颈和胸侧具黑色纵纹，较湖区常见的鹤鹬明显小。偏爱湖区浅水处或水田中栖息。数量较少，遇见率不高。一般单只或少数几只一起活动，有时在藕田中看到数十至数百只泽鹬，但它们也是各自觅食，与其他鹬类混在一起边走边觅食，走的速度较快。

（6）青脚鹬 Tringa nebularia：中型涉禽，体长 30～35cm。嘴长且钝，微向上翘，上体灰褐色具黑褐色羽干纹，头、颈和胸具黑色纵纹，脚略较长，蓝绿色。冬候鸟。偏爱湖区浅水处、河道岸边的浅水处和水田。个体较鹤鹬大，鄱阳湖湖区和大小河道均比较常见。鄱阳湖湖区鸟类调查几乎每次都能见到青脚鹬和鹤鹬。常单只或小群活动，一般不超过 10 只的群体。

（7）白腰草鹬 Tringa ochropus：小型涉禽，体长 20～24cm。白色眉纹仅限于眼先，与白色眼周相连，在暗色的头上极为醒目，飞翔时翅上翅下均黑色，腰和腹白色。冬候鸟。偏爱湖区浅水处、河道岸边的浅水处和水田。鄱阳湖湖区和河道均比较常见，是"五河"流域最为常见的鹬类，常在河道的浅滩边或岸边浅水处觅食，飞行时腰部白色是其野外的主要判定依据。常单只或小群活动。

（8）林鹬 Tringa glareola：小型涉禽，体长 19～23cm。嘴黑色，脚较长、暗黄色或橄榄绿色，腰和尾白色，与白腰草鹬相似，但体型较小，且林鹬的背黑褐色偏黄，有明显的白色斑点。偏爱湖区浅水处、河道岸边的浅水处和水田。每年稻田秧苗矮小时，正是它们迁至江西的季节，常见成群的林鹬在鄱阳湖区周边的稻田中觅食，偏爱与金鸻共存。有时其他地区的稻田也会有大量的林鹬。

（9）矶鹬 Actitis hypoleucos：小型鹬类，体长 16～22cm。嘴、脚均较短，嘴暗褐色，脚淡黄褐色具白色眉纹和黑色过眼纹，翅折叠时在翼角前方形成显著的白斑。冬候鸟。偏爱湖区浅水处、河道岸边的浅水处和水田。遇见率高，数量少，多单只个体活动。河道中也会出现，但遇见率较白腰草鹬和青脚鹬低很多。

(10) 黑腹滨鹬 *Calidris alpina*：小型涉禽，体长 16～22cm。嘴黑色、较长，尖端微向下弯曲，脚黑色。分布于鄱阳湖区有较多泥滩的湖泊。常集 300 只左右的大群边走边取食，并时常集大群飞翔，整体下落，场面壮观。是江西鹬中飞翔和停落比较整齐的鸟类。

5.4.5　鸥科

(1) 红嘴鸥 *Chroicocephalus ridibundus*：中型水禽，体长 35～43cm。嘴细长，暗红色，冬季体羽白色，眼周白色，眼后有一褐色斑点。每年 9 月底 10 月初陆续迁至鄱阳湖区，春季 4 月上中旬几乎全部北迁。春季在鄱阳湖有时可见正在换繁殖羽的红嘴鸥，头咖啡褐色，部分没有换羽的个体也与其共存。红嘴鸥是鄱阳湖数量最多、分布最广的一种鸥类，偏爱栖息在湖区和养殖塘。湖区常集数百至数千只大群。池塘上空经常发现几十只至上百只个体飞翔。

(2) 灰翅浮鸥 *Chlidonias hybrida*：小型水禽，体长 23～28cm。额至头顶黑色，头的两边、颊、颈侧和喉白色。尾呈浅叉状。夏候鸟。夏季在鄱阳湖区及周边的农田中集群。部分个体在冬季留居鄱阳湖，笔者 1 月在南矶湿地国家级自然保护区和鄱阳湖畔五星垦殖场的湖区都发现大群 200 只以上的灰翅浮鸥在湖区栖息和飞行。

5.5　鹳　形　目

鹳形目分 1 科 4 属 5 种(表 5-4)。

表 5-4　鹳形目鸟类的分科

	鹳形目　鹳科			
	鹮鹳属	钳嘴鹳属	鹳属	秃鹳属
种数	1	1	2	1

5.5.1　鹳科

(1) 东方白鹳 *Ciconia boyciana*：大型涉禽，体长 110～128cm。嘴粗而长，黑色，站立时体羽白色，尾部黑色。我国 I 级重点保护鸟类，鄱阳湖国家级自然保护区记录的最大种群数量约为 3400 只。每年 9 月底 10 月初陆续迁至鄱阳湖区，春季 3 月上中旬几乎全部北迁。东方白鹳大部分个体来江西鄱阳湖较晚，10 月和 11 月的种群数量还不稳定，12 月才能在南矶湿地观察到数量较多的群体。属于越冬时间相对较短的大型涉禽。部分东方白鹳留居在江西鄱阳湖周边繁殖，如鄱阳县、余干县和进贤县发现东方白鹳在多处高压电线的铁塔上筑巢繁殖。冬季东方白鹳偏爱湖区的浅水区，很少去人工生境觅食。主要分布于鄱阳湖国家级自然保护区的蚌湖、沙湖、常湖池和大湖池的浅水区，以及鄱阳湖南矶湿地国家级自然保护区的白沙湖、常湖。余干康山和鄱阳县白沙洲也有稳定的东方白鹳种群分布。

(2)黑鹳 *Ciconia nigra*：大型涉禽，体长 100～120cm。头、颈、脚甚长，上体黑色，下体白色，嘴和脚红色。我国 Ⅰ 级重点保护鸟类，鄱阳湖国家级自然保护区记录的最大种群数量约为 30 只。每年 9 月底 10 月初陆续迁至鄱阳湖区，春季 3 月上中旬几乎全部北迁。种群数量较少，遇见率低。鄱阳湖南矶湿地国家级自然保护区、余干康山县级候鸟自然保护区、鄱阳县白沙洲自然保护区和都昌候鸟省级自然保护区均有分布。因种群数量极少，因此分布点不固定，常以 10 只以下的群体活动，偶见 30 只左右的大群。

5.6 鹈 形 目

鹈形目分鹭科、鹮科和鹈鹕科 3 科 13 属 22 种(表 5-5)。

表 5-5　鹈形目鸟类的分科

鹭科								
大麻鸭属	苇鸭属	鸭属	夜鹭属	绿鹭属	池鹭属	牛背鹭属	鹭属	白鹭属
种数 1	4	2	1	1	1	1	2	4

鹮科			鹈鹕科
白鹮属	彩鹮属	琵鹭属	鹈鹕属
种数 1	1	2	1

5.6.1 鹮科

(1)彩鹮 *Plegadis falcinellus*：中型涉禽，体长 49～66cm。头顶和头侧前面为金属绿色或铜栗色，其余头部、上喉和短而密的枕部羽冠暗金属绿色，颈和下体一直到尾下覆羽暗栗红色；后颈基部、上背最上边缘和翅上缘紫栗色。彩鹮属于国家 Ⅱ 级重点保护鸟类，全球数量 120 万只。江西过去未有分布记录可能因为该物种在江西境内分布数量相对较少，2017 年 2 月在鄱阳湖畔五星垦殖场藕塘生境中发现的彩鹮为江西鸟类物种新记录。彩鹮在江西周边省份均为旅鸟，鉴于本次发现的为单只个体，且发现时间是 2 月初，推测本次彩鹮可能为迷鸟或旅鸟。

(2)白琵鹭 *Platalea leucorodia*：大型涉禽，体长 74～95cm。嘴长直而上下扁平、黑色，前端扩大呈匙状，黄色。我国 Ⅱ 级重点保护鸟类，鄱阳湖国家级自然保护区记录的最大种群数量约为 12 000 只。每年 9 月底 10 月初陆续迁至鄱阳湖区，春季 3 月上中旬几乎全部北迁。白琵鹭广泛分布于鄱阳湖的各大湖泊，常集几百只大群集体觅食，觅食时嘴在水中来回扫动，嘴不离开水面，边走边扫。

5.6.2　鹭科

（1）黑苇鳽 *Ixobrychus flavicollis*：中型鹭类，体长 49～59cm。野外鉴定特征为全身上体从头到尾为蓝黑色，喉、胸、前颈和颈侧为橙黄色，有黑褐色纵纹。夏候鸟。飞行时缩着脖子，全身黑色，比较容易辨认，遇见率不高。

（2）夜鹭 *Nycticorax nycticorax*：中型涉禽，体长 46～60cm。头顶至背黑绿色而具金属光泽，上体余部灰色，下体白色，枕部披有 2～3 枚长带状白色饰羽，极为醒目。夏候鸟。冬季也常见集群在河道岸边的乔木上休息。

（3）池鹭 *Ardeola bacchus*：中型涉禽，体长 37～54cm，鹭类中较小的一种。嘴粗而尖，黄色，尖端黑色，冬羽头、颈到胸白色，具暗黄褐色纵纹，背暗褐色，翅白色。冬羽和繁殖羽的颜色差异很大，但飞行时均能看到腰部尾部均为纯白色，与头颈部深色形成鲜明的对比，野外特征明显。夏候鸟，夏季常见鸟，冬季也偶尔可以遇见，遇见率低。集体在乔木上营巢，偏爱单只在巢附近的稻田或河道中觅食。

（4）牛背鹭 *Bubulcus ibis*：中型涉禽，体长 46～55cm。夏羽头、颈和背中央长的饰羽橙黄色，其余白色。偏爱成群在稻田或自然湿地中觅食，时常与牛一起在草地上觅食，有时站在牛背上。

（5）苍鹭 *Ardea cinerea*：大型涉禽，体长 75～110cm。上体灰色，下体白色，头和颈亦为白色，头顶有两条长若辫子状的黑色冠羽，体侧有大型黑色块斑。是江西越冬期最常见的大型鹭类，在鄱阳湖湖口鞋山和都昌达子嘴有苍鹭集群繁殖。偏爱栖息在湖区浅水处，广泛分布于鄱阳湖区的各个湖泊，鄱阳湖区每次调查均能发现，遇见率极高。单只、小群和大群都常见，大群中个体与个体之间也有一定的距离。

（6）草鹭 *Ardea purpurea*：大型涉禽，体长 83～97cm。嘴长而尖，黄褐色；颈栗褐色，两侧有黑色纵纹；胸和腹部中央铅灰黑色，两侧暗栗色。数量少，遇见率较低。常单只活动于鄱阳湖湖区有一定植被的浅水处，善于隐蔽。

（7）大白鹭 *Ardea alba*：大型涉禽，体长 82～100cm，与苍鹭个体大小相当。嘴、颈、脚均甚长，通体白色，嘴黄色。冬候鸟，部分个体在新建区象山森林公园有繁殖种群。偏爱湖区的浅水处，遇见率不高。常单只或大群活动。

（8）中白鹭 *Ardea intermedia*：中型涉禽，体长 62～70cm。通体白色，眼先黄色，夏羽背和前颈下部有长的披针形饰羽，嘴黑色。夏候鸟。偏爱取食的环境与白鹭、牛白鹭类似。常见鸟。

（9）白鹭 *Egretta garzetta*：中型涉禽，体长 52～68cm。嘴、脚较长，黑色，趾黄绿色。全身白色，眼先粉红色。留鸟，冬季仍能见到很多白鹭在鄱阳湖湖区及各地水田、河道中觅食。偏爱浅水处。是江西最常见的一种鹭，数量大，遇见率高，每次调查，无论什么季节，都能遇见白鹭。集体营巢。冬季在湖区或河道常集群，也常见单只个体觅食。

5.7　鹈　鸟　目

5.7.1　鸬鹚科

（1）普通鸬鹚 *Phalacrocorax carbo*：大型水鸟，体长 72～87cm。通体黑色，头颈具紫绿色光泽，两肩和翅具青铜色光彩。每年 9 月底 10 月初陆续迁至鄱阳湖区，春季 4 月初几乎全部北迁。普通鸬鹚善于潜水捕食，偏爱栖息在深水区。鄱阳湖区数量较多，遇见率高。常集大群(200 只及以上)在湖区中心的浅滩上栖息，有时也常见鸬鹚停息在湖中撑鱼网的树干的顶端，一个树干一只。在鹰潭市的龙虎山有一个旅游景点(鸬鹚岛)和抚州南城县洪门水库等，每年冬季傍晚有数千只鸬鹚在此集合，白天在岛屿 10km 左右的河道觅食。

第6章 水鸟群落多样性与分布格局

6.1 鄱阳湖水鸟多样性与分布格局

鸟类群落生态学是研究鸟类群落与其周围环境的关系。水鸟群落生态的主要研究内容包括数量分布的时空动态(如不同季节、不同生境鸟类数量分布的比较)、生态位分化(分垂直和水平生态位)、多样性指数(物种数、Shannon-Wiener 多样性指数、Pielou 均匀度指数、优势度指数等)、环境因子(植被、水位、海拔、食物资源等)对水鸟数量分布及多样性指数的影响(孙儒泳,2001;苏化龙等,2005;杨月伟等,2005;邵明勤等,2013;张姚等,2014;邵明勤等,2015)。国内外有关水鸟多样性的研究很多,研究生境涉及自然生境的湖泊、沿海滩涂、河道等,人工生境主要有水田、池塘、水库等。国内水鸟多样性的研究报道虽然很多,但很多文献仅涉及水鸟多样性的初步报道,没能将水鸟多样性与环境变化结合起来,一般调查周期为一个季节。水鸟群落多样性的深入研究,可以达到以下目的:①掌握某个地区水鸟种类名录和水鸟多样性的时空分布,为当地提供鸟类的基础数据;②了解水鸟多样性与环境因子的基本关系,为水鸟多样性保护和生境管理提供科学依据;③了解不同种类水鸟的微生境利用,揭示它们的生态位分化,为鸟类生态提供基础理论。

6.1.1 物种组成

2012~2013 年和 2014~2015 年的越冬期(10 月~翌年 4 月),共记录水鸟 6 目 15 科 76 种,包括 49 种冬候鸟、12 种旅鸟、9 种夏候鸟及 6 种留鸟。4 个目的物种最多——鸻形目 31 种,雁形目 22 种,鹳形目 12 种,鹤形目 7 种。国家 I 级重点保护鸟类有 4 种:黑鹳、东方白鹳、白鹤和白头鹤;国家 II 级重点保护鸟类有 6 种。列入 IUCN 极危物种的有白鹤和青头潜鸭,濒危物种有东方白鹳,近危物种有 3 种,易危物种有 6 种。PYH(62 种)与 DC(60 种)分布的物种数最多,YY(36 种)最少。23 个物种在 5 个区域均有分布;12 个物种仅分布于其中的 1 个区域,DC(5 种)和 PYH(4 种)最多(表 6-1)。

表6-1 鄱阳湖越冬水鸟的组成与分布

目/科/种	PYH	NJ	BS	DC	YY	居留型	保护等级
一、䴙䴘目 PODICIPEDIFORMES							
(一)䴙䴘科 Podicipedidae							
1.小䴙䴘 *Tachybaptus ruficollis*	√	√	√	√	√	R	
2.凤头䴙䴘 *Podiceps cristatus*	√	√	√	√	√	W	
二、鹈形目 PELEACANIFORMES							
(二)鹈鹕科 Pelecanidae							
3.卷羽鹈鹕 *Pelecanus crispus*	√					W	II/VU
(三)鸬鹚科 Phalacrocoracidae							
4.普通鸬鹚 *Phalacrocorax carbo*	√	√	√	√	√	W	
三、鹳形目 CICONIFORMES							
(四)鹭科 Ardeidae							
5.苍鹭 *Ardea cinerea*	√	√	√	√	√	R	
6.草鹭 *Ardea purpurea*	√	√		√		S	
7.大白鹭 *Ardea alba*	√	√	√	√	√	W	
8.中白鹭 *Ardea intermedia*	√		√	√	√	S	
9.白鹭 *Egretta garzetta*	√	√	√	√	√	S	
10.牛背鹭 *Bubulcus ibis*	√	√	√	√		S	
11.池鹭 *Ardeola bacchus*		√		√		S	
12.夜鹭 *Nycticorax nycticorax*			√	√		R	
13.大麻鳽 *Botaurus stellaris*		√				W	
(五)鹳科 Ciconiidae							
14.黑鹳 *Ciconia nigra*	√		√	√		W	I
15.东方白鹳 *Ciconia boyciana*	√	√	√		√	W	I/EN
(六)鹮科 Threskiornithidae							
16.白琵鹭 *Platalea leucorodia*	√	√	√	√	√	W	II
四、雁形目 ANSERIFORMES							
(七)鸭科 Anatidae							
17.小天鹅 *Cygnus columbianus*	√	√	√	√	√	W	II
18.鸿雁 *Anser cygnoid*	√	√	√	√	√	W	VU
19.豆雁 *Anser fabalis*	√	√	√	√	√	W	
20.白额雁 *Anser albifrons*	√	√	√	√		W	II
21.小白额雁 *Anser erythropus*	√					W	VU
22.灰雁 *Anser anser*	√	√	√	√		W	
23.赤麻鸭 *Tadorna ferruginea*	√		√	√	√	W	
24.翘鼻麻鸭 *Tadorna tadorna*	√			√		W	

目/科/种	区域					居留型	保护等级
	PYH	NJ	BS	DC	YY		
25.赤颈鸭 *Mareca penelope*	√	√		√	√	W	
26.罗纹鸭 *Mareca falcata*	√	√	√		√	W	NT
27.赤膀鸭 *Mareca strepera*		√			√	W	
28.花脸鸭 *Sibirionetta formosa*				√		W	
29.绿翅鸭 *Anas crecca*	√	√	√	√		W	
30.绿头鸭 *Anas platyrhynchos*	√	√	√	√		W	
31.斑嘴鸭 *Anas zonorhyncha*	√	√	√	√	√	R	
32.针尾鸭 *Anas acuta*	√	√				W	
33.琵嘴鸭 *Spatula clypeata*	√	√				W	
34.红头潜鸭 *Aythya ferina*	√	√				W	
35.青头潜鸭 *Aythya baeri*				√		W	CR
36.凤头潜鸭 *Aythya fuligula*	√			√		W	
37.斑背潜鸭 *Aythya marila*				√		W	
38.普通秋沙鸭 *Mergus merganser*	√			√	√	W	
五、鹤形目 GRUIFORMES							
（八）鹤科 Gruidae							
39.白鹤 *Grus leucogeranus*	√	√	√	√		W	I/CR
40.白枕鹤 *Grus vipio*	√	√	√	√		W	II/VU
41.灰鹤 *Grus grus*	√	√	√	√	√	W	II
42.白头鹤 *Grus monacha*	√	√	√			W	I/VU
（九）秧鸡科 Rallidae							
43.红脚田鸡 *zapornia akool*		√	√	√		S	
44.黑水鸡 *Gallimula chloropus*	√	√	√	√	√	R	
45.白骨顶 *Fulica atra*	√	√	√	√		W	
六、鸻形目 Charadriifromes							
（十）水雉科 Jacanidae							
46.水雉 *Hydrophasianus chirurgus*				√		S	
（十一）反嘴鹬科 Recurvirostridae							
47.黑翅长脚鹬 *Himantopus himantopus*	√	√		√		W	
48.反嘴鹬 *Recurvirostra avosetta*	√	√	√	√	√	P	
（十二）鸻科 Charadriidae							
49.凤头麦鸡 *Vanellus vanellus*	√	√	√	√	√	W	
50.灰头麦鸡 *Vanellus cinereus*	√	√	√	√	√	S	
51.长嘴剑鸻 *Charadrius placidus*				√	√	W	
52.金眶鸻 *Charadrius dubius*	√		√	√	√	R	

续表

目/科/种	区域					居留型	保护等级
	PYH	NJ	BS	DC	YY		
53.环颈鸻 *Charadrius alexandrinus*	√	√	√	√	√	P	
54.蒙古沙鸻 *Charadrius mongolus*	√			√		P	
55.铁嘴沙鸻 *Charadrius leschenaultii*					√	P	
(十三)鹬科 Scolopacidae							
56.沙锥 *Gallinago* spp.	√	√	√	√		P	
57.黑尾塍鹬 *Limosa limosa*	√	√		√	√	P	NT
58.斑尾塍鹬 *Limosa lapponica*	√					P	
59.白腰杓鹬 *Numenius arquata*	√		√	√		W	NT
60.鹤鹬 *Tringa erythropus*	√	√	√	√	√	W	
61.红脚鹬 *Tringa totanus*	√					W	
62.泽鹬 *Tringa stagnatilis*	√	√		√		W	
63.青脚鹬 *Tringa nebularia*	√	√	√	√	√	W	
64.白腰草鹬 *Tringa ochropus*	√	√		√	√	W	
65.林鹬 *Tringa glareola*	√		√	√		P	
66.矶鹬 *Actitis hypoleucos*	√		√	√	√	W	
67.红腹滨鹬 *Calidris canutus*				√		P	
68.红颈滨鹬 *Calidris ruficollis*				√		P	
69.青脚滨鹬 *Calidris temminckii*	√		√			P	
70.黑腹滨鹬 *Calidris alpina*	√	√	√	√	√	W	
(十四)鸥科 Laridae							
71.银鸥 *Larus argentatus*	√	√	√	√		W	
72.黄腿银鸥 *Larus cachinnans*	√		√	√		W	
73.红嘴鸥 *Chroicocephalus ridibundus*	√	√	√	√	√	W	
74.黑嘴鸥 *Larus saundersi*	√			√		W	VU
(十五)燕鸥科 Sternidae							
75.灰翅浮鸥 *Chlidonias hybrida*	√					S	
76.白翅浮鸥 *Chlidonias leucopterus*		√			√	P	

注：PYH 为鄱阳湖国家级自然保护区，NJ 为鄱阳湖南矶湿地国家级自然保护区，BS 为白沙洲自然保护区，DC 为都昌候鸟省级自然保护区，YY 为鄱阳湖银鱼产卵场省级自然保护区；居留型中 R. 留鸟，W. 冬候鸟，S. 夏候鸟，P. 旅鸟； I/II：国家 I/II 级重点保护鸟类；IUCN 濒危物种红色名录中 CR. 极危物种，EN. 濒危物种，NT. 近危物种，VU. 易危物种

6.1.2 主要及常见水鸟的分布格局及年际动态

1. 越冬期 1(2012～2013 年)

2012～2013 年越冬期鄱阳湖各区域主要及常见水鸟有 24 种，其中主要物种

有 6 种：豆雁、鸿雁、小天鹅、白琵鹭、鹤鹬和红嘴鸥。PYH 的主要物种为豆雁、
鹤鹬和白琵鹭，分别占该区域水鸟总数的 20.06%、11.72% 和 11.10%；NJ 为豆雁
(34.48%) 和鸿雁 (24.34%)；BS 为小天鹅 (36.89%)、红嘴鸥 (12.14%)、豆雁 (11.55%)
和鸿雁 (10.29%)；DC 为豆雁 (37.77%)。豆雁、小天鹅、鹤鹬、凤头䴙䴘 *Podiceps
cristatus*、苍鹭 *Ardea cinerea*、白额雁和斑嘴鸭在各区域均为主要或常见物种；东
方白鹳、罗纹鸭 *Mareca falcata*、绿翅鸭 *Anas crecca*、白枕鹤、白头鹤和黑尾塍鹬
Limosa limosa 仅为 PYH 的常见物种，灰鹤仅为 BS 的常见物种，凤头麦鸡 *Vanellus
vanellus* 仅为 NJ 的常见物种，赤麻鸭 *Tadorna ferruginea* 仅为 DC 的常见物种。豆
雁、鸿雁、小天鹅在各区域均有大量分布(平均每次≥300 只)；白额雁在 PYH、
BS 和 DC，鹤鹬在 PYH、NJ 和 DC，红嘴鸥在 BS 和 DC，反嘴鹬 *Recurvirostra avosetta*
在 PYH 和 DC，白琵鹭在 PYH，苍鹭在 NJ，斑嘴鸭和黑腹滨鹬 *Calidris alpina* 在
DC 均有大量分布(表 6-2)。

表 6-2　鄱阳湖 2012～2013 年越冬期主要及常见水鸟的数量分布　（单位：只）

物种	PYH	NJ	BS	DC
1. 豆雁	1597±652	2235±699	584±186	2815±847
2. 鸿雁	365±180	1578±604	521±219	359±309
3. 小天鹅	511±351	402±336	1867±705	523±295
4. 白琵鹭	884±371	206±166	2±2	84±49
5. 鹤鹬	934±215	474±159	165±129	477±285
6. 红嘴鸥	231±132	18±18	615±445	659±196
7. 小䴙䴘	66±39	53±14	95±20	106±35
8. 凤头䴙䴘	230±108	104±59	126±19	82±30
9. 苍鹭	110±20	437±128	72±19	139±34
10. 东方白鹳	194±82	58±33	14±10	0±0
11. 白额雁	784±417	284±143	446±186	353±134
12. 灰雁	27±16	105±90	80±70	26±25
13. 赤麻鸭	3±2	0±0	38±23	158±45
14. 罗纹鸭	100±63	0±0	22±10	0±0
15. 绿翅鸭	205±94	9±5	20±10	87±42
16. 斑嘴鸭	237±84	90±20	84±32	350±109
17. 白鹤	121±80	73±36	7±3	3±3
18. 白枕鹤	132±95	1±0	2±1	2±1
19. 灰鹤	62±29	9±6	197±64	39±18
20. 白头鹤	128±71	4±2	1±1	0±0
21. 反嘴鹬	462±370	60±60	3±2	398±316
22. 凤头麦鸡	45±15	125±56	17±7	151±72
23. 黑尾塍鹬	84±74	0±0	0±0	11±8
24. 黑腹滨鹬	125±101	107±107	4±4	437±345

2. 越冬期 2(2014～2015 年)

2014～2015 年越冬期鄱阳湖各区域主要及常见水鸟有 29 种，其中主要物种有 6 种：豆雁、小天鹅、鹤鹬、红嘴鸥、罗纹鸭和白骨顶 Fulica atra。PYH 的主要物种为豆雁和小天鹅，分别占该区域水鸟调查总数的 14.52%和 11.59%；NJ 为豆雁(18.37%)、小天鹅(15.34%)、白骨顶(14.09%)和鹤鹬(11.75%)；BS 为红嘴鸥(26.05%)、豆雁(18.28%)和小天鹅(13.56%)；DC 为豆雁(42.25%)和小天鹅(11.89%)；YY 为豆雁(25.26%)、鹤鹬(19.05%)、罗纹鸭(13.37%)和红嘴鸥(10.05%)。豆雁、小天鹅、鹤鹬和苍鹭在各区域均为主要或常见物种，白琵鹭、白额雁、斑嘴鸭为除 YY 外其他区域的常见物种，凤头䴙䴘为除 PYH 外其他区域的常见物种；针尾鸭 Anas acuta、琵嘴鸭、白鹤、白头鹤仅为 PYH 的常见物种，普通鸬鹚 Phalacrocorax carbo 仅为 BS 的常见物种，黑腹滨鹬仅为 YY 的常见物种。豆雁在各区域均有大量分布(平均每次≥300 只)；小天鹅在除 YY 外各区域均有大量分布；鹤鹬在 PYH 和 NJ，白琵鹭在 PYH 和 BS，白额雁在 PYH 和 DC，红嘴鸥在 BS，罗纹鸭、东方白鹳、鸿雁、赤颈鸭 Mareca penelope、针尾鸭和反嘴鹬在 PYH，白骨顶和苍鹭在 NJ，赤麻鸭在 DC 均有大量分布(表 6-3)。

表 6-3 鄱阳湖 2014～2015 年越冬期主要及常见水鸟的数量分布   (单位：只)

物种	PYH	NJ	BS	DC	YY
1.豆雁	1586±744	820±279	835±503	1984±655	306±195
2.小天鹅	1267±763	695±419	620±305	558±307	45±28
3.鹤鹬	971±387	532±380	94±52	124±56	231±195
4.红嘴鸥	34±14	40±27	1190±541	109±67	122±33
5.罗纹鸭	681±611	7±7	0±0	0±0	162±133
6.白骨顶	10±7	638±219	103±98	0±0	0±0
7.小䴙䴘	48±36	66±33	79±50	37±10	9±4
8.凤头䴙䴘	109±57	263±81	133±56	57±15	51±29
9.普通鸬鹚	97±44	33±33	59±47	9±8	1±1
10.苍鹭	124±35	317±213	102±46	65±19	44±23
11.东方白鹳	620±268	92±86	15±13	0±0	1±1
12.白琵鹭	813±335	255±215	330±199	102±59	12±12
13.鸿雁	716±418	271±163	22±8	25±10	48±31
14.白额雁	865±338	102±57	183±171	369±101	0±0
15.灰雁	17±14	94±67	92±75	2±2	0±0
16.赤麻鸭	1±1	0±0	89±35	372±106	1±1

续表

物种	PYH	NJ	BS	DC	YY
17. 赤颈鸭	647±633	9±9	0±0	0±0	20±20
18. 绿翅鸭	226±220	23±23	20±20	105±24	0±0
19. 斑嘴鸭	220±66	140±102	154±84	200±46	10±9
20. 针尾鸭	301±262	3±3	0±0	0±0	0±0
21. 琵嘴鸭	167±107	0±0	0±0	0±0	0±0
22. 白鹤	160±117	8±4	3±3	0±0	0±0
23. 灰鹤	130±63	4±2	143±105	16±12	16±13
24. 白头鹤	123±70	1±1	0±0	0±0	0±0
25. 反嘴鹬	500±151	24±22	34±34	136±92	4±4
26. 凤头麦鸡	73±29	49±40	160±94	40±28	28±14
27. 环颈鸻	0±0	0±0	5±4	68±23	20±17
28. 黑尾塍鹬	187±167	5±3	0±0	224±221	4±4
29. 黑腹滨鹬	3±3	0±0	8±7	12±12	45±35

3. 年际动态

主要物种中，豆雁、小天鹅、鹤鹬和红嘴鸥两年均为主要物种，2012～2013年的鸿雁和白琵鹭在 2014～2015 年被罗纹鸭和白骨顶取代，白骨顶并未入列2012～2013 年的主要及常见物种，罗纹鸭也仅在 YY 为主要物种。常见物种中，2012～2013 年的常见物种白枕鹤在 2014～2015 年并未入列，2014～2015 年新入列的常见物种有普通鸬鹚、赤颈鸭、针尾鸭、琵嘴鸭和环颈鸻 Charadrius alexandrinus。鸿雁由各区域均有大量分布缩减至仅在 PYH 大量分布（平均每次≥300 只）；白额雁在 BS，鹤鹬、红嘴鸥、反嘴鹬、斑嘴鸭和黑腹滨鹬在 DC 不再大量分布；白琵鹭在 BS，罗纹鸭、东方白鹳、赤颈鸭、针尾鸭在 PYH，白骨顶在 NJ，赤麻鸭在 DC 新增有大量分布（表 6-2 和表 6-3）。

6.1.3　主要水鸟类群分布的年内及年际动态

1. 年内动态

2012～2013 年越冬期不同类群水鸟在不同区域数量高峰的出现时间有所差异，其中，鸻形目在鄱阳湖国家级自然保护区吴城（PYH-WC）的数量高峰出现在1 月中，占该片区鸻形目累计数量的 53.44%，鄱阳湖国家级自然保护区恒丰（PYH-HF）在 1 月底（31.95%），NJ 在 2 月底（40.29%），BS 在 1 月初（31.55%），DC 在 3 月中（25.47%），12 月初也较高（21.63%）；雁形目在 PYH-WC 的数量高峰

出现在 11 月中(35.70%)，PYH-HF 在 3 月初(44.18%)，NJ 和 BS 于 11 月中～2
月底或 3 月初均保持较高的比例(19%～28%)，DC 的数量高峰出现在 12 月初
(34.66%)；鹤形目在 PYH-WC 和 PYH-HF 的数量高峰分别出现在 2 月底(36.91%)
和 3 月初(48.25%)，NJ 在 12 月底～1 月底(31%～33%)，BS 在 1 月初～3 月初均
保持较高比例(27%～27%)，DC 在 12 月底(51.50%)；鸻形目在 PYH-WC、
PYH-HF 和 NJ 的数量高峰均出现在 12 月底或 1 月初(分别为 39.89%、34.23%
和 39.36%)，BS 在 10 月底(75.44%)，DC 在 1 月底(39.65%)和 12 月底(29.47%)
较高(图 6-1)。

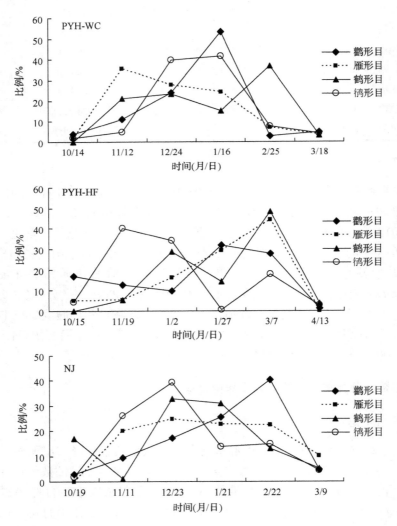

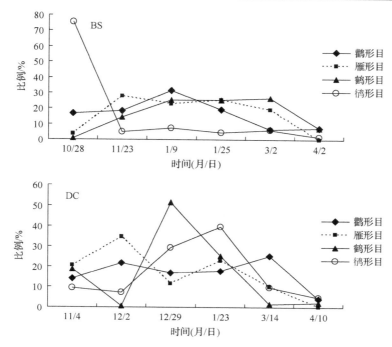

图 6-1　鄱阳湖 2012～2013 年越冬期主要水鸟类群的年内分布动态

　　2014～2015 年越冬期不同类群水鸟在不同区域数量高峰的出现时间有所差异,其中,鹳形目在 PYH-WC 的数量高峰出现在 2 月初,占该片区鹳形目累计数量的 48.63%,PYH-HF 在 11 月底(38.72%),NJ 在 1 月中(80.18%),BS 在 12 月初(58.49%),DC 在 12 月底(44.46%),YY 在 11 月初(50.26%);雁形目在 PYH-WC(1 月初～2 月初,33%～39%)、NJ(12 月初至 1 月中,26%～37%)和 BS(12 月初～1 月底,44%～47%)较长时间保持较高数量,PYH-HF 在 12 月中(67.19%),DC 的数量高峰出现在 2 月初(39.81%),YY 在 1 月初(62.78%);鹤形目在 PYH-WC 的数量高峰出现在 1 月初(54.76%),PYH-HF 在 2 月初(64.43%),NJ 在 12 月中(38.93%),BS 在 1 月底至 3 月中均保持较高比例(38%～45%),DC 在 12 月底(67.74%),YY 在 11 月初(81.44%);鸻形目在 PYH-WC(1 月中～3 月底,22%～30%)较长时间保持较高数量,PYH-HF 的数量高峰出现在 1 月底(37.87%),NJ 在 1 月中(75.31%),BS 在 12 月初(51.93%),DC 在 3 月底(45.26%),YY 在 10 月中(58.10%)(图 6-2)。

　　2. 年际动态

　　对比年际间各类群水鸟在不同区域的数量高峰出现时间,其中,鹳形目在

PYH-WC 的数量最高峰有所推后(幅度≤1 个月),PYH-HF 由 1 月底提前至 11 月底,NJ、BS 和 DC 有所提前;雁形目在 PYH-WC 的数量最高峰由 11 月中推后至 1 月,PYH-HF 由 3 月初提前至 12 月中,NJ 和 BS 年际间相似,DC 由 12 月初推后至 2 月初;鹤形目在 PYH-WC 和 PYH-HF 的数量最高峰有所提前,其他区域年际间相似;鸻形目在 PYH-WC 的数量高峰有所推后,DC 由 1 月底推后至 3 月底,PYH-HF 和 NJ 年际间相似(图 6-1 和图 6-2)。

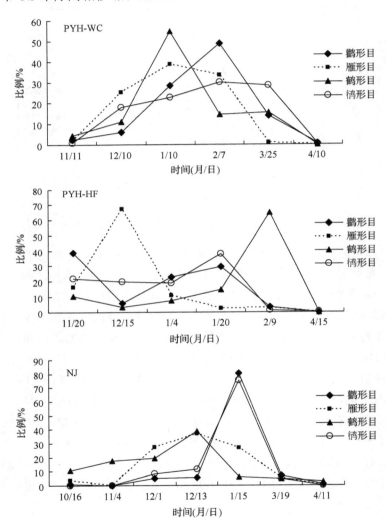

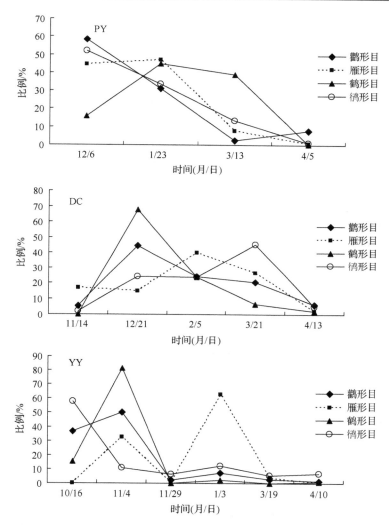

图 6-2　鄱阳湖 2014～2015 年越冬期主要水鸟类群的年内分布动态

6.1.4　水位对水鸟分布的影响

水位高度与不同区域水鸟的数量分布主要呈负相关关系，其中鸊鷉科在 PYH-WC 和 PYH-HF 与水位呈显著的正相关关系，在 BS 呈极显著负相关；鸬鹚科在 DC 呈显著负相关；鹭科、鹳科和鸻科在 PYH-WC 和 NJ 呈显著/极显著负相关；鹳科和反嘴鹬科在 PYH-WC 呈显著/极显著负相关；鸭科和鹤科在 PYH-WC 和 BS 呈极显著/显著负相关；鹬科在 NJ 呈显著负相关；鸥科在 NJ 和 DC 呈极显著/显著负相关（表 6-4）。

表 6-4 不同区域的水鸟的数量分布与星子站水位的关系

科	PYH-WC	PYH-HF	NJ	BS	DC	YY
鹃䴘科 Podicipedidae	0.829*	0.812*	0.750	−1.000**	−0.600	0.029
鸬鹚科 Phalacrocoracidae	0.319	0.116	−0.020	−0.400	−0.949*	−0.507
鹭科 Ardeidae	−0.829*	0.086	−0.893**	−0.800	−0.500	−0.029
鹳科 Ciconiidae	−0.899*	−0.714	−0.236	−0.800	—	0.131
鹮科 Threskiornithidae	−0.870*	−0.257	−0.815*	−0.600	−0.872	−0.031
鸭科 Anatidae	−0.943**	0.086	−0.750	−1.000**	−0.700	−0.486
鹤科 Gruidae	−0.829*	−0.771	−0.536	−1.000**	−0.783	0.372
反嘴鹬科 Recurvirostridae	−0.928**	−0.319	−0.630	−0.258	−0.800	0.131
鸻科 Charadriidae	−0.886*	−0.543	−0.800*	−0.600	−0.800	−0.058
鹬科 Scolopacidae	−0.714	−0.657	−0.847*	−0.800	−0.600	0.000
鸥科 Laridae	−0.058	−0.029	−0.964**	−0.800	−0.900*	−0.543

注："—"表示该区域没有记录到该科水鸟;**表示极显著相关($P<0.01$),*表示显著相关($P<0.05$)

6.1.5 水鸟多样性

2012～2013 年 PYH(49 种)的物种数最多, NJ(28 种)最少,各次平均物种数 NJ 极显著低于 PYH,且显著低于 BS 和 DC;PYH(4.05)的多样性指数最高,NJ(3.04)最低,各次平均多样性指数 PYH 显著高于其他区域;PYH(0.72)的均匀度指数最高,BS(0.59)最低,各次平均均匀度指数 PYH 显著高于 BS。

2014～2015 年 PYH(51 种)的物种数最多, YY(36 种)最少,各次平均物种数 PYH 显著高于 NJ 和 YY,BS 和 DC 显著高于 YY;PYH(4.15)的多样性指数最高, DC(3.16)最低,各次平均多样性指数 PYH 显著高于 YY;PYH(0.73)的均匀度指数最高, DC(0.59)最低,各区域平均均匀度指数差异不显著。

年际变化中,PYH 年际间各参数差异不大;NJ 2014～2015 年的物种数、多样性和均匀度指数较 2012～2013 年均有所提高;BS 的多样性和均匀度指数有所提高;DC 的多样性和均匀度指数有所下降。各区域各次平均的物种数、多样性指数和均匀度指数年际间无显著差异(表 6-5)。

表 6-5 鄱阳湖水鸟群群落多样性参数变化

指数	时间	统计方式	PYH	NJ	BS	DC	YY
物种数	2012～2013 年	总计	49	28	39	44	—
		各次	31±3[a]	19±2[b]	26±1[a]	28±1[a]	—
	2014～2015 年	总计	51	42	41	42	36
		各次	30±3[a]	19±3[bc]	25±3[ab]	26±2[ab]	15±2[c]

指数	时间	统计方式	PYH	NJ	BS	DC	YY
香浓—维纳指数(H')	2012~2013 年	总计	4.05	3.04	3.12	3.42	—
		各次	3.39±0.11[a]	2.45±0.14[b]	2.63±0.17[b]	2.86±0.23[b]	—
	2014~2015 年	总计	4.15	3.61	3.58	3.16	3.46
		各次	3.39±0.18[a]	2.49±0.24[ab]	2.38±0.72[ab]	2.93±0.17[ab]	2.25±0.21[b]
均匀度指数(J')	2012~2013 年	总计	0.72	0.63	0.59	0.63	—
		各次	0.70±0.02[a]	0.59±0.03[ab]	0.58±0.05[b]	0.60±0.05[ab]	—
	2014~2015 年	总计	0.73	0.67	0.67	0.59	0.67
		各次	0.70±0.03	0.61±0.03	0.51±0.15	0.63±0.03	0.60±0.04

注：有相同上标字母表示差异无统计学意义($P>0.05$),无相同上标字母表示差异有统计学意义($P<0.05$)

6.2 鄱阳湖周边水田及五河水鸟多样性

鄱阳湖周边水田(藕塘、水稻田和浅水撂荒地)及"五河"共发现水鸟 6 目 12 科 50 种(表 6-6)。

表 6-6 鄱阳湖周边水田及"五河"水鸟多样性

目/科/种	水田	"五河"
一、雁形目 ANSERIFORMES		
(一)鸭科 Anatidae		
1.小天鹅 *Cygnus columbianus*	+	+
2.鸿雁 *Anser cygnoid*	+	
3.豆雁 *Anser fabalis*	+	
4.灰雁 *Anser anser*	+	
5.白额雁 *Anser albifrons*	+	+
6.斑头雁 *Anser indicus*	+	
7.鸳鸯 *Aix galericulata*		
8.罗纹鸭 *Mareca falcata*		+
9.绿翅鸭 *Anas crecca*		+
10.绿头鸭 *Anas platyrhynchos*		
11.斑嘴鸭 *Anas zonorhyncha*	+	+
12.针尾鸭 *Anas acuta*		+
13.普通秋沙鸭 *Mergus merganser*		+
14.中华秋沙鸭 *Mergus squamatus*		+

续表

目/科/种	水田	"五河"
二、鸊鷉目 PODICIPEDIFORMES		
(二)鸊鷉科 Podicipedidae		
15.小鸊鷉 *Tachybaptus ruficollis*	+	+
三、鹤形目 GRUIFORMES		
(三)秧鸡科 Rallidae		
16.红胸田鸡 *Zapornia fusca*	+	+
17.黑水鸡 *Gallinula chloropus*	+	+
18.白胸苦恶鸟 *Amaurornis phoenicurus*		
19.白骨顶 *Fulica atra*	+	+
(四)鹤科 Gruidae		
20.白鹤 *Grus leucogeranus*	+	
21.灰鹤 *Grus grus*	+	
22.白枕鹤 *Grus vipio*	+	
23.白头鹤 *Grus monacha*	+	
四、鸻形目 CHARADRIIFORMES		
(五)反嘴鹬科 Recurvirostridae		
24.反嘴鹬 *Recurvirostra avosetta*	+	+
25.黑翅长脚鹬 *Himantopus himantopus*	+	
(六)鸻科 Charadriidae		
26.凤头麦鸡 *Vanellus vanellus*	+	+
27.灰头麦鸡 *Vanellus cinereus*	+	+
28.长嘴剑鸻 *Charadrius placidus*		+
29.金眶鸻 *Charadrius dubius*	+	+
30.金鸻 *Pluvialis fulva*	+	
31.环颈鸻 *Charadrius alexandrinus*	+	
(七)彩鹬科 Rostratulidae		
32.彩鹬 *Rostratula benghalensis*	+	
(八)鹬科 Scolopacidae		
33.扇尾沙锥 *Gallinago gallinago*	+	+
34.泽鹬 *Tringa stagnatilis*	+	+
35.青脚鹬 *Tringa nebularia*	+	+
36.林鹬 *Tringa glareola*	+	+
37.鹤鹬 *Tringa erythropus*	+	

目/科/种	水田	"五河"
38.白腰草鹬 *Tringa ochropus*	+	+
39.矶鹬 *Actitis hypoleucos*	+	+
40.黑尾塍鹬 *Limosa limosa*	+	
41.弯嘴滨鹬 *Calidris ferruginea*		
42.黑腹滨鹬 *Calidris alpina*	+	+
(九)鸥科 Laridae		
43.红嘴鸥 *Chroicocephalus ridibundus*	+	+
44.灰翅浮鸥 *Chlidonias hybrida*	+	+
五、鲣鸟目 SULIFORMES		
(十)鸬鹚科 Phalacrocoracidae		
45.普通鸬鹚 *Phalacrocorax carbo*		+
六、鹈形目 PELECANIFORMES		
(十一)鹮科 Threskiornithidae		
46.白琵鹭 *Platalea leucorodia*		+
47.彩鹮 *Plegadis falcinellus*	+	
(十二)鹭科 Ardeidae		
48.白鹭 *Egretta garzetta*	+	+
49.夜鹭 *Nycticorax nycticorax*	+	+
50.苍鹭 *Ardea cinerea*	+	

6.3 水鸟的白化型与深色型

鸟类的白化现象普遍存在,如小䴙䴘*Tachybaptus ruficollis*、暗绿柳莺 *Phylloscopus trochiloides* 等,均发现白化现象(毕中霖等,2003;赵海鹏等,2010)。据已有资料表明,鸟类的白化大致有两种,一是白化彻底,如白化灰喜鹊 *Cyanopica cyanus*,全身羽毛纯白色,无杂羽(周诚,1991);二是白化不彻底,如赵海鹏等(2010)在山东济南发现的白化小䴙䴘,绝大部分白色但有少许杂羽。前者即通体纯白无杂羽,较接近白化病症状,而后者白化不彻底。有研究者推测,鸟类的白化并不简单等同于白化病,不同的白化程度可能是不同的机理导致,可能是基因隐性突变导致,也可能与 NO.8 染色体增大部分有关(赵金良等,1995)。目前对鸟类白化机理缺乏深入研究,因此关于鸟类白化的机制还没有定论。

邵明勤曾在江西婺源发现白化斑嘴鸭,具体报道如下。在 2010 年 11 月,邵明勤在江西婺源石枧村(29°10'N,117°50'E)调查国家 I 级保护动物中华秋沙鸭时,发现 1 只白化的斑嘴鸭混在其他斑嘴鸭群体中。白化斑嘴鸭全身白色，背部、近翼和肩部端隐约可见浅黑色，嘴黑而端黄，腿珊瑚红(嘴和腿的颜色与普通的斑嘴鸭相似)。白化的斑嘴鸭栖息于石枧村狭长的河道中，河道两边及中心散有裸露的浅滩和石块。斑嘴鸭有游泳和觅食等行为，还时常站立于石块上休息。与白化斑嘴鸭共存的水鸟有小鹏鹏、白腰草鹬 *Tringa ochropus*、白鹭、鸳鸯、绿头鸭等。

　　除了白化型外，鸟类也存在深色型个体。2013 年 1 月 19 日张微微等在江西省余干县(116°36'22.11"E,28°36'07.90"N)发现 1 只深色型白鹭混在白色型白鹭群体中。深色型白鹭除白色羽毛外，全身羽毛颜色呈深灰色，喙部及腿部颜色与白色型白鹭无异。此外，还有研究者在厦门也发现过深色型白鹭。鸟类的深色化机理尚不清楚，有待进一步研究。

第7章　重要水鸟的种群数量与分布

水鸟的越冬分布具有动态性，常会在越冬地各点间迁移。鄱阳湖越冬期小天鹅的种群数量调查发现，各样点的数量在不同时期常有较大差异，在白沙洲自然保护区的内珠湖、荣七村和大鸣湖交替出现了大量小天鹅种群的现象，这是小天鹅在越冬地小范围迁移造成的(戴年华等，2013)；崔鹏等(2013)也发现由于大量候鸟在12月到达鄱阳湖后主要集中于鄱阳湖国家级自然保护区，造成了食物和栖息地等资源竞争激烈，致使部分候鸟越冬中后期分散到保护区周边的湖泊和湿地中觅食。

水鸟越冬数量分布的不均匀性和动态性受多种因素影响，主要因素有食物资源、水深、气候变化及生境空间异质性等。①食物资源：澳大利亚南部的库荣地区的水分盐度急剧增加，导致底栖大型无脊椎动物和水生植被的减少，使得以这些资源为关键食物资源的水鸟的分布范围发生变化(Paton et al., 2009)。密集农耕使得水生植被减少，尤其是鸿雁的主要食物苦草属的块茎大量减少，使得原本广泛分布于长江中下游平原的鸿雁分布范围剧烈萎缩，现在近95%的种群集中在安徽和江西的3个邻近湿地，且其中之一的升金湖最近5年的鸿雁种群从10 000～20 000只下降到1000只(Zhang et al., 2011)。②水深：对水深改变最为直接和剧烈的方式当属水坝建设和灌溉等为主的人为改变，美国格伦峡谷大坝建成后，大型越冬水鸟种群变得稀少甚至消失，且大坝上游水鸟群落的破坏比下游更为严重，上游的水鸟极其稀少，下游变为以雁鸭类为主的水鸟群落(Stevens et al., 1997)；三峡大坝的建设也对水鸟的分布有所影响，2003年三峡大坝蓄水至139m后，该区域内分布的以雁鸭类为主体的游禽数量变动不大，涉禽数量变动明显，傍水鸟类数量下降明显(苏化龙等，2005)。澳大利亚东南部平原由于394km的渠道和2145km的河岸堤坝等灌溉设施的建设，约有97 000hm²的湿地在1975～1998年被破坏，致使1983～2001年水鸟的数量减少了约90%，从年平均139 939只(1983～1986年)减少到14 170只(1998～2001年)，不同类型的水鸟(食鱼种类、大中型涉禽和鹳鹤等)均出现相似比例的种群萎缩(Kingsford and Thomas,2004)。③气候变化：通过"加权质心"法统计了西欧7种涉禽30年的种群分布范围，发现这些物种的越冬地基本向东北方向移动了115km，这种移动的主因被认定为气候变暖(Maclean et al., 2008)。有些鸟类也因全球变暖改变了它们在波罗的海区域的东北和东部的分布范围(Žalakevičius,1999)。④生境空间异质性：澳大利亚南部的库荣地区在2000～2007年生境空间异质性发生了剧烈变化，使得在此期间该地区 27 种常见水鸟中 23 种的种群数量下降了至少 30%（Paton et al., 2009）。各因素对不同类型物种的影响也有差异，如鄱阳湖地区食块茎和莎草的水鸟的分布数量与全年最低水位呈正相关关系；食种子和无脊椎动物的水鸟与全年最高/最低水位呈负相关（Wang et al., 2013）。本章对鄱阳湖流域中华秋沙鸭和鄱阳湖区雁鸭类、鹤类、东方白鹳等水鸟的种群数量和时空动态进行了系统调查，目的在于：①了解这些水鸟的时空动态的基础生物学资料；②初步掌握这些水鸟的分布特点、迁移和迁徙规律。

7.1　鄱阳湖区雁鸭类的数量与分布

7.1.1　种类组成与分布

本次调查的雁鸭类数量与分布仅为所选取的 47 个样点内的数量，在鄱阳湖具有一定的代表性，但不代表整个鄱阳湖雁鸭类的数量。本研究共记录雁鸭类 18 种，其中国家 Ⅱ 级重点保护动物 2 种：小天鹅和白额雁（表 7-1）。IUCN 易危（VU）物种 1 种：鸿雁，近危（NT）物种 1 种：罗纹鸭。居留型方面，留鸟 1 种：斑嘴鸭，其他为冬候鸟。区系方面，广布种 2 种：斑嘴鸭和针尾鸭，其他为古北界鸟类。累计数量 >2000 只的物种 9 种，频次 >15 次的物种 9 种，出现湖泊数 ≥10 的物种 9 种。鄱阳湖数量过千的雁鸭类 11 种，占总数量的 98.26%。最多的前 5 种雁鸭类由多至少依次是豆雁（30 442 只）、小天鹅（18 001 只）、白额雁（8478 只）、鸿雁（6698 只）和罗纹鸭（5109 只）。频次最高的前 5 种雁鸭类由多至少依次是斑嘴鸭（99）、豆雁（75）、小天鹅（63）、鸿雁（45）和白额雁（45）。出现湖泊数最多的有斑嘴鸭（37）、豆雁（35）和小天鹅（32）。本次未记录到的雁鸭类的主要越冬地不在鄱阳湖，其数量和遇见率低。例如，斑头雁 Anser indicus 和花脸鸭主要在我国云南越冬；红胸黑雁 Branta ruficollis 在我国属迷鸟，主要越冬地不在中国；白眉鸭 Spatula querquedula 主要在台湾和海南地区越冬；斑头秋沙鸭 Mergellus albellus 主要在东北和西北地区越冬（赵正阶，2011）；IUCN 极危物种青头潜鸭全球数量仅约 500 只，遇见率极低（赵正阶，2011）；中华秋沙鸭部分种群在江西越冬，但主要栖息在河道中（曾宾宾，2014）。

PYH 分布有物种数最全（16 种）、累计数量最多的雁鸭类，赤颈鸭、罗纹鸭、针尾鸭和琵嘴鸭主要（>80%）集中于该保护区；NJ 有第 2 多种类（13 种）和第 3 多累计数量的雁鸭类；DC 保存有第 3 多种类（10 种）和第 2 多累计数量的雁鸭类，赤麻鸭主要集中于该保护区；YY 种类较少，累计数量有限，群落结构以豆雁为主，较为单一，但该保护区仍保存有较多数量的罗纹鸭。PYH 和 NJ 数量最多的前 5 种雁鸭类中有 4 种（小天鹅、鸿雁、豆雁和白额雁）相似，另一种数量较多的分别是罗纹鸭和斑嘴鸭。BS 和 DC 也有 4 种(小天鹅、豆雁、白额雁和斑嘴鸭)相同,另一种分别是灰雁 *Anser anser* 和赤麻鸭。YY 与 PYH 也有 4 种(小天鹅、鸿雁、豆雁和罗纹鸭)相同,另一种是赤颈鸭。

表 7-1　鄱阳湖越冬雁鸭类的丰富度

物种	PYH	NJ	BS	DC	YY	累计数量/频次	出现湖泊数
小天鹅 *Cygnus columbianus*	7 600	4 864	2 478	2 791	268	18 001/63	32
鸿雁 *Anser cygnoid*	4 296	1 899	89	125	289	6 698/45	24
豆雁 *Anser fabalis*	9 518	5 825	3 340	9 922	1 837	30 442/75	35
白额雁 *Anser albifrons*	5 187	714	731	1 846	0	8 478/45	24
灰雁 *Anser anser*	102	658	367	12	0	1 139/15	12
赤麻鸭 *Tadorna ferruginea*	4	0	355	1 862	3	2 224/32	14
翘鼻麻鸭 *Tadorna tadorna*	0	0	0	7	0	7/1	1
赤颈鸭 *Mareca penelope*	3 882	60	0	0	120	4 062/6	4
罗纹鸭 *Mareca falcata*	4 087	50	0	0	972	5 109/10	5
赤膀鸭 *Mareca strepera*	0	27	0	0	27	54/3	3
绿翅鸭 *Anas crecca*	1 354	160	81	492	0	2 087/16	10
绿头鸭 *Anas platyrhynchos*	120	19	2	21	0	162/27	15
斑嘴鸭 *Anas zonorhyncha*	1 318	977	616	985	62	3 958/99	37
针尾鸭 *Anas acuta*	1 807	21	0	0	0	1 828/4	3
琵嘴鸭 *Spatula clypeata*	999	0	0	0	0	999/2	2
红头潜鸭 *Aythya ferina*	156	74	0	0	0	230/6	4
凤头潜鸭 *Aythya fuligula*	5	0	0	0	0	5/1	1
普通秋沙鸭 *Mergus merganser*	24	0	0	0	6	30/3	2

7.1.2　数量分布的空间差异

对频次＞15 次的 9 个物种进行空间分布分析(表 7-2)。累计数量方面,PYH 中大湖池、常湖池、中湖池和沙湖的雁鸭类较多。大湖池和沙湖数量较多的雁鸭类相似,都包括小天鹅、豆雁、白额雁和斑嘴鸭。此外,大湖池还分布有大量的绿翅鸭(1320 只)。常湖池分布有大量的小天鹅(832 只)、鸿雁(1361 只)、白额雁(305 只)和斑嘴鸭(358 只)。中湖池分布有大量的鸿雁(2579 只)、豆雁(880 只)和白额雁(700 只)。累计数量与频次之间的规律在各湖泊相似:累计数量多的物种,出现的频次也较高。

表 7-2　鄱阳湖不同子湖泊 9 种优势越冬雁鸭类的丰富度

地区	地点	物种								
		小天鹅	鸿雁	豆雁	白额雁	灰雁	赤麻鸭	绿翅鸭	绿头鸭	斑嘴鸭
PYH	大湖池	6035/8	104/3	6748/8	3372/6	2/1	0	1320/1	30/5	351/9
	朱市湖	5/1	0	12/1	80/1	0	4/1	0	0	186/5
	常湖池	832/3	1361/4	179/3	305/3	85/1	0	5/1	17/4	358/5
	中湖池	41/2	2579/2	880/2	700/1	0	0	0	0	2/1
	蚌湖	11/1	86/2	1/1	40/1	0	0	0	0	7/2
	沙湖	676/4	166/3	1698/5	690/5	15/1	0	29/3	73/4	414/5
	总计	7600/19	4296/14	9518/20	5187/17	102/3	4/1	1354/5	120/13	1318/27
NJ	战备湖	0	27/1	1155/2	462/2	0	0	0	3/1	93/7
	常湖	505/2	15/2	1302/4	8/2	43/2	0	21/2	0	9/4
	白沙湖	126/2	137/3	821/3	0	0	0	0	3/2	20/1
	三泥湾	878/2	620/2	1450/3	175/2	126/2	0	0	6/2	114/4
	凤尾湖	0	0	282/2	0	463/1	0	59/1	0	116/2
	南深湖	129/1	613/2	127/3	48/2	4/1	0	0	4/2	9/2
	北深湖	1878/2	367/3	18/1	1/1	0	0	0	2/1	102/3
	三湖	348/2	70/1	520/2	15/1	22/1	0	80/1	1/1	490/1
	西湖	0	0	150/1	0	0	0	0	0	24/1
	林充湖	1000/1	0	0	0	0	0	0	0	0
	上北甲湖	0	30/1	0	0	0	0	0	0	0
	下北甲湖	0	0	0	5/1	0	0	0	0	0
	泥湖	0	20/1	0	0	0	0	0	0	0
	总计	4864/12	1899/16	5825/21	714/11	658/7	0	160/4	19/9	977/25
BS	外珠湖	0	0	0	0	0	0	0	2/1	204/2
	罗潭	110/2	0	1107/2	111/2	0	0	0	0	2/1
	车门	1096/3	85/4	734/2	590/2	365/2	281/3	0	0	118/3
	荣七村	58/1	0	320/1	0	0	0	0	0	0
	内珠湖	44/1	4/1	0	0	2/1	0	1/1	0	33/2
	四十里街	0	0	14/1	0	0	0	80/1	0	57/2
	云湖	383/1	0	0	0	0	0	0	0	0
	四望湖	0	0	60/1	0	0	0	0	0	0
	大莲子湖	530/1	0	65/1	0	0	0	0	0	2/1
	大鸣湖	0	0	0	0	0	0	0	0	8/1
	小鸣湖	0	0	0	0	0	0	0	0	135/1

续表

地区	地点	物种								
		小天鹅	鸿雁	豆雁	白额雁	灰雁	赤麻鸭	绿翅鸭	绿头鸭	斑嘴鸭
BS	汉池湖	164/1	0	570/1	30/1	0	19/1	0	0	0
	南疆湖	93/2	0	0	0	0	55/2	0	0	38/2
	聂家	0	0	470/1	0	0	0	0	0	0
	企湖	0	0	0	0	0	0	0	0	19/1
	总计	2478/12	89/5	3340/10	731/5	367/3	355/6	81/2	2/1	616/16
DC	中坝	835/2	43/2	5323/4	1143/4	0	2/1	0	0	49/4
	下坝	52/3	15/1	440/2	248/3	5/1	69/3	492/5	14/1	269/5
	大坝	0	0	469/4	45/1	0	487/5	0	0	126/4
	多宝村	23/1	0	36/3	42/1	7/1	142/2	0	0	15/1
	滨湖	1259/3	13/1	679/2	130/1	0	932/4	0	0	22/2
	黄金咀	567/3	0	2778/2	120/1	0	174/3	0	4/2	29/3
	枭阳	33/1	19/2	28/1	0	0	8/2	0	3/1	252/3
	泗山村	16/1	0	0	0	0	2/1	0	0	162/2
	西湖	6/2	35/1	169/2	118/1	0	46/3	0	0	61/3
	总计	2791/16	125/7	9922/20	1846/12	12/2	1862/24	492/5	21/4	985/27
YY	金溪湖	260/3	269/2	1097/2	0	0	3/1	0	0	35/3
	军山湖	8/1	20/1	520/1	0	0	0	0	0	0
	青岚湖	0	0	220/1	0	0	0	0	0	27/1
	总计	268/4	289/3	1837/4	0	0	3/1	0	0	62/4

注：表中数据表示累计数量/频次

累计数量方面，NJ 中战备湖分布有大量的豆雁和白额雁。常湖和三湖都分布大量的小天鹅和豆雁。三湖还分布有大量的斑嘴鸭。白沙湖、三泥湾和南深湖均有一定数量的小天鹅、鸿雁和豆雁。三泥湾还分布有一定数量的白额雁、灰雁和斑嘴鸭。凤尾湖有一定数量的豆雁、灰雁和斑嘴鸭。西湖和林充湖种类单一，分别分布有大量的豆雁和小天鹅。该保护区的不同湖泊出现频次相对较高且数量稳定的物种有鸿雁、豆雁和斑嘴鸭。

累计数量方面，PY 中外珠湖、小鸣湖、荣七村、云湖、大莲子湖和聂家物种均比较单一。前两个湖泊均以斑嘴鸭为主，荣七村和聂家均以豆雁为主，云湖和大莲子湖均以小天鹅为主。罗潭和汉池湖分布有一定数量的小天鹅和豆雁，此外，罗潭还分布有一定数量的白额雁。车门的雁鸭类种类和数量均较大，除分布有较多的小天鹅、豆雁、白额雁、斑嘴鸭外，还分布有一定数量的灰雁和赤麻鸭。小天鹅、豆雁和斑嘴鸭在不同湖泊中分布的频次相对较高。

累计数量方面，DC 的中坝、滨湖和黄金咀均分布有大量的小天鹅、豆雁和白额雁，滨湖和黄金咀还分布有大量或较多的赤麻鸭，下坝分布有大量的豆雁和绿翅鸭，还有一定数量的白额雁和斑嘴鸭；大坝分布有大量的豆雁和赤麻鸭；枭阳和泗山村分布有一定数量的斑嘴鸭；西湖分布有一定数量的豆雁和白额雁。该保护区的不同湖泊出现频次相对较高且数量稳定的物种有斑嘴鸭、赤麻鸭、豆雁和小天鹅。

累计数量方面，YY 的雁鸭类分布较少，且主要分布于金溪湖。豆雁是该保护区数量最多的雁鸭类，主要分布于金溪湖，其他两个湖泊也有一定的数量。小天鹅和鸿雁也主要分布于金溪湖。

本次调查中，PYH、NJ 和 DC 是鄱阳湖雁鸭类的主要越冬区域，尤其是 PYH 集中了数量最多、物种最全的雁鸭类，多个物种绝大部分种群分布于此，与之前开展的鄱阳湖越冬水鸟分布调查结果基本一致(涂业苟等，2009；吴建东等，2010；朱奇等，2012；刘观华等，2014)。

越冬期雁鸭类昼间的主要行为是觅食和静栖(张永，2009；刘静，2011；杨二艳，2013；戴年华等，2013)，说明这些物种的越冬地主要功能就是为这些物种提供食物和休息场所。本次调查发现，雁鸭类大部分都集中在每个调查区域的几个湖泊中，表明越冬期适合雁鸭类取食和休息的场所有限，种间竞争大。多数雁类如小天鹅、豆雁、鸿雁、白额雁等主要以薹草 Carex tristachya 和苦草 Vallisneria natans 的块茎、根茎、叶片等植物为食(张永，2009；刘静，2011；杨二艳，2013)，薹草长于草洲或暂时被浅水淹没，苦草为沉水植物，冬季水位下降也会暴露在草滩和泥滩。因此，这几种雁类应常分布于有草洲、浅水和泥滩的湖泊中。鸭类也主要以水生植物和水生藻类为食，其觅食生境需要草滩和一定深度的水域(赵正阶，2011)。据此可将调查样点分为两类：①含有大片浅水与草洲及泥滩的样点，如大湖池、沙湖、战备湖、常湖、三泥湾、三湖、北深湖、南深湖、中坝、黄金咀、车门、滨湖、中湖池、常湖池、企湖和蚌湖等。②含有较多的深水水域，草洲或浅水泥滩较少的样点，如军山湖、大鸣湖、外珠湖和内珠湖等。本次调查的大部分样点属于第 1 类，这些样点基本适合雁鸭类的觅食栖息，此次也在这些样点观测到大量的雁鸭类；有些样点如蚌湖和企湖等可能由于觅食环境和种间关系不适合雁鸭类，其上分布的是大量苍鹭、东方白鹳、白琵鹭、鹤鹬或红嘴鸥等物种。第 2 类样点水位太高，加之本次记录的优势雁鸭类均无较强的潜水取食的能力，它们无法取食到水底植物，也没有足够的泥滩或草洲作为休息场所，因此这些样点仅有少量雁鸭类分布。

取食相似食物资源的物种由于不同的捕食能力(如潜鸭的潜水能力)也会导致其分布产生分化(郭宏等，2016)。豆雁和白额雁的越冬食物多为薹草(刘静，2011；杨秀丽，2011)，但体型更小的白额雁在竞争中占劣势(赵正阶，2011)。小天鹅和鸿雁主食苦草(张永,2009;杨二艳,2013),小天鹅会在更深的水域活动,鸿雁则偏好在草滩上觅食。本次调查显示,豆雁和小天鹅较白额雁和鸿雁分布更为广泛,在多个湖泊多次出现,数量大而稳定,而白额雁(主要分布于大湖池、中坝、中湖池和沙湖)和鸿雁(主要分布于中湖池、常湖池、三泥湾和南深湖)分布比较局限。鸭类的分布也各有特点,斑嘴鸭的累计数量不多,但分布范围最广;赤颈鸭、针尾鸭、琵嘴鸭、绿翅鸭和罗纹鸭绝大部分种群均集中于大湖池;罗纹鸭在军山湖也有较大数量;赤麻鸭分布样点与其他鸭类差异较大,主要分布于滨湖、大坝、车门、黄金咀和多宝村等鄱阳湖北部和东部的样点。鸭类各异的分布特点与其生态习性密切关系,斑嘴鸭和绿头鸭的小群分散活动策略与赤颈鸭、针尾鸭及琵嘴鸭等的集大群的觅食策略差异形成了不同的分布特点,赤麻鸭会在低草草洲休息和走动使其分布有别于其他物种,罗纹鸭会在深水水域活动使其在水位较深的军山湖有较大数量。总之,雁鸭类的分布特征与其取食场所、休息场所和生态习性密切相关,但有关每个物种与其生境的定量关系还需要进一步的研究。

7.1.3　数量分布的时间差异

对频次>15 次的 9 个物种进行时间分布分析(表 7-3)。累计数量方面,越冬中期雁鸭类最多,越冬早期和后期由于受到雁鸭类相继迁徙至越冬地和迁离越冬地的影响,数量相对较少。累计数量与频次之间的规律在各时期相似:累计数量多的物种,出现的频次也较高。

表 7-3　越冬期不同阶段 9 种优势雁鸭类的丰富度

时期	物种								
	小天鹅	鸿雁	豆雁	白额雁	灰雁	赤麻鸭	绿翅鸭	绿头鸭	斑嘴鸭
越冬前期	1072/10	228/4	2990/12	964/7	22/3	309/4	139/2	67/4	399/15
越冬中期	15 991/46	6298/33	23 538/51	7165/34	1110/11	1093/19	1657/10	69/12	3164/48
越冬后期	938/7	172/8	3914/12	349/4	7/1	822/9	291/4	26/11	395/36

注: 表中数据表示累计数量/频次

7.2　鄱阳湖区 4 种鹤类的数量与分布

7.2.1　灰鹤和白枕鹤的数量与分布

4 个保护区的 34 个湖泊中,各地记录的数量见表 7-4。灰鹤在 1 月中下旬的数量最多(599 只),主要分布在 BS(326 只)和 PYH(吴城,109 只);3 月中旬至 4月上旬的数量最少(5 只)。白枕鹤 3 月中旬至 4 月上旬的数量最多(600 只),主要分布在 PYH(恒丰,361 只;吴城,237 只); 10 月中旬至 11 月上旬没有记录到白枕鹤种群。

表 7-4　鄱阳湖灰鹤和白枕鹤种群的时空分布

区域	鸟种	地点	各时期鸟类数量					
			10/15*	11/19	1/2	1/27	3/7	4/13
鄱阳湖国家级保护区(恒丰) PYH-HF	灰鹤	沙湖	0	0	4	10	39	0
	白枕鹤	沙湖	0	0	32	2	0	0
		蚌湖	0	8	14	56	361	3
		合计	0	8	46	58	361	3
鄱阳湖国家级保护区(吴城) PYH-WC			10/14	11/12	12/24	1/16	2/25	3/18
	灰鹤	大湖池	0	2	42	109	59	5
		常湖池	0	18	0	0	72	0
		合计	0	20	42	109	131	5
	白枕鹤	大湖池	0	0	11	20	11	0
		常湖池	0	0	0	6	44	0
		朱市湖	0	0	33	9	182	0
		合计	0	0	44	35	237	0
鄱阳湖南矶湿地国家级自然保护区 NJS			10/19	11/11	12/23	1/14	2/22	3/27
	灰鹤	常湖	0	2	0	57	3	0
		战备湖	0	0	0	7	13	0
		上北甲	0	0	0	2	0	0
		三湖	0	0	0	0	16	0
		北深湖	0	0	0	0	2	0
		合计	0	2	0	66	34	0
	白枕鹤	三湖	0	0	0	0	2	0
		北深湖	0	0	1	8	0	0
		合计	0	0	1	8	2	0
都昌候鸟省级自然保护区 DC			11/4	12/2	12/29	1/23	3/14	4/10
	灰鹤	滨湖	5	0	0	0	0	0
		输湖	40	0	79	84	0	0
		横港湖	23	0	0	0	0	0
		西湖	0	0	0	4	0	0
		合计	68	0	79	88	0	0
	白枕鹤	黄金咀	0	2	0	0	0	0
		输湖	0	0	3	6	0	0

续表

区域	鸟种	地点	各时期鸟类数量					
			10/15*	11/19	1/2	1/27	3/7	4/13
都昌候鸟省级 自然保护区 DC	白枕鹤	西湖	0	0	2	0	0	0
		合计	0	2	5	6	0	0
			10/28	11/23	1/9	1/25	3/2	4/2
鄱阳县白沙洲 自然保护区 BS	灰鹤	车门	7	2	8	3	27	0
		荣七村	6	0	5	52	74	0
		小鸣湖	0	8	0	43	13	0
		大鸣湖	0	20	16	125	77	0
		表恩村	—	163	294	103	126	0
		内珠湖	0	0	4	0	4	0
		合计	13	193	327	326	321	0
	白枕鹤	荣七村	0	0	6	0	0	0
		小鸣湖	0	0	0	5	0	0
		合计	0	0	6	5	0	0
合计	灰鹤		81	215	452	599	525	5
	白枕鹤		0	10	102	112	600	3

* 10/15 是指 10 月 15 日；—指未调查

4 个保护区 34 个湖泊中共有 18 个湖泊记录到灰鹤，最早观察到的时间为 10 月 28 日，最晚为 3 月 18 日。其中 1 月初、1 月底和 3 月初观察到的灰鹤数量较大（表 7-4）。灰鹤在 BS 出现较多，该区域内的表恩村、大鸣湖和荣七村多次记录到较大的种群，表恩村灰鹤的种群数量连续 4 次为 100 只以上，其中 1 月 9 日单日观察到灰鹤 294 只，大鸣湖 1 月 25 日单日观察到灰鹤 125 只，车门灰鹤种群数量较小。PYH（吴城）的大湖池多次记录到较大的灰鹤种群，1 月 16 日单日观察到灰鹤 109 只。DC 的输湖多次记录到较大的灰鹤种群。PYH（恒丰）的沙湖多次记录到较大的灰鹤种群。

共有 12 个湖泊记录到白枕鹤，最早观察到的时间为 11 月 19 日，最晚为 4 月 13 日。2 月底至 3 月初白枕鹤数量达到高峰。绝大多数白枕鹤集中在 PYH。白枕鹤在 PYH-HF 出现较多，该区域内的蚌湖多次记录到较大的种群，其中 3 月 7 日单日观察到白枕鹤 361 只。PYH-WC 次之，该区域内朱市湖多次记录到较大的种群，2 月 25 日单日观察到白枕鹤 182 只。

7.2.2　白鹤和白头鹤的数量与分布

4 个保护区的 34 个湖泊中,各地记录的数量见表 7-5。白鹤在 12 月底和 1 月上旬的数量最多(752 只),主要分布在 PYH(恒丰,364 只;吴城,158 只),NJ 的北深湖(182 只);10 月中旬未发现白鹤,表明它们迁徙至鄱阳湖较晚。白头鹤 3 月上旬的数量最多(464 只),主要分布在 PYH(恒丰,302 只;吴城,154 只);10 月中旬没有记录到白头鹤种群。

表 7-5　鄱阳湖白鹤和白头鹤种群的时空分布

区域	鸟种	地点	各时期鸟类数量					
			10/15*	11/19	1/2	1/27	3/7	4/13
鄱阳湖国家级保护区(恒丰) PYH-HF	白鹤	沙湖	0¹	21	333	15	0	0
		蚌湖	0	23	31	10	0	51
		合计	0	44	364	25	0	51
	白头鹤	沙湖	0	0	2	0	76	0
		蚌湖	0	25	0	113	226	0
		合计	0	25	2	113	302	0
			10/14	11/12	12/24	1/16	2/25	3/18
鄱阳湖国家级保护区(吴城) PYH-WC	白鹤	大湖池	0	3	7	11	22	25
		八字墙	0	15	151	0	3	9
		合计	0	18	158	11	25	34
	白头鹤	大湖池	0	2	9	33	15	4
		八字墙	0	0	4	0	4	0
		常湖池	0	57	0	0	0	4
		朱市湖	0	15	15	27	135	0
		合计	0	74	28	60	154	8
			10/19	11/11	12/23	1/20	2/22	3/9
鄱阳湖南矶湿地自然保护区 NJS	白鹤	三湖	0	0	3	30	0	0
		凤尾湖	0	0	0	0	3	0
		白沙湖	0	0	0	35	0	0
		凌湖	0	0	0	2	0	0
		上北甲	0	0	15	48	39	20
		北深湖	0	0	182	14	0	4
		神塘湖	—	—	—	39	0	0
		合计	0	0	200	168	42	24

续表

区域	鸟种	地点	各时期鸟类数量					
			10/15*	11/19	1/2	1/27	3/7	4/13
鄱阳湖南矶湿地自然保护区 NJS	白头鹤	常湖	0	0	0	9	4	0
		上北甲	0	0	0	4	0	0
		下北甲	0	0	0	0	0	4
		合计	0	0	0	13	4	4
			11/4	12/2	12/29	1/23	3/14	4/10
都昌候鸟保护区 DC	白鹤	滨湖	0	0	8	0	0	0
		枭阳	0	0	5	0	0	0
		赤岸	0	0	2	0	0	0
		合计	0	0	15	0	0	0
			10/28	11/23	1/9	1/25	3/2	4/2
鄱阳县白沙洲保护区 BS	白鹤	车门	0	5	3	0	0	0
		荣七村	0	0	3	3	6	0
		小鸣湖	0	0	6	0	0	0
		大鸣湖	0	0	3	7	8	0
		合计	0	5	15	10	14	0
	白头鹤	表恩村	—	0	0	0	4	0
合计	白鹤		0	67	752	214	81	109
	白头鹤		0	99	30	186	464	12

* 10/15 是指 10 月 15 日；—指未调查

4 个保护区 34 个湖泊中共有 21 个湖泊记录到白鹤，最早观察到的时间为 11 月 12 日，最晚为 4 月 13 日。其中 1 月和 3 月观察到的白鹤数量较大（表 7-5）。共有 10 个湖泊记录到白头鹤，最早观察到的时间为 11 月 12 日，最晚为 3 月 18 日。绝大多数白头鹤集中在 PYH。白头鹤在 PYH-HF 出现较多，该区域内的蚌湖多次记录到较大的种群。

7.3　鄱阳湖区东方白鹳的数量与分布

2014 年 11 月～2015 年 3 月，鄱阳湖 4 个调查区域越冬东方白鹳数量除 12 月较 11 月略减少外，整体呈先增后减的趋势；其中 2015 年 1 月数量最大，为 2351 只，2015 年 3 月数量最小，仅 36 只（图 7-1）。

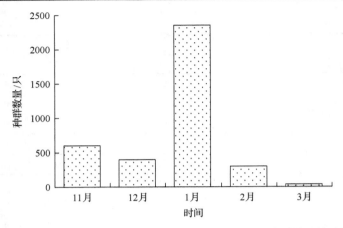

图 7-1　2014～2015 年鄱阳湖 4 个调查地区越冬东方白鹳种群数量的时间变异

　　对 4 个保护区 34 个湖泊样点进行了逐月调查，共 18 个湖泊记录到东方白鹳分布，各月份均未在都昌候鸟省级自然保护区调查点观测到东方白鹳。11 月，仅在鄱阳湖国家级自然保护区记录到东方白鹳分布，且集中在蚌湖（569 只）。 12月，在鄱阳湖南矶湿地国家级自然保护区、鄱阳湖国家级自然保护区和白沙洲自然保护区 3 个保护区记录到东方白鹳分布，朱市湖（178 只）、常湖池（75 只）和南深湖（60 只）数量较大。翌年 1 月，在鄱阳湖南矶湿地国家级自然保护区、鄱阳湖国家级自然保护区和白沙洲自然保护区 3 个保护区记录到东方白鹳分布，其中白沙洲自然保护区较少，仅罗潭记录到 2 只；沙湖（1157 只）数量最大，其次为常湖（450 只）和蚌湖（221 只）。翌年 2 月，在鄱阳湖南矶湿地国家级自然保护区和鄱阳湖国家级自然保护区 2 个保护区记录到东方白鹳分布，且集中在白沙湖（180 只）。翌年 3 月，在鄱阳湖南矶湿地国家级自然保护区和白沙洲自然保护区 2 个保护区记录到东方白鹳分布，且集中在白沙湖（26 只）（表 7-6）。

表 7-6　各月份鄱阳湖不同地区越冬东方白鹳种群数量

月份	保护区	湖泊	种群数量	合计
		常湖池	3	
11	鄱阳湖国家级自然保护区	蚌湖	569	597
		沙湖	25	
		常湖池	75	
		蚌湖	9	
12	鄱阳湖国家级自然保护区	沙湖	2	266
		大湖池	2	
		朱市湖	178	

续表

月份	保护区	湖泊	种群数量	合计
12	鄱阳湖南矶湿地国家级自然保护区	白沙湖	20	80
		南深湖	60	
	白沙洲自然保护区	罗潭	3	53
		四望湖	19	
		表恩	31	
1	鄱阳湖国家级自然保护区	蚌湖	221	1634
		沙湖	1157	
		大湖池	55	
		朱市湖	13	
		中湖池	188	
	鄱阳湖南矶湿地国家级自然保护区	白沙湖	35	715
		战备湖	6	
		南深湖	7	
		常湖	450	
		三湖	79	
		北深湖	4	
		上北甲	8	
		三泥湾	126	
	白沙洲自然保护区	罗潭	2	2
2	鄱阳湖国家级自然保护区	常湖池	38	102
		大湖池	2	
		朱市湖	22	
		中湖池	40	
	鄱阳湖南矶湿地国家级自然保护区	白沙湖	180	200
		战备湖	14	
		南深湖	6	
3	鄱阳湖南矶湿地国家级自然保护区	白沙湖	26	33
		三泥湾	7	
	白沙洲自然保护区	罗潭	2	3
		荣七	1	

注：若该月在某保护区或某样点未记录到东方白鹳，则未在表中列出

7.4　鄱阳湖水系中华秋沙鸭的数量与分布

2010 年 11 月～2014 年 3 月，在江西省鄱阳湖四大水系的部分河段对中华秋沙鸭的种群数量分布进行了多年系统的调查，选择各河段每月观察到的最大数量作为该月份的种群数量，调查结果见表 7-7，总计有 530 只次。初步显示，每个河段中华秋沙鸭的种群数量均存在时间变异，不同河段的种群数量也存在较大变异。8 个河段中，修水县太阳升段(修水)、宜黄县桃陂段(宜黄)、弋阳县清湖段(弋阳)和婺源县婺源段(婺源)种群数量相当稳定。其中，修水段最多发现 68 只个体的中华秋沙鸭在一河段活动。其次是宜黄段最多发现 39 只、弋阳段最多发现 30 只、婺源段发现 25 只。

表 7-7　鄱阳湖水系中华秋沙鸭种群数量分布

河流	河段	11 月	12 月	1 月	2 月	3 月	合计
修河	修水	68	27	9	23	16	143
	靖安	1	10	6	1	2	20
抚河	宜黄	—	15	24	32	39	110
信江	龙虎山	9	1	15	8	6	39
	耳口	3	9	0	2	0	14
	弋阳	9	12	30	12	24	87
饶河	浮梁	8	6	1	8	9	32
	婺源	15	13	25	14	18	85
	合计	113	93	110	100	114	530

注：—表示当月未观测到中华秋沙鸭

2010 年 11 月～2013 年 3 月，在中华秋沙鸭数量稳定的宜黄、弋阳和婺源段都进行了每年每月至少一次的种群数量调查。且在进行越冬行为的调查同时，记录了当天的种群数量，每年越冬期观察到的最大数量见表 7-8。3 个河段的种群数量在 2010～2013 年越冬期呈现"V"字形变化，在 2011～2012 年都相对较少。

表 7-8　中华秋沙鸭在宜黄、弋阳、婺源段最大数量变化

河段	2010～2011 年	2011～2012 年	2012～2013 年
宜黄	39	15	21
弋阳	30	9	—
婺源	18	15	25

注：—表示当年未调查此河段中华秋沙鸭

第8章 能量支出

通过收集行为时间分配的数据来计算能量支出是估算动物能量支出的一种常用方法（Jones et al., 2014）。能量支出的主要影响因素包括体重、温度、季节、光周期和性别等（陈斌，2017；邵明勤等，2017）。先后已有学者利用北美黑鸭 *Anas rubripes*（Wooley and Owen, 1978；Morton and Kirkpatrick, 1989；Jones et al., 2014）、小白额雁 *Anser erythropus*（Wang et al., 2013）等物种各行为的静息代谢率（RMR）倍数，估算出这些鸟类的能量支出。本章在收集了中华秋沙鸭的行为时间分配的基础上，探讨性别、温度和集群大小对其能量支出的影响。

8.1 中华秋沙鸭的能量支出

在越冬期的 8 种行为中，取食、游泳、修整和休息是中华秋沙鸭的主要行为。中华秋沙鸭 41.26% 的时间用于取食，30.38% 的时间用于游泳，10.42% 的时间用于修整，8.70% 的时间用于休息，用于飞翔、逃跑、警戒和社会的时间分别为 4.28%、2.00%、1.85% 和 1.11%。中华秋沙鸭越冬期昼间能量支出较多的行为分别是游泳 [(117.96±36.80) kJ/d]，取食 [(115.60±38.94) kJ/d] 和飞翔 [(104.15±51.34) kJ/d] 行为。3 月能量支出最多 [(433.09±48.04) kJ/d]，1 月能量支出最少 [(329.49±102.90) kJ/d]。在不同月份，8 种行为中取食（$F=4.448$，$df=3$，$P=0.017$），休息（$F=3.237$，$df=3$，$P=0.047$）和警戒（$F=3.360$，$df=3$，$P=0.043$）行为的能量支出差异显著。随着月份的推移，取食行为的能量支出呈显著的先增加后下降趋势，休息行为的能量支出呈显著的先下降后增加趋势，警戒行为的能量支出呈显著的先增加后下降趋势（表 8-1）。

表 8-1　中华秋沙鸭越冬期不同月份昼间行为能量支出　　　　（单位：kJ/d）

	12 月（$n=6$）	1 月（$n=4$）	2 月（$n=6$）	3 月（$n=6$）	P
取食	76.99±17.15[b]	120.22±36.70[b]	141.23±33.38[a]	125.49±37.96[a]	0.017
休息	23.44±12.30[b]	15.47±12.92[b]	12.39±7.30[b]	29.60±9.08[a]	0.047
修整	34.00±13.09	40.23±16.55	22.26±15.23	34.41±16.03	0.302
游泳	138.93±34.37[a]	92.80±34.64[b]	130.94±40.26[b]	100.78±23.99[b]	0.109
警戒	9.14±3.16[a]	9.87±6.85[a]	6.88±3.95[b]	2.41±1.67[b]	0.043
飞翔	85.76±53.67[b]	54.04±43.71[b]	127.01±28.41[a]	128.55±50.75[a]	0.101
社会	8.79±6.02	6.16±2.54	5.78±3.27	1.76±0.54	0.357
逃跑	9.64±6.24	22.95	11.18±5.76	13.99±5.98	0.248
总计	385.09±80.54	329.49±102.90	431.74±41.66	433.09±48.04	

注：有相同上标字母表示差异无统计学意义（$P>0.05$），无相同上标字母表示差异有统计学意义（$P<0.05$），下同

8.2　中华秋沙鸭能量支出的影响因素

8.2.1　性别

雄性中华秋沙鸭越冬期昼间警戒行为的能量支出显著大于雌性（$F=4.929$，$df=1$，$P=0.033$），其他行为的能量支出差异不显著（$P>0.05$）（表 8-2）。

表 8-2　不同性别中华秋沙鸭越冬期昼间行为能量支出　　　（单位：kJ/d）

性别	取食	休息	修整	游泳	警戒	飞翔	社会	逃跑
雄性	109.98± 48.35	21.67± 12.35	31.24± 17.04	111.96± 35.34	11.29± 7.26[a]	104.33± 50.44	7.05 ±4.85	13.51± 7.84
雌性	115.65± 41.17	19.78± 12.37	31.91± 18.27	118.70± 40.14	6.59 ±4.46[b]	116.29± 60.56	6.69 ±4.86	8.66 ±7.73

8.2.2　温度

在不同温度段，中华秋沙鸭越冬期昼间警戒行为的能量支出差异显著（$F=5.816$，$df=1$，$P=0.026$），其他行为的能量支出差异不显著（$P>0.05$）。随着温度的升高，中华秋沙鸭警戒行为的能量支出显著降低（表 8-3），表明其在不同温度下采取行为对策不同。温度较低时，中华秋沙鸭需要大量取食来维持自身的能量平衡，行为比较活跃，取食过程中中华秋沙鸭通常保持较高的警戒水平。温度较高时，中华秋沙鸭花费大量的时间在河中石块上休息和修整，警戒水平较低。

表 8-3　不同温度下中华秋沙鸭越冬期昼间行为能量支出　　　（单位：kJ/d）

行为	温度	
	<10℃	>10℃
取食	112.81±37.14	108.78.19±39.15
休息	17.45±12.19	23.65±11.66
修整	33.47±16.21	34.24±14.61
游泳	120.26±35.08	126.67±43.68
警戒	8.79±4.47[a]	4.22±3.75[b]
飞翔	81.64±49.35	125.37±44.14
社会	6.66±4.73	6.37±5.56
逃跑	10.93±7.07	14.98±5.17

8.2.3　群体大小

不同群体大小的中华秋沙鸭越冬期昼间社会行为的能量支出差异显著(F=5.109，df=1，P=0.043)，其他行为的能量支出差异不显著(P>0.05)。随着群体的增大，中华秋沙鸭社会行为的能量支出显著增加(表 8-4)。

表 8-4　不同群体大小的中华秋沙鸭越冬期昼间行为能量支出　　　(单位：kJ/d)

群体大小	取食	休息	修整	游泳	警戒	飞翔	社会	逃跑
≤5	117.66± 40.29	23.56± 12.14	33.08± 15.51	107.65± 29.57	6.91 ±5.44	102.03± 49.34	4.41 ±3.01[a]	12.24 ±7.05
>5	113.12± 39.27	17.17± 11.23	30.80± 16.15	130.33± 42.19	7.16 ±4.07	106.75± 56.59	9.47 ±5.35[b]	12.43 ±5.53

第9章 时间分配与行为节律

动物时间分配与活动节律是动物行为学研究的重要内容(Halle and Stenseth, 2000)。鸟类花费在每种行为上的时间和能量会影响鸟类的生存,因此,鸟类的时间分配不仅是对当地环境条件的一种适应,同时也是影响动物活动的全部因素的综合表现(Halle and Stenseth, 2000; 曾宾宾等, 2013)。研究动物时间分配与活动节律有助于了解动物的生活习性、生理和生态需求(吕士成和陈卫华, 2006; 曾宾宾等, 2013)。群体大小、年龄、天气因素(如温度、湿度、日出日落时间)、生境类型及人类干扰都会影响鸟类的时间分配与行为节律。其中集群大小和年龄对鸟类行为的影响有较多的报道。大部分研究结果表明,人为干扰会增加鹤类的警戒行为,集群较大的鹤类只需要花费更少的时间来警戒,而花费更多的时间用于觅食。成鸟与幼鸟的行为时间分配一般也存在显著差异,通常幼鸟因为取食经验的不足,需要成鸟进行辅食,另外成鸟还担负着警戒的角色,因此幼鸟通常花费更多的时间取食,更少的时间警戒。笔者在江西鄱阳湖区及周边人工生境、南昌周边、"五河"流域(主要在饶河和抚河)开展了大量的鹤类、雁鸭类和鹮鹳的行为时间分配和行为节律及其影响因子的研究,目的在于:①了解鹤类、雁鸭类和鹮鹳的行为时间分配和节律的基础生态学资料;②初步掌握集群大小、体型大小、气候、年龄、生境类型、人为干扰等因素对这些水鸟的时间分配和行为节律的影响;③掌握这些水鸟的行为的灵活性和行为的适应对策,为鸟类的保护和生态管理提供基础资料。

本次时间分配与行为节律的研究对象包括11种水鸟,它们的各项形态大小指标如表 9-1 所示,不同水鸟的各项形态指标有一定的梯度。这些鸟类中有些鸟类为植物食性(鸿雁、白额雁、小天鹅、灰鹤和白鹤),有些鸟类为动物食性(中华秋沙鸭、凤头鹮鹳、小鹮鹳、东方白鹳、白琵鹭和苍鹭)。

表 9-1   行为研究对象的形态指标测量

物种	体重/kg	体长/cm	嘴峰/cm	翅/cm	跗蹠/cm
鸿雁	2.8～4.3	80.0～93.0	7.5～9.9	37.5～46.8	7.5～9.7
白额雁	2.1～3.5	62.0～77.0	3.8～6.4	31.9～44.2	5.8～7.6
小天鹅	4.5～7.0	110.0～130.0	8.5～10.5	49.0～53.0	8.8～10.0
中华秋沙鸭(雄)	1.0～1.2	54.2～63.5	5.0～5.8	22.6～26.5	4.7～6.3
中华秋沙鸭(雌)	0.8～1.0	49.1～58.4	4.0～5.4	21.6～24.5	4.0～5.3

续表

物种	体重/kg	体长/cm	嘴峰/cm	翅/cm	跗蹠/cm
凤头䴙䴘	0.7~1.0	45.0~58.0	3.8~5.3	16.5~19.7	5.1~6.7
小䴙䴘	0.2~0.3	22.0~31.8	1.8~2.3	7.2~14.0	2.9~5.0
灰鹤	3.0~5.5	100.0~111.2	10.0~12.0	50.0~57.7	20.7~25.2
白鹤	4.9~7.4	130.0~140.0	16.2~19.9	53.8~63.4	24.1~26.2
东方白鹳	4.0~4.5	111.4~127.5	21.0~25.3	59.0-67.0	24.1~27.0
白琵鹭	1.9~2.2	79.3~87.5	18.7~22.8	36.4-40.1	13.9~15.3

资料来源：赵正阶，2001

9.1　共存涉禽的时间分配与行为节律

9.1.1　时间分配

本研究对 4 种涉禽的行为扫描次数分别为东方白鹳 41 965 次，白鹤 25 840 次，苍鹭 31 536 次，白琵鹭 24 452 次。东方白鹳的行为以静栖和取食为主，所占比例分别为 $(42.54\pm15.25)\%$ 和 $(32.14\pm10.98)\%$，警戒和其他比例最低，分别占 $(1.98\pm2.28)\%$ 和 $(1.26\pm1.87)\%$。白鹤的取食所占比例最大，为 $(82.60\pm6.57)\%$，警戒也占一定比例，为 $(10.38\pm3.93)\%$。苍鹭的静栖所占比例最大，为 $(81.05\pm7.42)\%$，取食也占一定比例，为 $(8.62\pm4.84)\%$。白琵鹭的静栖所占比例最大，为 $(63.30\pm28.77)\%$，其次是取食，为 $(25.70\pm25.15)\%$（图 9-1）。

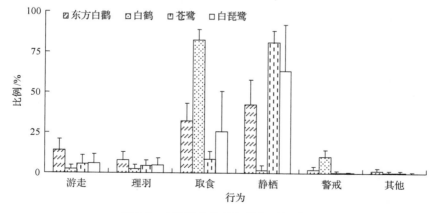

图 9-1　4 种涉禽的越冬行为时间分配

4 种涉禽各行为间存在显著性差异（取食：$F_{(3,104)}=1036.601$，$P<0.01$；静栖：$F_{(3,104)}=617.481$，$P<0.01$；游走：$F_{(3,104)}=117.769$，$P<0.01$；理羽：$F_{(3,104)}=32.282$，$P<0.01$；警戒：$F_{(3,104)}=39.288$，$P<0.01$）。

每一物种都有适于自身的时间分配模式，最适时间分配在自然选择中是有利的。本节结果显示，东方白鹳、白琵鹭和苍鹭的主要行为包括静栖和取食，白鹤的主要行为包括取食和警戒。东方白鹳与纳帕海湿地越冬黑鹳（冯理，2008），白鹤与鄱阳湖吴城越冬白鹤的研究结果相似（袁芳凯等，2014）。本研究中的白琵鹭（25.70%）和苍鹭（8.62%）的取食比例分别高于海南越冬的黑脸琵鹭（3.32%）和苍鹭（3.4%）（张国钢等，2007），原因是鸟类在低温环境下体温的调节需求加大，采取的方式包括增加食物摄取或减少能量支出（Pienkowski,1983）。冬季鄱阳湖较海南沿海寒冷多雨，低温迫使白琵鹭和苍鹭增加取食时间满足自身需求；另外，水深是涉禽分布和取食行为的重要影响因素，南矶湿地堑秋湖（湖底低洼处堑壕沟、围矮堤的渔业方式）的生产活动不利于候鸟栖息和觅食（郭恢财等，2014），可能迫使白琵鹭和苍鹭花费更多时间取食。

本研究中白鹤的取食比例远高于东方白鹳、白琵鹭和苍鹭，主要因为越冬白鹤主食苦草等植物根茎，东方白鹳、白琵鹭和苍鹭主要取食鱼虾等动物性食物，食物的营养质量对动物极为重要，植食性动物（白鹤）只有大量摄取植物，才能获得最大的能量收入（赵正阶，2001）。此外，白鹤的警戒占一定比例，远高于其他3种涉禽。资源竞争假说（scramble competition hypothesis）认为，大群体内对有限资源的竞争迫使个体放松警惕转而将精力投入资源获取（Beauchamp,2008），鱼虾等动物性食物资源少于植物资源，因此东方白鹳、苍鹭和白琵鹭没有将过多时间投入警戒，而是将时间分配转向能量的获取和积累。

东方白鹳、白琵鹭和苍鹭3种肉食性涉禽越冬行为的时间分配均以静栖和取食为主，但有一定差别。东方白鹳、白琵鹭和苍鹭投入取食的时间依次减少，静栖比例依次增加。表明不同涉禽对能量的获取和消耗存在一定的权衡，主要体现在：①鸟类的迁徙飞行是一个快速消耗能量的阶段，体重较重的个体需在飞行过程消耗更多的能量，并且携带过多的能量储备飞行也需消耗多余的能量（Klaassen and Lindstrom,1996）。因此，体型相对较大的东方白鹳和白琵鹭相对苍鹭到达越冬地后需投入更多时间取食，以补充能量用于迁徙；②苍鹭和白琵鹭的静栖比例高于东方白鹳，静栖状态下有利于减少能量的消耗。此外，3种涉禽喙的形态和集群方式等也对取食行为产生影响（尚玉昌，2014），仍需今后进一步探索。

9.1.2 行为节律

东方白鹳的取食[$F_{(10, 373)}=3.819$, $P<0.01$]、静栖[$F_{(10, 373)}=8.089$, $P<0.01$]、游走[$F_{(10, 373)}=12.013$, $P<0.01$]、警戒[$F_{(10, 373)}=4.034$, $P<0.01$]和其他[$F_{(10, 373)}=2.895$, $P<0.01$]存在极显著的节律性变化，理羽[$F_{(10, 373)}=1.192$, $P>0.05$]节律性变化不显著。取食在早（08:00～08:59）、晚（16:00～16:59）各出现一次高峰，分别为（39.30±13.60）%和（37.75±9.13）%；其余时段比例较低，变化不大。静栖表现出

与取食相反的变化趋势,在 09:00~15:59 呈先增长后递减的变化规律,其中 12:00~12:59 出现高峰,为(49.52±15.28)%。与取食的变化规律相似,游走在 07:00~07:59 和 17:00~各出现一次高峰,分别为(20.69±7.64)%和(19.14±9.41)%(表 9-2)。

表 9-2 东方白鹳的日行为节律 (单位:%)

时间	游走	理羽	取食	静栖	警戒	其他
07:00~07:59	20.69±7.64	6.53±3.14	34.18±10.96	33.95±14.61	2.96±2.46	1.69±2.39
08:00~08:59	15.42±5.82	9.15±7.77	39.30±13.60	31.91±16.40	2.52±2.49	1.71±2.02
09:00~09:59	12.92±6.05	8.09±4.95	33.14±10.81	42.68±15.75	1.78±2.36	1.38±1.48
10:00~10:59	10.11±4.09	9.44±5.10	29.28±9.37	48.40±13.31	1.74±1.94	1.03±1.24
11:00~11:59	11.36±5.28	7.64±4.46	29.91±11.82	48.27±15.01	1.97±2.46	0.85±0.95
12:00~12:59	11.55±4.43	7.73±6.50	29.69±11.78	49.52±15.28	0.96±1.22	0.54±0.80
13:00~13:59	11.21±4.84	8.07±4.76	30.41±10.74	48.24±12.45	1.10±1.00	0.97±0.91
14:00~14:59	12.47±3.83	7.77±3.66	28.92±9.47	48.13±12.07	1.88±1.83	0.83±1.15
15:00~15:59	12.94±5.81	8.77±5.99	30.62±9.24	44.77±13.06	1.56±1.34	1.35±1.38
16:00~16:59	17.61±6.36	7.80±3.90	37.75±9.13	33.92±14.10	1.85±1.78	1.08±1.18
17:00~	19.14±9.41	6.42±3.12	30.33±8.45	38.16±10.60	3.51±3.81	2.44±0.40
$F_{(10, 373)}$	12.013	1.192	3.819	8.089	4.034	2.895
P	0.000	0.295	0.000	0.000	0.000	0.002

白鹤的取食[$F_{(10, 274)}=3.516$, $P<0.01$]、理羽[$F_{(10, 274)}=3.357$, $P<0.01$]、游走[$F_{(10, 274)}=2.926$, $P<0.01$]、静栖[$F_{(10, 274)}=3.171$, $P<0.01$]和其他[$F_{(10, 274)}=5.471$, $P<0.01$]存在极显著的节律性变化,警戒[$F_{(10, 274)}=1.192$, $P>0.05$]节律性变化不显著。取食在各个时段均保持较高的水平,在 09:00~09:59 和 15:00~15:59 各出现一次高峰,分别为(86.32±5.73)%和(85.09±5.21)%。理羽在 10:00~10:59 出现一次高峰,为(4.15±2.51)%。游走在上午的发生频率高于下午,在早间 07:00~07:59 出现峰值,为(4.00±3.24)%。静栖行为在午间 12:00~12:59 出现一次高峰,为(3.37±4.62)%。警戒各时段波动不大,保持在 10%左右(表 9-3)。南矶湿地白鹤的警戒和游走等行为的变化规律与大汊湖白鹤有一定差异,可能的原因是鄱阳湖各子湖泊间白鹤种群大小和干扰等因子不同(Wang et al., 2010)。

苍鹭仅游走[$F_{(10, 296)}=1.924$, $P<0.05$]和警戒[$F_{(10, 296)}=1.936$, $P<0.05$]存在显著的节律性变化,其余行为节律性变化均不显著($P>0.05$)。静栖在日间各时段变化不大,保持在 80%左右。取食在 16:00~16:59 发生频率较高,为(11.28±6.43)%,其余时段均低于 10%。海南苍鹭在早间(7:00~8:00)取食频次较高,可能的原因是海南沿海地区相对鄱阳湖潮汐变化大,影响食物丰富度,使得两地的苍鹭取食规律存在一定差异。游走在 07:00~07:59 出现一次高峰,为(8.42±12.34)%(表 9-4)。

表 9-3　白鹤的日行为节律　　　　　　（单位：%）

时间	游走	理羽	取食	静栖	警戒	其他
07:00~07:59	4.00±3.24	2.23±2.81	79.05±6.66	2.14±1.54	11.17±3.87	1.42±1.64
08:00~08:59	2.57±3.14	2.30±2.53	83.29±5.35	0.28±0.75	10.48±3.64	1.08±1.64
09:00~09:59	1.89±1.45	1.27±2.34	86.32±5.73	1.00±1.15	9.29±4.31	0.22±0.41
10:00~10:59	2.49±2.69	4.15±2.51	81.25±5.24	2.34±3.56	9.61±3.89	0.14±0.42
11:00~11:59	2.42±2.27	3.96±3.97	80.31±5.45	1.86±3.05	11.12±3.93	0.30±0.38
12:00~12:59	2.53±3.47	2.74±2.06	79.92±10.10	3.37±4.62	10.87±4.31	0.57±0.79
13:00~13:59	2.95±2.76	3.25±3.23	81.21±7.94	3.10±4.77	9.04±2.84	0.44±0.51
14:00~14:59	1.76±2.12	2.53±2.45	84.33±4.93	1.12±1.77	10.20±2.97	0.08±0.26
15:00~15:59	1.16±1.23	1.68±1.91	85.09±5.21	1.76±3.01	9.96±3.13	0.34±0.47
16:00~16:59	1.00±1.43	1.65±1.25	83.81±6.25	1.45±2.03	11.83±6.21	0.27±0.64
17:00~	2.53±1.75	1.80±2.45	84.00±4.09	0.36±0.85	10.61±3.05	0.71±1.10
$F_{(10, 274)}$	2.926	3.357	3.516	3.171	1.192	5.471
P	0.002	0.000	0.000	0.001	0.296	0.000

表 9-4　苍鹭的日行为节律　　　　　　（单位：%）

时间	游走	理羽	取食	静栖	警戒	其他
07:00~07:59	8.42±12.34	3.74±2.99	8.18±5.26	78.32±11.32	0.75±1.84	0.59±1.89
08:00~08:59	5.67±3.93	3.62±3.92	8.64±5.67	81.72±6.31	0.25±0.48	0.10±0.37
09:00~09:59	4.22±2.76	5.33±4.69	8.15±3.76	81.41±5.38	0.58±0.78	0.31±0.59
10:00~10:59	4.53±4.33	4.95±4.11	9.03±3.86	81.43±5.85	0.06±0.22	0.00±0.00
11:00~11:59	4.35±5.01	5.13±4.16	9.46±4.65	80.53±6.63	0.22±0.49	0.32±0.87
12:00~12:59	3.75±3.66	4.41±3.45	7.63±3.53	83.46±5.67	0.45±0.63	0.30±0.84
13:00~13:59	3.90±2.72	4.28±2.88	8.45±4.33	82.56±5.79	0.23±0.64	0.59±1.17
14:00~14:59	4.68±2.99	3.33±3.51	8.51±4.73	82.86±6.63	0.30±0.61	0.26±0.47
15:00~15:59	6.49±4.96	4.51±4.29	8.25±3.66	80.89±8.58	0.32±0.57	0.09±0.35
16:00~16:59	6.20±4.17	4.45±3.51	11.28±6.43	77.62±7.94	0.26±0.47	0.18±0.42
17:00~	6.70±6.28	3.73±4.29	7.20±6.05	80.82±8.46	0.76±1.29	0.79±1.50
$F_{(10, 296)}$	1.924	0.850	1.343	1.582	1.936	1.816
P	0.042	0.581	0.207	0.111	0.040	0.058

　　白琵鹭的取食[$F_{(10, 197)}$=25.729, $P<0.01$]、静栖[$F_{(10, 197)}$=28.868, $P<0.01$]、游走[$F_{(10, 197)}$=13.636, $P<0.01$]、警戒[$F_{(10, 197)}$=4.555, $P<0.01$]和其他[$F_{(10, 197)}$=3.086,

$P<0.01$]存在极显著的节律性变化，理羽[$F_{(10, 197)}=2.230$, $P<0.05$]存在显著性的节律变化。取食在早（07:00～07:59）和晚（17:00～）各出现一次高峰，分别为（55.10 ± 20.82)%和（57.29 ± 31.35)%；静栖表现出先增长后递减的趋势，在13:00～13:59出现高峰，为（89.04 ± 7.32)%。游走在早（07:00～08:59）出现高峰，其余时段均低于 10%。理羽每隔 1～2h 表现出周期性波动的特点（表 9-5）。东方白鹳和白琵鹭的日活动规律表现出一定的相似性，早晚均有一个取食高峰，静栖在午间前后发生频率较高，即表现出"取食—静栖—取食"的规律，表明这两种边走边取食的涉禽在能量的消耗获取有着类似的行为对策，早晚双峰的活动规律也见于多种水鸟的研究（杨延峰等，2012；董超等，2015）；东方白鹳和白琵鹭在午间静栖比例增大，原因是中午气温较高，能量流失相对减少，采用静止不动的方式，能够吸收日光能量以保持体温，又可以避免由于运动而带来能量消耗（董超等，2015）。

表 9-5　白琵鹭的日行为节律　　　　　　（单位：%）

时间	游走	理羽	取食	静栖	警戒	其他
07:00～07:59	11.34 ± 8.43	7.25 ± 8.80	55.10 ± 20.82	25.83 ± 24.81	0.27 ± 0.63	0.21 ± 0.64
08:00～08:59	12.97 ± 6.81	3.47 ± 2.53	46.49 ± 22.14	36.71 ± 25.53	0.36 ± 0.58	0.00 ± 0.00
09:00～09:59	8.29 ± 4.84	4.73 ± 3.25	28.01 ± 23.44	58.24 ± 25.08	0.23 ± 0.36	0.50 ± 0.68
10:00～10:59	3.52 ± 3.06	6.21 ± 4.17	15.19 ± 6.36	74.68 ± 8.12	0.40 ± 0.39	0.00 ± 0.00
11:00～11:59	2.06 ± 1.20	4.62 ± 2.67	8.31 ± 4.36	84.80 ± 5.89	0.10 ± 0.29	0.10 ± 0.31
12:00～12:59	2.09 ± 1.63	5.10 ± 2.73	8.64 ± 9.29	83.34 ± 9.92	0.70 ± 0.68	0.13 ± 0.28
13:00～13:59	1.45 ± 7.65	4.39 ± 3.31	5.07 ± 5.25	89.04 ± 7.32	0.00 ± 0.00	0.06 ± 0.17
14:00～14:59	2.91 ± 1.93	5.02 ± 3.47	5.35 ± 5.06	86.32 ± 7.36	0.30 ± 0.37	0.10 ± 0.31
15:00～15:59	4.45 ± 4.25	4.02 ± 4.08	18.17 ± 13.63	73.05 ± 14.76	0.00 ± 0.00	0.32 ± 0.47
16:00～16:59	7.13 ± 5.67	6.54 ± 5.80	35.08 ± 20.50	51.03 ± 18.94	0.24 ± 0.37	0.00 ± 0.00
17:00～	6.69 ± 5.17	1.84 ± 3.51	57.29 ± 31.35	33.26 ± 34.75	0.78 ± 1.07	0.14 ± 0.41
$F_{(10, 197)}$	13.636	2.230	25.729	28.868	4.555	3.086
P	0.000	0.018	0.000	0.000	0.000	0.001

此外，东方白鹳（08:00～08:59 和 16:00～16:59）、白琵鹭（07:00～07:59 和 17:00～）和苍鹭（16:00～16:59）的取食高峰不同步，这是因为同域分布的近似物种为获得最大化的适合度，相互间产生了一系列能够有效回避或降低种间竞争的适应策略（杨春文等，2008），取食的"错峰"将减轻 3 种动物性食性为主的涉禽对食物资源利用出现的激烈竞争，以达到共存。

9.2 藕塘生境中白鹤的时间分配与行为节律

9.2.1 时间分配

　　本研究共扫描 2560 次，23 219 只次，包括 18 031 只次成鹤和 5188 只次幼鹤。觅食（41.78%）、警戒（25.02%）、修整（15.00%）和休息（10.84%）是白鹤的主要行为（图 9-2）。本研究中的白鹤觅食行为（41.78%）低于鄱阳湖自然生境中的白鹤（83.94%）（袁芳凯等，2014）和稻田生境中的灰鹤（64.09%）（蒋剑虹等，2015）及云南纳帕海自然保护区和大山包黑颈鹤国家级自然保护区中的黑颈鹤 *Grus nigricollis*（76.81% 和 53.05%）（王凯等，2009；孔德军等，2008），可能因为藕塘生境与自然生境的食物组成不同，藕塘中的白鹤只需要花费较少的时间就可以获得足够的能量。白鹤警戒行为（25.02%）较鄱阳湖自然生境中白鹤的警戒行为（11.94%）高出 1 倍（袁芳凯等，2014），这主要是因为藕塘生境的人为活动（观鸟及摄影爱好者一般 6～20 人）较为频繁，白鹤需要花费更多的警戒时间。本研究白鹤的修整行为（15.00%）远远高于鄱阳湖自然生境中白鹤的修整行为（3.52%），也高于鄱阳湖稻田生境中的灰鹤（7.37%）（袁芳凯等，2014；蒋剑虹等，2015），这可能是因为藕塘生境中淤泥较多，白鹤在觅食过程中容易沾染羽毛，导致修整行为比例升高。本研究中白鹤的休息行为（10.84%）远高于鄱阳湖自然生境中的白鹤（0.15%）、鄱阳湖稻田生境中的灰鹤（0.12%）和其他鹤类（李忠秋等，2013；张琼和钱法文，2013；袁芳凯等，2014；蒋剑虹等，2015）。因此，本研究藕塘生境中白鹤主要采取多休息和修整的策略来节省能量支出，达到自身最大的适合度，这与其他鹤类或其他生境中的白鹤主要以多取食、少休息或修整的越冬期行为策略不同（李学友等，2008；张琼和钱法文，2013；袁芳凯等，2014；蒋剑虹等，2015）。

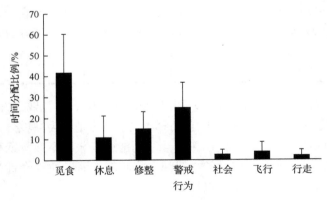

图 9-2　鄱阳湖围垦区藕塘中白鹤行为分配

1. 成鹤和幼鹤时间分配

成鹤和幼鹤行为时间分配差异较大，成鹤的觅食行为(35.29%)显著低于幼鹤(62.42%)[$F_{(1,12)}$=45.977，$P<0.01$，n=31]，警戒行为(28.66%)显著高于幼鹤(10.26%)[$F_{(1,12)}$=38.975，$P<0.01$，n=31]，其他行为无显著差异(图9-3)。本研究发现，白鹤幼鹤较成鹤花费更多的觅食时间，原因可能有两个：①幼鹤处于生长发育期，需要更多的能量；②幼鹤觅食经验不足，觅食成功率低，需要多次觅食来补偿食物的总获取量。灰鹤的幼鹤缺乏生活经验，需要花费更多时间觅食，甚至需要成鹤进行辅食，且需要成鹤在旁警戒周围环境(李学友等，2008；李忠秋等，2013)。本研究也表明，幼鹤在警戒行为上花费更少的时间，这种差异与江苏盐城保护区和云南拉市海灰鹤以及鄱阳湖自然生境中白鹤的越冬期行为中研究结果相同(李学友等，2008；李忠秋等，2013；袁芳凯等，2014)。

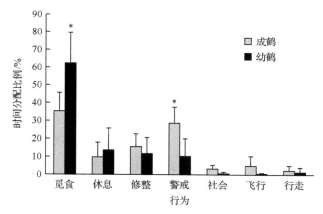

图 9-3 鄱阳湖围垦区藕塘中白鹤成、幼体行为分配
数据为平均值±标准误；*代表组间显著差异

2. 不同集群成鹤时间分配

家庭群成鹤觅食行为(43.96%)极显著高于非家庭群成鹤(27.04%)[$F_{(1,12)}$=60.169，$P<0.01$，n=31]，修整行为(12.46%)极显著低于非家庭群成鹤(17.31%)[$F_{(1,12)}$=35.530，$P<0.01$，n=31](图9-4)。群体大小会影响鹤类的取食和警戒时间分配，通常群体越大，警戒行为比例越低，取食行为比例越高。因此，家庭群中的成鹤较集群中的成鹤有更低的取食行为和更高的警戒行为(李忠秋等，2013；袁芳凯等，2014)。本研究结果与之相反，家庭群成鹤较非家庭群成鹤花费更多的觅食时间，这是因为家庭群成鹤需要喂食幼鹤，因此消耗了大量的能量，它们花费更多的时间觅食来弥补这些能量的消耗。此外，本次研究中的家庭群与集群距离很近，属于集群

鹤中的一部分，家庭群也可得益于群体效应，因此家庭群成鹤的取食行为没有下降，也不需要太多的警戒行为。家庭群鹤属于集群鹤的一部分，同属于一个群体，因此本研究中家庭群成鹤和非家庭群成鹤警戒行为没有显著差异。

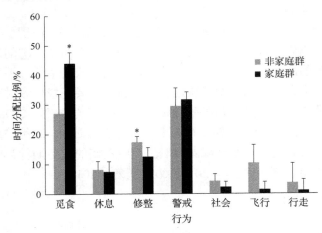

图 9-4　鄱阳湖围垦区藕塘中家庭群与非家庭群成体白鹤行为分配

数据为平均值±标准误；*代表组间显著差异

9.2.2　行为节律

本研究可作为节律分析的有效数据为 25 天（12 月 2 天，1 月 9 天，2 月 7 天，3 月 7 天）。白鹤各时段觅食行为占总行为的比例均较高，11:00～11:59 出现明显高峰，占总行为的 48.64%。9:00～9:59 和 14:00～14:59 出现两个小低谷，分别为 38.13% 和 37.37%。警戒行为无明显的低谷和高峰，从 8:00（26.54%）开始上升至 10:00（29.57%），后持续下降至 14:00（22.68%）后再有上升趋势。修整行为昼间各时段变化不大，修整高峰出现在 7:00～7:59 占 19.96%。休息行为低峰和高峰出现在 8:00～9:59 和 14:00～14:59，分别占 2.26% 和 13.69%（图 9-5）。早晚出现高峰的觅食行为有利于鹤类等大型涉禽更好地应对夜间的能量消耗，觅食行为常在上午和下午各出现一个高峰（仓决卓玛等，2008），甚至出现 3 个觅食高峰（袁芳凯等，2014）。本研究发现，白鹤一天中仅在上午（11:00～11:59）出现 1 个觅食高峰期，其他时间无明显高峰，该高峰出现时间与鄱阳湖自然生境中白鹤的上午高峰相同（袁芳凯等，2014）。本研究中白鹤的觅食行为比例基本上都保持在 43% 左右，高峰也未达到 50%，因此白鹤采取各时段保持稳定取食比例的策略来达到其最大适合度。鄱阳湖大汊湖区白鹤的取食在一天中也无明显节律（张琼和钱法文，2013）。白鹤的休息行为在觅食行为趋向低谷时呈明显上升现象，休息高峰期（14:00～14:59）正好是觅食的低谷期，与草洲生境中的白鹤类似，可能是能量暂时获得满足，个体进行休息和消化食物(袁芳凯等，2014)。

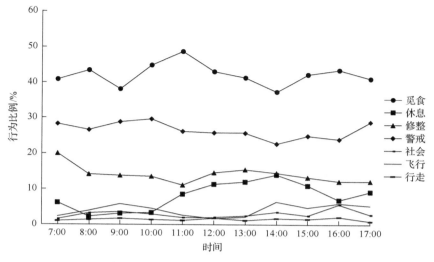

图 9-5　鄱阳湖围垦区藕塘中白鹤行为节律

1. 成鹤和幼鹤的行为节律

成鹤在各时段的觅食行为比例均明显低于幼鹤，两条觅食曲线的波动不大，幼鹤和成鹤觅食行为在各时段的比例分别维持在65%和35%左右。幼鹤的觅食曲线波动幅度较成鹤稍大，但曲线的形状非常相似，即小高峰和低谷基本同步。成鹤在各时段的警戒行为和修整行为比例均明显高于幼鹤，成鹤和幼鹤的警戒行为曲线波动均较小。成鹤和幼鹤的修整行为曲线波动较大，在11:00～11:59有一个共同的小低谷。成鹤和幼鹤的休息行为比例在各时段差别不大，曲线形状也较相似，均在14:00～14:59有个明显的高峰(图9-6)。幼鹤全天各个时段的觅食行为比例均远高于成鹤，两者在各时段相差30%～40%。尽管成鹤的觅食曲线波动较小，无明显的高峰低谷，但成鹤和幼鹤在各个时段的觅食比例高低的变化趋势基本一致，即成鹤和幼鹤的比例同步上升或下降。这是因为幼鹤在觅食过程中不断向成鹤乞食，因此幼鹤在觅食比例高时，成鹤需要不断寻找食物满足幼鹤的能量需求。一天中成鹤警戒行为的各个时段曲线相对幼鹤都呈持续走高现象，这也是成鹤的警戒行为高于幼鹤的原因之一。幼鹤觅食时成鹤需要加强警惕，确保幼鹤在安全的环境下觅食。成鹤和幼鹤的休息高峰一致，都在14:00～14:59，较鄱阳湖自然生境中白鹤休息高峰11:00～11:59有所推迟(袁芳凯等，2014)。这可能是因为鄱阳湖自然生境中白鹤觅食比例高，能在一天中更早的时候取得足够的食物，然后进行休息和消化食物(袁芳凯等，2014)。

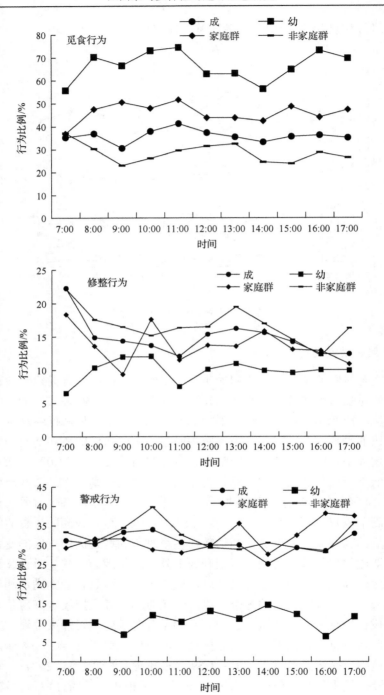

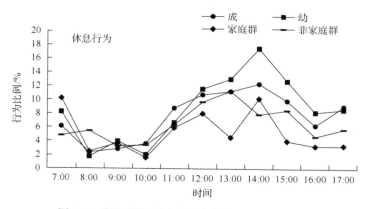

图 9-6　鄱阳湖围垦区藕塘中白鹤的主要行为节律

2. 不同集群成鹤的行为节律

家庭群成鹤的觅食行为比例几乎在各时段均明显高于非家庭群成鹤，两条曲线均波动不大。家庭鹤和非家庭鹤的觅食行为比例分别在45%和30%左右。家庭鹤和非家庭鹤的警戒行为比例在各时段均在35%左右。非家庭群成鹤的警戒行为高峰在上午（10:00～10:59）和傍晚，而家庭群成鹤的高峰在中午（13:00～13:59）和傍晚。家庭群成鹤的修整和休息行为在大部分时段均低于非家庭群成鹤（图9-6）。非家庭群成鹤大部分时段的觅食行为比例均低于家庭群成鹤，而修整和休息在大部分时段高于家庭群成鹤，这与家庭群成鹤需要花费大量的觅食时间来弥补辅食消耗的能量有关。因此家庭群中的成鹤采取多取食、少休息和修整的策略提高自身的适合度，同时保证对后代的抚育。

9.3　稻田生境中灰鹤的时间分配与行为节律

9.3.1　时间分配

本研究共扫描 1461 次，15 577 只次，包括 11 272 只次成鹤和 4305 只次幼鹤。觅食（64.09%）行为所占比例最大，其次为警戒（15.97%）、飞行（8.67%）和修整（7.37%）行为，其他各行为比例均不足 3.00%。本研究中稻田生境灰鹤的觅食（64.09%）行为比例低于江苏盐城湿地珍禽国家级自然保护区的灰鹤（70.3%）、云南拉市海（高原湖泊生境）的灰鹤（75.53%）和西藏南部（高原湖泊及农田生境）的黑颈鹤（73.0 %），与安徽升金湖（含农田生境）（60.4%）及上海崇明东滩（自然滩涂生境）的白头鹤（67.42%）相似。成幼鹤行为分配差异较大，成鹤的觅食（60.70%）和飞行（8.90%）行为低于幼鹤（70.21%和9.47%）。这是由于幼鹤缺乏经验，一般需要亲代抚育以提高存活率，同时增加取食时间获得足够的食物摄取率。成鹤的警戒（19.06%）和修整（7.43%）行为高于幼鹤（14.21%和7.16%）（图9-7）。

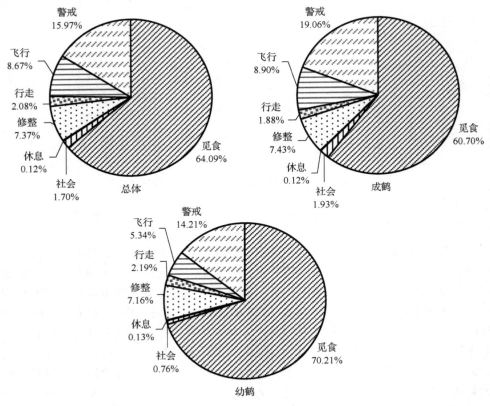

图9-7　鄱阳湖稻田灰鹤成幼鹤行为分配

　　4种主要行为中，觅食行为比例在越冬前期、中期、后期逐渐增加，修整、警戒和飞行行为比例则逐渐减少（图9-8）。觅食行为[$F_{(2,11)}$=32.929, $P<0.001$]和飞行行为[$F_{(2,11)}$=30.608, $P<0.001$]各时期差异极显著。本次研究中，灰鹤越冬期的觅食行为比例逐渐增加，这与Zhou等（2010）的结果相似。主要原因是①本次研究的稻田于11月左右收割后，散落的稻谷丰富度随着灰鹤、放牧家鸭等的取食逐渐下降；②降雨使原本在地表的稻谷埋入土中，灰鹤需要更多的时间来翻找食物，为了满足足够的能量需求，必须增加觅食时间以弥补觅食效率的降低；③刚到越冬地的越冬前期需要花费更多的警戒持续时间以适应不熟悉的环境，越冬后期需要增加取食以积累足够的能量用于迁飞和繁殖。修整行为各时期差异不显著[$F_{(2,11)}$=2.160, P=0.162]，警戒行为各时期差异显著[$F_{(2,11)}$=4.697, P=0.034]。

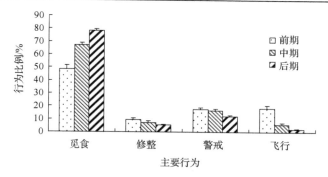

图 9-8　鄱阳湖稻田灰鹤 4 种主要行为在不同越冬期的变化

9.3.2　主要行为的影响因子

广义线性模型(GLM)检验显示，各环境因子对行为分配的影响均存在极显著交互效应($P<0.001$)。偏相关分析显示，总体上，觅食行为与日照长度($r=0.635$，$P=0.036$, df=9)呈显著正相关，与湿度($r=-0.659$，$P=0.027$, df=9)呈显著负相关；警戒行为与日照长度($r=-0.605$，$P=0.049$, df=9)呈显著负相关；修整行为与日最低温度($r=0.760$，$P=0.007$, df=9)和湿度($r=0.808$，$P=0.003$, df=9)呈极显著正相关，与日最高温度($r=0.603$，$P=0.050$, df=9)呈显著负相关，与日照长度($r=-0.793$，$P=0.004$, df=9)呈极显著负相关。其他行为与环境因子相关性不显著。

成鹤的觅食行为与日照长度($r=0.709$，$P=0.014$, df=9)呈显著正相关，与湿度($r=-0.688$，$P=0.019$, df=9)呈显著负相关；警戒行为与日照长度($r=-0.778$，$P=0.005$, df=9)呈极显著负相关；修整行为与日最低温度($r=0.733$，$P=0.010$, df=9)呈显著正相关，与日最高温度($r=-0.669$，$P=0.024$, df=9)呈显著负相关，与日照长度($r=-0.755$，$P=0.007$, df=9)呈极显著负相关，与湿度($r=0.776$，$P=0.005$, df=9)呈极显著正相关。其他行为与环境因子相关性不显著。本研究发现，温度并没有显著影响灰鹤的觅食行为时间分配，日照长度对灰鹤的影响与白头鹤相反。这可能是：①由于各研究中温度的高低、日照的长短并不在同一个范围内，温度和日照长度对行为的影响并不一定呈线性关系。本研究中觅食行为时间分配与日照长度存在极显著的二次曲线关系[$y=117.644-0.362x+2.79\times10^{-4}x^2$；$R^2=0.891$，$F=44.765$，$P<0.001$；$y$ 为觅食时间分配比例(%)，x 为日照长度(min)]，与日最高温度存在显著三次曲线关系[$y=0.286+0.01x^2+5.7\times10^{-4}x^3$；$R^2=0.587$，$F=7.812$，$P=0.008$；$y$ 为觅食时间分配比例(%)，x 为日最高温度(℃)]。由于为非线性关系，日照长度/日最高温度对觅食行为的影响为先减少/增加后增加/减少的趋势。②也可能是环境因素对不同的物种影响效果不同。

幼鹤的觅食行为与日照长度($r=0.655$，$P=0.029$, df=9)呈显著相关，与湿度

($r = -0.724$, $P = 0.012$, d$f = 9$) 呈显著负相关。其他行为与环境因子相关性不显著。

9.3.3　行为节律

本研究可用作行为节律分析的累计有效时间为 14 天 (11 月和 12 月各 4 天, 1 月和 2 月各 3 天), 总体上, 灰鹤昼间各时段觅食行为保持较高水平, 觅食高峰出现在 11:00~11:59 和 17:00~17:30, 分别为 71.32% 和 70.58%, 低谷出现在 07:00~07:59, 占 54.74% (图 9-9); 鹤类觅食行为常在上午及下午出现一个高峰。本研究中灰鹤觅食高峰发生在上午较后的 11:00~11:59 时段, 这可能与灰鹤的夜宿地和觅食地分离有关, 灰鹤常在上午 07:00~07:59 和 10:00~10:59 时段飞来此处觅食, 故上午觅食高峰有所推后, 拉市海越冬的灰鹤甚至表现出 3 个觅食高峰。警戒行为昼间各时段波动不大, 警戒高峰出现在 07:00~07:59 和 16:00~16:59, 分别为 22.68% 和 21.77%, 低谷出现在 11:00~11:59, 占 12.58%; 飞行行为高峰出现在 07:00~07:59 和 10:00~10:59, 分别为 17.14% 和 11.14%; 修整行为近似呈现正态分布, 其最高峰出现在 12:00~12:59, 为 10.29%, 低谷出现在 07:00~07:59 和 16:00~16:59, 分别为 2.24% 和 3.60% (图 9-9)。若将灰鹤的觅食、行走、飞行、社会行为归为活动性行为, 则本研究中灰鹤上午 (80.86%) 和下午 (79.54%) 的活动性相似。Alonso 和 Alonso (1993) 研究发现, 灰鹤上午比下午有更大的活动性。

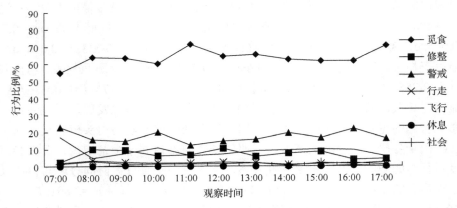

图 9-9　鄱阳湖稻田灰鹤总体行为节律

成鹤各时段行为节律的高峰与低谷出现时段和比例与总体状况相似。觅食行为 2 个高峰和低谷比例有所降低, 分别为 68.53%、69.19% 和 51.33%; 修整行为高峰有所改变, 出现在 08:00~09:59 和 12:00~12:59 (图 9-10)。

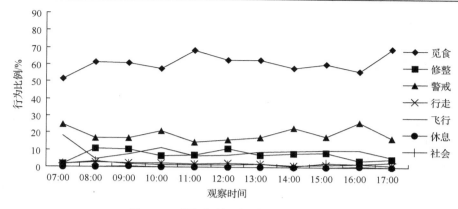

图 9-10　鄱阳湖稻田灰鹤成鹤行为节律

　　幼鹤各时段的觅食行为比例均高于成鹤，高峰和低谷出现时段与成鹤相同，高峰时占 80.89% 和 73.95%，低谷时占 61.06%；警戒行为昼间各时段波动较成鹤大，警戒高峰出现在 07:00~07:59、10:00~10:59 和 16:00~16:59，分别为 16.13%、21.90% 和 16.69%，低谷出现在 09:00~09:59 和 11:00~11:59，分别为 9.98% 和 10.78%；飞行行为与成鹤相似；修整行为高峰出现在 15:00~15:59，为 21.07%，低谷出现在 07:00~07:59、13:00~13:59 和 16:00~16:59（图 9-11）。

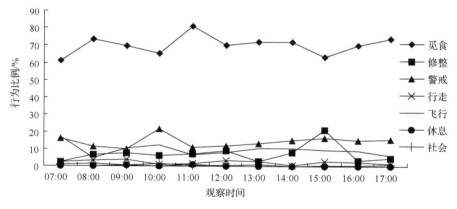

图 9-11　鄱阳湖稻田灰鹤幼鹤行为节律

9.4　共存鸿雁和白额雁的时间分配与行为节律

9.4.1　时间分配

　　共扫描两种大雁的行为 13 488 次，其中，鸿雁 8555 次，白额雁 4933 次。鸿雁的静栖行为比例最高，为 $(50.25 \pm 5.41)\%$；其次为觅食，占 $(25.47 \pm 5.06)\%$；

梳羽比例最低，仅为(6.06±1.79)%(图 9-12)。白额雁的觅食行为比例最高，为(37.06±6.42)%；其次为静栖，占(35.22±8.71)%；梳羽比例最低，为(3.80±1.28)%。鸿雁的静栖时间极显著高于白额雁(t=3.579, df=12, P＜0.01)，梳羽行为显著高于白额雁(t=2.575, df=12, P＜0.05)，觅食行为极显著低于白额雁(t=−3.644, df=12, P＜0.01)。鸿雁的觅食行为低于白额雁，这是因为体型较大的鸟类具有较高的能量积累速率(Schaub and Jenni,2000)，鸿雁较白额雁体型略大(鸿雁：体长 80～90cm，体重 2.8～5kg，白额雁：体长 64～80cm，体重 2～3.5kg)(赵正阶，2001)，取食积累能量的速度更快，因此花费更少的时间用于觅食。白额雁用于游走和警戒的时间较鸿雁高，是因为白额雁啄取过程伴随一定的步行，鸿雁以挖掘方式取食至食物匮乏才离开；白额雁(N=451)群体小于鸿雁(N=1992)，集群效应认为群体增大，个体警戒水平则降低(冯理，2008)，因此白额雁花费更多的时间警戒。

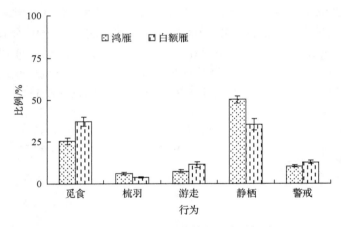

图 9-12　鸿雁和白额雁的越冬行为时间分配

9.4.2　行为节律

　　鸿雁的觅食[$F_{(10, 76)}$=2.411, P＜0.05]、静栖[$F_{(10, 76)}$=2.411, P＜0.05]和梳羽[$F_{(10, 76)}$=2.411, P＜0.05]行为存在显著的节律性变化。觅食高峰出现在 14:00～14:59，为(39.33±6.70)%；低谷出现在 13:00～13:59，为(18.17±2.51)%。静栖高峰出现在 13:00～13:59，为(64.29±3.09)%；低谷出现在 14:00～14:59，为(41.83±8.50)%(图 9-13a)。梳羽在早上 7:00～7:59 和下午 15:00～15:59 各出现一次高峰，分别为(9.82±1.48)%和(8.21±1.40)%。游走和警戒行为节律性变化不显著(P＞0.05)，观察到的频次较低。

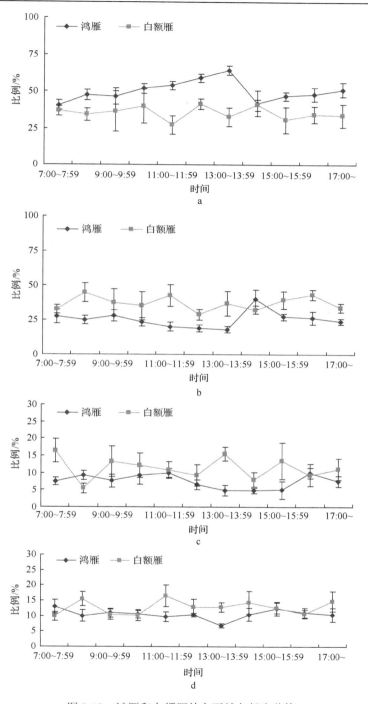

图 9-13　鸿雁和白额雁的主要越冬行为节律
a.静栖；b.觅食；c.游走；d.警戒

白额雁各行为有一定的变化,但节律性不显著($P>0.05$)。觅食在 8:00～8:59、11:00～11:59 和 16:00～16:59 发生的频率较高,分别为$(44.56\pm6.73)\%$、$(42.50\pm7.51)\%$和$(43.08\pm3.55)\%$;其余时段也保持在较高水平,均大于 30%。静栖在 10:00～10:59、12:00～12:59 和 14:00～14:59 发生的频率较高,分别为$(39.75\pm11.70)\%$、$(41.47\pm3.64)\%$和$(40.71\pm3.70)\%$;在 11:00～11:59、13:00～13:59 和 15:00～15:59 频率较低,分别为$(27.05\pm6.71)\%$、$(32.70\pm6.32)\%$和$(30.73\pm8.78)\%$(图 9-13a)。游走在 8:00～8:59、14:00～14:59 和 16:00～16:59 频率较低,分别为$(5.42\pm1.52)\%$、$(8.05\pm2.11)\%$和$(9.34\pm3.21)\%$,其余时段保持在一定水平。

鸿雁和白额雁行为节律均有所差异,其中觅食和静栖高峰相互错开,是因为同域分布的两种鸟类利用相同资源(植物)的情况下,觅食时间的不同对于它们更好地共存尤为重要(丁平,2002)。鸿雁的取食高峰在下午(14:00～14:59),白额雁则在上午(8:00～8:59)、中午(11:00～11:59)和傍晚(16:00～16:59)各有一个取食小高峰,时间上的分化将减轻两者对食物资源利用的激烈竞争以达到共存。不同物种之间基础代谢和能量消耗的差异,会改变它们的活动节律(罗磊等,2010),两种大雁生理特征的差异可能是主要行为节律差异的原因。

9.5　自然生境中小天鹅的时间分配与行为节律

9.5.1　时间分配

本次观察小天鹅行为 74 h,记录各行为频次 5875 次。小天鹅 5 种行为中,静止行为出现的频率最高(43.12%),其次为取食行为(27.44%),运动行为和梳理行为较少,分别占 16.82%和 11.48%(图 9-14)。鸳鸯(57.5%)(阮云秋,1995)和斑嘴鸭(54.55%)则以静息为主,而斑头雁(50.48%)、鸿雁(60.2%)、豆雁(64%)、白额雁(90%)、粉足雁 *Anser brachyrhynchus*(70%)则以取食为主(张永,2009;刘静,2011;杨延峰等,2012)。

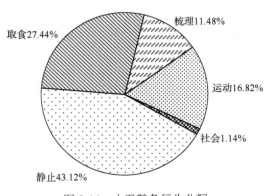

图 9-14　小天鹅各行为分配

小天鹅成幼体在越冬期的行为分配差异较小(图 9-15)。对越冬期小天鹅行为分配进行检验，结果表明，成幼体因素对社会($Z=-2.310$, $P=0.021$)行为影响显著($P<0.05$)；静止($F=0.838$, $P=0.371$)、取食($F=0.006$, $P=0.938$)、梳理($F=0.214$, $P=0.649$)和运动($F=1.747$, $P=0.201$)行为差异不显著。成幼体其他行为无显著差异，说明小天鹅幼体已趋于成熟，各行为与成体基本相似。

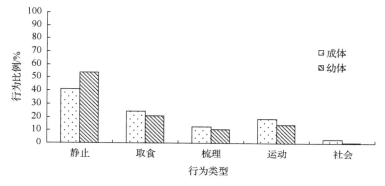

图 9-15　小天鹅成幼体越冬行为差异

9.5.2　行为节律

小天鹅的日活动节律中(图 9-16)，静止行为的变化曲线类似"W"形，静止高峰出现在 07:00～07:59、11:00～11:59、15:00～15:59 和 17:00～17:59，其中，07:00～07:59 时段出现静止行为最高峰，占 77.78%，17:00～17:59 也达到 63.64%，11:00～11:59 和 15:00～15:59 的小高峰也分别达到了 51.11%和 46.22%。静止行为低谷出现在 10:00～10:59、13:00～13:59 和 16:00～16:59，其中，13:00～13:59 出现最低谷，占 31.98%，10:00～10:59、16:00～16:59 分别达到 34.89%和 32.86%。

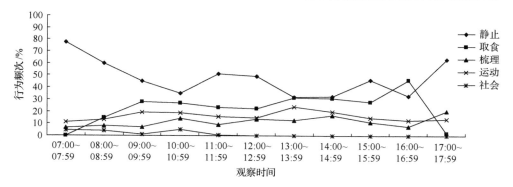

图 9-16　越冬期小天鹅日行为节律

取食行为 07:00~10:00 稳步增长到 27.74%，10:00 开始到 16:00 取食行为比例保持在 27%左右，最高峰出现在 16:00~16:59，占 46.38%，随后迅速下降到 17:00~17:59 的 2.27%。小天鹅仅在傍晚 16:00~16:59 时段出现一个取食高峰，可能因为下午取食强度的增加与冬季夜间寒冷且时间较长有关，鸟类必须获得足够的能量以维持其夜间的能量消耗；而白天气温较夜间高，鸟类不需要取食大量食物来维持能量消耗。因此下午取食强度较上午明显增加。梳理和运动行为各时段出现频率较为均匀，社会行为出现最少，只在上午出现。

越冬期小天鹅成幼体的日活动节律有较大差异（图 9-17），对静止行为进行对比，成幼体各时段之间方差 σ^2 分别为 0.015 和 0.028，成体在早晨 07:00~07:59 时段有一单高峰，占 68.00%，随后下降到 38%左右波动；幼体在早晨 07:00~07:59 时段也有一单高峰，占 90.00%，随后下降到 50%左右波动，波动幅度大于成体。对取食行为进行对比，成幼体 σ^2 分别为 0.020 和 0.018，成幼体在下午 16:00~16:59 时段均出现一大高峰，分别占 45.94%、47.11%，上午均出现一取食小高峰，成体在 09:00~09:59，占 33.72%，幼体在 10:00~10:59，占 28.57%。幼体主要行为节律波动更大，说明部分幼体行为分配还不成熟，行为变化的随机性更强。

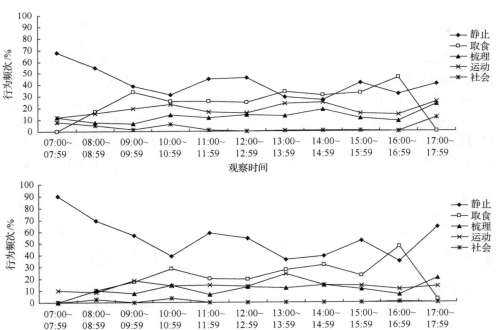

图 9-17　小天鹅成体(上)与幼体(下)越冬行为节律

9.6　藕塘生境中小天鹅的时间分配与行为节律

9.6.1　时间分配

本研究共扫描 2020 次，16 848 只次，其中，成鸟 14 144 只次，幼鸟 2704 只次。休息(45.93%)和取食(30.52%)行为是小天鹅的主要越冬行为(图 9-18)。大多数雁鸭类行为均以取食和休息为主，其他行为如飞行、警戒等的比例均保持较低水平。鄱阳湖围垦区藕塘生境中小天鹅越冬期的主要行为与其他雁形目鸟类的研究结果一致，表明取食和休息是雁形目鸟类越冬期的主要行为，这种行为模式可满足它们的生理需求和能量支出。本次藕塘生境中取食行为(30.52%)稍高于鄱阳湖自然生境中的小天鹅(27.44%)(戴年华等，2013)，远低于鄱阳湖高水位年份的小天鹅(52.6%)(李言阔等，2013)和洞庭湖的小天鹅(45.47%)(廖嘉欣等，2015)。人工生境和自然生境的食物组成差异可能是导致取食行为差异的主要原因。与其他雁鸭类相比，小天鹅的取食行为低于白眼潜鸭(*Aythya nyroca*)(56.7%)(赵序茅等，2013)、鸿雁(60.2%)(张永，2009)、豆雁(64%)(刘静，2011)和白额雁(*Anser albifrons*)(90%)(杨秀丽，2011)的取食行为，这与其体型大小和可获得食物资源有关。本研究中，小天鹅的休息行为(45.93%)与鄱阳湖自然生境中的小天鹅(43.12%)类似(戴年华等，2013)，远高于鄱阳湖高水位年份的小天鹅(10.0%)(李言阔等，2013)，这可能是因为李言阔等(2013)的调查时间(1～2 月)为江西气候较冷的月份，因此小天鹅花费更多的时间取食，休息时间相应减少。运动行为(9.49%)和修整(7.71%)与鄱阳湖高水位年份的小天鹅(运动 10.6%；修整 8.6%)类似(李言阔等，2013)，但低于自然生境中小天鹅的 16.82%和 11.48%(戴年华等，2013)。这一结果表明，藕塘生境中小天鹅不需要太多的运动即可获取足够的能量。

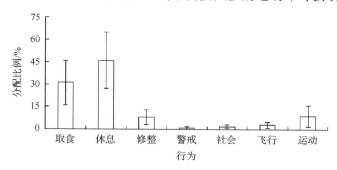

图 9-18　鄱阳湖围垦区藕塘生境中小天鹅行为时间分配

1. 年龄对行为时间分配的影响

越冬期小天鹅成鸟和幼鸟的主要行为均以休息、取食、运动和修整为主(图 9-19)。

成鸟用于修整(F=14.838，P=0.000)、飞行(F=1.182，P=0.000)和警戒行为(F=26.344，P=0.000)的时间均极显著高于幼鸟。幼鸟取食(36.49%)和休息(49.86%)均稍高于成鸟(28.19%和44.52%)这与廖嘉欣等(2015)的结果一致，可能是因为幼鸟缺乏取食经验，取食成功率较低，需要花费更多的取食时间才能获得足够的能量。成鸟用于修整、飞行和警戒行为的时间均极显著高于幼鸟，而戴年华等(2013)研究发现，小天鹅成鸟和幼鸟间仅社会行为差异显著。

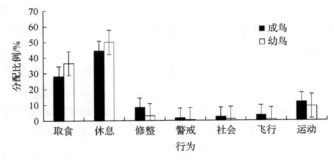

图 9-19　鄱阳湖围垦区藕塘中小天鹅成鸟和幼鸟行为时间分配

2. 温度对行为时间分配的影响

小天鹅在 10～15℃用于运动行为的时间显著高于其他温度(F=4.541，P=0.026)。随着温度的升高，4 个主要行为中，取食、运动呈先上升后下降的趋势，休息和修整呈先降低后上升的趋势，但差异均不显著(表 9-6)。鸟类的行为受天气、水文条件、食物资源的可获得性及各类干扰因素的影响，温度是水禽活动量的决定因素(Rees et al., 2005；易国栋等, 2010)。本研究结果显示，小天鹅仅在 10～15℃用于运动行为的时间显著高于其他温度段。

表 9-6　鄱阳湖围垦区藕塘中小天鹅在不同温度下的时间分配

行为	时间分配/%			显著性
	<10℃	10～15℃	>15℃	
取食	26.54±11.16	34.56±17.72	34.46±18.98	F=0.696，P=0.512
休息	52.04±14.74	34.90±25.72	43.08±20.63	F=1.274，P=0.305
修整	7.85±5.04	6.53±5.55	8.29±5.74	F=0.126，P=0.882
警戒	1.26±0.49	1.60±1.65	1.63±1.00	F=0.358，P=0.704
社会	1.91±1.32	2.45±0.91	1.81±0.79	F=0.448，P=0.646
飞行	3.68±2.26	2.61±0.63	1.87±0.93	F=2.099，P=0.153
运动	6.72±4.17	17.35±9.28	8.86±7.03	F=4.541，P=0.026

3. 水深对行为时间分配的影响

小天鹅在浅水区用于修整的时间显著高于深水区（F=7.857，P=0.012），其他行为在不同水深均无显著差异（图 9-20）。相关性分析显示，修整行为与水深呈显著负相关（r=−0.551，P=0.012，df=1）。小天鹅在浅水区只有用于修整行为的时间显著高于深水区，这与黄陂湖小天鹅的研究结果相似（杨二艳，2013）。这是因为浅水区小天鹅身体更容易与底泥接触，需要更多的时间用于理羽行为，因此修整行为显著增加。深水区小天鹅可以将更多的时间花费在休息行为上。此外，深水区的取食行为更少，表明深水区的小天鹅只需要花费相对较少的时间就可以获得足够的能量。

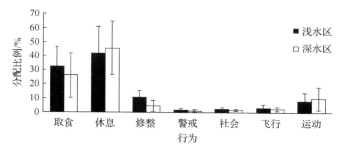

图 9-20　鄱阳湖围垦区藕塘中小天鹅在不同水深的行为时间分配

9.6.2　行为节律

越冬期小天鹅休息行为小高峰出现在 7:00～7:59 和 13:00～13:59，高峰不明显，分别占 47.84% 和 47.80%，低谷出现在 9:00～9:59 和 17:00～17:59，分别占 35.38% 和 28.71%；取食行为在 17:00～17:59 达到峰值，占 40.87%，没有明显的低谷。其他行为的活动节律在各时段波动不大（图 9-21）。大部分雁鸭类的取食行为出现早晚高峰期，这种行为对策有利于雁鸭类更好地应对夜间的能量消耗，如斑头雁 Anser indicus 取食高峰出现在 9:00～9:59 和 17:00 以后（杨延峰等，2012），大天鹅的取食高峰出现在 7:00～8:00 和 17:00～18:00（董超等，2015），白额雁取食高峰出现在 8:00～8:59、11:00～11:59 和 16:00～16:59（杨秀丽，2011）。本研究中小天鹅取食行为仅有的一个高峰为傍晚（17:00～17:59），这是因为冬季寒冷且夜间较长，鸟类在下午必须获得足够的食物维持其夜间的能量消耗，这与其他雁鸭类的行为对策一致，不同的是藕塘生境中小天鹅取食高峰只有一个。本研究中，小天鹅休息行为在各时段占比较高，表明小天鹅采用休息为主的生存对策来节省能量损耗，这与鸳鸯（阮云秋，1995）和大天鹅（董超等，2015）的生存对策相似。

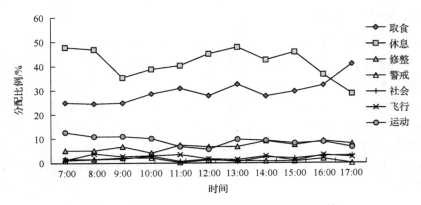

图 9-21　鄱阳湖围垦区藕塘中小天鹅总行为节律

1. 年龄对日活动节律的影响

幼鸟休息、取食和运动行为曲线波动幅度均较成鸟大。幼鸟休息行为在 8:00～8:59 和 15:00～15:59 达到高峰,在 9:00～9:59 和 17:00～17:59 达到低谷;成鸟休息行为高峰提前为 7:00～7:59,低谷时间与幼鸟相同。成鸟休息行为在各时段的波动幅度小于幼鸟,这与鄱阳湖自然生境研究的结果一致(戴年华等,2013),说明幼鸟休息行为的随机性更大。幼鸟取食行为在 11:00～11:59 达到高峰,占 40.58%,低谷所处时段为 12:00～12:59,占 25.06%;成鸟取食行为高峰推迟至 17:00～17:59,占 40.33%,成鸟其他时间取食频次类似,无明显低谷。与休息曲线类似,幼鸟的取食曲线波动幅度也大于成鸟,且保持相对较高的水平,说明成鸟的取食行为相对稳定,并能随着时间的推移逐步提高自己的取食频次,傍晚达到峰值,抵御夜间寒冷的气候。幼鸟运动行为在 9:00～9:59 达到高峰,占 16.96%,下午有两个小高峰,在 12:00～12:59 和 17:00～17:59 达到低谷,成鸟运动行为曲线波动幅度不大(图 9-22)。

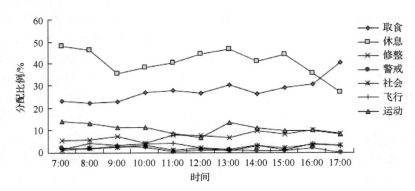

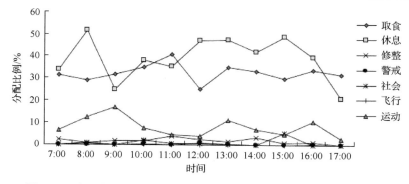

图 9-22　鄱阳湖围垦区藕塘中小天鹅成鸟(上)和幼鸟(下)的行为节律

2. 水深对日行为节律的影响

　　不同水深小天鹅的休息和取食节律存在较大差异(图 9-23)。浅水区休息节律总体呈先升高再下降趋势，12:00～15:59 的休息频次高，深水区休息行为呈下降趋势，上午早些时段的休息频次高。浅水区休息高峰在 13:00～13:59，占 44.91%，深水区休息高峰提前至 7:00～7:59，占 73.92%；浅水区休息低谷在 7:00～7:59，占 19.77%，深水区推迟在 17:00～17:59 达休息低谷，占 30.54%。浅水区取食节律总体呈先降低后升高趋势，而深水区取食整体呈上升趋势。浅水区和深水区取食高峰均出现在 17:00～17:59，分别占 41.63% 和 35.94%，浅水区的另一个取食高峰在 7:00～7:59，占 38.20%，浅水区取食低谷在 14:00～14:59，占 21.60%，深水区取食低谷提早至 7:00～7:59，占 8.13%。鄱阳湖围垦区小天鹅在浅水区取食和休息行为的节律波动幅度均大于深水区。浅水区和深水区的两种行为波动趋势分别类似于幼鸟和成鸟的波动趋势，表明一定水深的深水区各类行为曲线相对稳定，更利于小天鹅的生存。以往调查也发现，小天鹅偏爱在有一定水深的湿地中取食，很少在草洲或人工湿地取食。近年来，越来越多的小天鹅出现在草洲、稻田等浅水或无水区域取食。小天鹅能否很好地适应这些浅水和无水的区域还有待进一步研究。

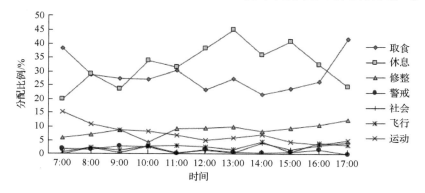

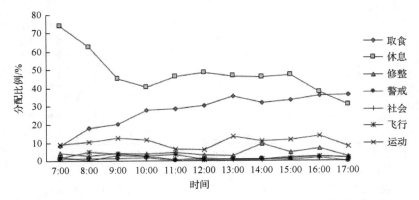

图 9-23　鄱阳湖围垦区藕塘中浅水（上）和深水（下）区小天鹅日行为节律

9.7　中华秋沙鸭的时间分配与行为节律

9.7.1　时间分配

取食行为是中华秋沙鸭越冬期主要的行为，一天中花费时间最多，占 41.80%。其次是游泳，占 22.18%。取食、游泳、修整和休息行为合计占 94.23%（图 9-24）。本研究结果表明，中华秋沙鸭越冬期将大部分时间用在取食行为上，来补充低温环境下自身的能量。另外，休息和修整活动也占相当比例，这些行为可以降低中华秋沙鸭的能量损耗。

1. 研究方法和地区对时间分配的影响

采用瞬时扫描法，对宜黄和婺源的数据进行比较，除飞翔行为存在极显著差异（χ^2=14.421，df=1，P<0.001）和社会行为存在显著差异（χ^2=4.973，df=1，P<0.05），其他行为差异不显著（P>0.05）。中华秋沙鸭在婺源河段的飞翔行为极高，主要因为婺源段在调查期间发现有渔船频繁进出捕鱼，导致中华秋沙鸭飞翔行为增加，宜黄段中华秋沙鸭栖息河段位于省道 208 边上，虽然来往车流量大，但长期以来中华秋沙鸭已经适应了这种环境。

宜黄两种调查方法的数据比较发现，8 种行为时间分配差异均不显著（P>0.05）。

2. 性别对时间分配的影响

雌雄中华秋沙鸭主要行为的时间分配如图 9-25 所示。t 检验表明，雌雄个体仅社会行为时间分配[雌:(2.13±1.40)%和雄:(3.24±1.55)%]存在显著性差异（t=−2.258，df=34，P<0.05），其他行为差异不显著（P>0.05）。雌雄中华秋沙鸭的主要行为均是取食、休息、游泳和修整。雌性每天用于取食、休息行为的时间分别占整个时间分配的(44.22±9.29)%和(10.08±5.71)%，多于雄性的(40.42±7.03)%和(9.06±3.90)%；雌性每天用于游泳和修整行为的时间分配分别占(22.72±7.34)%和(15.92±6.92)%，少于雄性的(24.77±7.11)%和(18.09±6.63)%。但这些行为均无显著差异。本次中华秋沙鸭雌雄行为差异不大的原因可能有两个：①雌雄中华秋沙鸭在非繁殖期，主要任务均是通过取食行为和其他行为的平衡，获取足够的能量，为翌年的迁徙和繁殖做准备；②中华秋沙鸭雌雄体长和体重无显著差异。越冬期间，大部分中华秋沙鸭都偏爱雌雄混群生活，表明生活节律的同步性。这些事实说明，雌雄中华秋沙鸭越冬期间需要的能量差别不大，这可能是雌雄大部分行为时间分配差异不显著的主要原因。雄鸭社会行为时间分配显著高于雌鸭，这与雄鸟为了维护群体稳定，相互之间打斗，抢食发生较多有关。

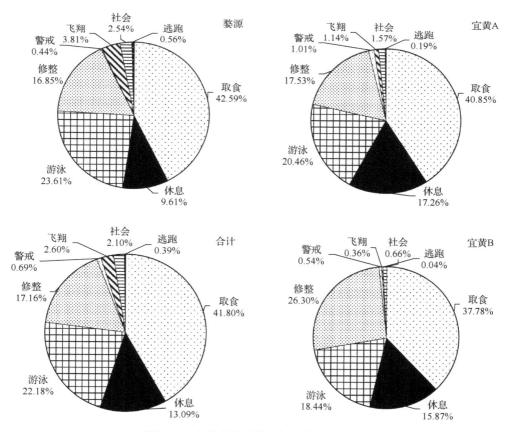

图 9-24　中华秋沙鸭越冬行为的时间分配

"宜黄 A"表示采用瞬时扫描法；"宜黄 B"表示采用焦点动物法；"合计"表示宜黄和婺源瞬时扫描法合计数据

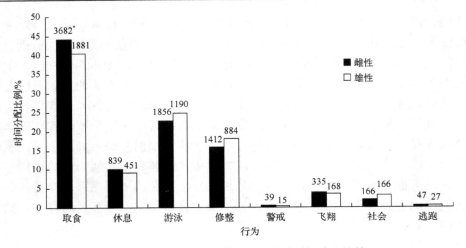

图 9-25　中华秋沙鸭雌雄越冬行为的时间分配比较

*数字表示行为次数

3. 温度对时间分配的影响

不同温度条件下，取食($t=-2.166$，d$f=16$，$P<0.05$)和游泳($t=5.096$，d$f=16$，$P<0.05$)行为在时间分配上存在显著性差异，其他行为差异不显著($P>0.05$)。$>10℃$月份($n=8$ 天)中华秋沙鸭游泳行为显著高于$<10℃$月份($n=10$ 天)，而取食行为显著低于$<10℃$月份(图 9-26)。在$>10℃$月份中，中华秋沙鸭主要行为活动的时间比例分别为取食(38.38 ± 6.03)%、休息(9.04 ± 4.94)%、游泳(29.67 ± 4.23)%和修整(14.78 ± 3.70)%。在$<10℃$月份中，中华秋沙鸭主要行为活动的时间比例分别为取食(45.96 ± 8.26)%、休息(10.06 ± 4.11)%、游泳(18.77 ± 4.71)%和修整

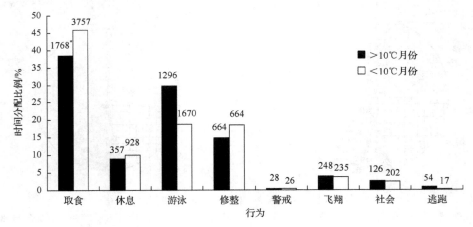

图 9-26　中华秋沙鸭在不同温度条件下的越冬行为时间分配

*数字表示行为次数

(18.51±7.68)%。<10℃月份环境下，取食行为时间分配显著较高，而游泳行为则相反，说明平均温度低时，中华秋沙鸭需要摄取更多的食物以补充寒冷天气能量的消耗，并且减少游泳行为降低耗能。云南大山包越冬黑颈鹤的研究也表明，在温度低的月份，黑颈鹤增加取食行为，减少休整时间。

9.7.2　行为节律

1. 研究方法对行为节律的影响

在宜黄段，采用瞬时扫描法记录中华秋沙鸭的行为，中华秋沙鸭的 8 种行为节律性变化不显著（$P>0.05$）（表 9-7）。取食行为日活动中在 9:00～9:59、11:00～11:59 和 14:00～14:59 达到高峰。17:00～17:59 时段取食频次为一天中最低。下午取食行为波动不大。研究结果表明，中华秋沙鸭上午取食行为发生频次高于下午，在 17 点以后几乎不取食，可能是由于日落，光线不足，不适宜潜水捕食，关于日照时间对中华秋沙鸭越冬行为的影响，还需要进一步调查研究。休息行为一天中上午呈上升趋势，在 11:00～13:59 达到休息高峰，随后下降，直至 17:00～17:59 达到一个最高峰。休息行为在中午发生比例最高，由于中午时分阳光强烈，大部分时刻中华秋沙鸭会躲到河岸边的竹子丛下休息，由于竹子紧贴水面，水位下降，岸边会露出浅滩，有利于中华秋沙鸭躲进里面隐蔽休息，这种躲入竹丛中的休息行为多次在调查中发现。游泳行为节律呈倒 "N" 字形变化，低谷在 11:00～11:59，随后上升，直到 16:00～16:59 出现下午的高峰点。修整行为波动较大，上午发生频次高于下午。逃跑行为主要在 9:00～10:59 和 15:00～16:59 时段发生。

表 9-7　宜黄瞬时扫描法中华秋沙鸭日行为节律　　　　（单位：%）

时间	行为发生平均频次观测比例均值（平均值±标准差，$n=14$ 天）							
	取食	休息	游泳	修整	警戒	飞翔	社会	逃跑
7:00～7:59	34.53±29.37	6.85±8.08	26.63±22.07	22.94±22.42	2.50±7.07	5.27±9.90	1.30±2.53	1.08±3.06
8:00～8:59	38.51±18.95	5.75±6.47	21.34±18.86	32.37±22.78	0.92±3.33	0.84±2.53	0.00±0.00	0.00±0.00
9:00～9:59	51.00±17.42	6.79±9.79	17.29±13.20	21.12±10.46	0.69±1.84	0.99±2.54	1.31±3.36	0.27±0.97
10:00～10:59	39.42±21.86	12.43±17.78	16.12±12.94	26.06±18.81	1.31±3.39	2.83±5.49	1.83±5.44	0.81±2.92
11:00～11:59	54.75±32.77	19.35±31.29	11.95±11.88	11.83±11.10	0.20±0.74	1.76±4.54	0.16±0.61	0.00±0.00
12:00～12:59	41.91±21.47	19.50±24.90	17.85±10.59	17.60±16.19	0.78±1.56	0.00±0.00	2.37±3.97	0.00±0.00
13:00～13:59	41.78±25.49	20.04±26.67	17.89±15.75	17.62±14.14	0.76±1.48	1.16±2.56	0.76±2.20	0.00±0.00
14:00～14:59	49.43±23.59	9.71±16.54	20.51±13.93	19.13±11.63	0.88±1.68	0.00±0.00	0.26±0.95	0.00±0.00
15:00～15:59	44.20±30.05	14.01±17.97	22.14±15.70	14.06±12.74	0.44±0.97	3.99±5.89	0.57±1.17	0.10±0.36
16:00～16:59	34.07±32.04	15.11±17.40	24.72±19.53	23.84±19.57	0.86±1.60	0.63±1.66	0.77±1.54	0.60±2.23
17:00～17:59	30.22±32.63	30.33±34.52	21.00±25.98	13.64±16.02	0.00±0.00	1.82±4.05	2.99±5.65	0.00±0.00
$F_{(10, 142)}$	1.05	1.43	0.76	1.84	0.66	1.83	1.25	0.78
Sig.	0.41	0.17	0.67	0.06	0.76	0.06	0.27	0.65

在宜黄段，采用焦点动物法记录中华秋沙鸭的行为，中华秋沙鸭的 8 种行为节律性变化也不显著（$P > 0.05$）（表 9-8）。取食行为日活动中 9:00～9:59 为最高峰，上午显著高于下午，17:00～17:59 取食行为发生最低。休息行为日活动中呈"W"字形，11:00～11:59 和 15:00～15:59 两个时段比例较低，而在 12:00～13:59，17:00～17:59 时段为休息高峰。游泳行为的节律在 8:00～8:59、13:00～13:59 比较低，其他时段波动不大。8:00～8:59 和 17:00～17:59 为修整高峰，中午时段修整较少。

表 9-8　宜黄焦点动物法中华秋沙鸭日行为节律　　　（单位：%）

时间	行为发生平均频次观测比例均值（平均值±标准差，$n = 6$ 天）							
	取食	休息	游泳	修整	警戒	飞翔	社会	逃跑
7:00～7:59	38.31±21.08	18.41±22.16	11.51±7.55	29.14±1.99	0.76±0.92	0.00±0.00	1.87±3.24	0.00±0.00
8:00～8:59	38.28±24.10	10.87±9.51	9.76±6.23	39.65±27.72	0.98±1.09	0.00±0.00	0.47±0.90	0.00±0.00
9:00～9:59	57.00±11.08	4.72±5.42	29.15±9.15	8.52±8.33	0.52±0.64	0.07±0.17	0.02±0.05	0.00±0.00
10:00～10:59	36.35±33.07	15.66±23.91	21.83±13.08	24.28±20.81	0.32±0.40	0.91±1.59	0.66±1.61	0.00±0.00
11:00～11:59	46.61±13.36	5.98±10.69	17.48±8.20	27.63±14.64	0.01±0.03	1.17±2.59	1.12±2.32	0.00±0.00
12:00～12:59	40.74±25.67	25.97±27.06	12.03±8.33	19.38±12.51	0.35±0.64	0.33±0.74	0.98±1.48	0.21±0.51
13:00～13:59	39.30±27.92	24.72±15.92	9.92±9.68	24.72±25.40	0.21±0.37	0.17±0.43	0.76±1.85	0.19±0.46
14:00～14:59	42.43±21.22	11.14±11.06	15.48±10.38	29.94±22.85	0.41±0.49	0.00±0.00	0.60±0.76	0.00±0.00
15:00～15:59	37.07±14.10	5.91±3.48	30.29±20.38	25.44±15.99	1.21±2.00	0.00±0.00	0.09±0.18	0.00±0.00
16:00～16:59	28.73±24.89	21.80±27.67	23.29±9.50	25.36±9.97	0.28±0.57	0.07±0.17	0.47±0.47	0.00±0.00
17:00～17:59	8.41±10.99	32.73±39.48	17.36±24.92	38.54±31.60	0.67±1.46	1.62±3.61	0.69±1.33	0.00±0.00
$F_{(10, 61)}$	1.58	1.22	1.90	1.07	0.84	0.87	0.55	0.82
Sig.	0.14	0.30	0.07	0.40	0.59	0.56	0.85	0.61

2. 性别对行为节律的影响

雄性中华秋沙鸭的 8 种行为节律中，取食[$F_{(10, 165)} = 7.55$，$P < 0.05$]和休息[$F_{(10, 165)} = 3.48$，$P < 0.05$]行为存在显著的节律性变化，其他行为的节律性变化不显著（$P > 0.05$）（表 9-9）。取食行为日活动中有两个明显的高峰，分别在 7:00～10:59 和 12:00～13:59。中午 11:00～11:59 和 14:00～17:59 取食明显下降，而且下午是逐步下降，下降幅度明显。休息行为一天中整体呈上升趋势，14:00 以后保持相对较高的水平，直至 17:00～17:59 达到一个最高峰，休息行为在下午发生的比例明显高于上午。游泳和修整是雄性秋沙鸭的主要行为，其中游泳行为在下午发生的比例稍微高于上午。

表 9-9 雄性中华秋沙鸭日行为节律

时间	行为发生平均频次观测比例均值（平均值±标准差，$n=18$ 天）							
	取食	休息	游泳	修整	警戒	飞翔	社会	逃跑
7:00～7:59	47.85±21.79	2.33±5.63	27.58±14.60	15.19±10.17	0.51±1.91	3.81±5.38	2.72±6.38	0.00±0.00
8:00～8:59	49.94±12.83	3.73±5.45	20.46±9.73	17.59±7.56	0.12±0.47	4.07±5.41	4.10±3.95	0.00±0.00
9:00～9:59	51.30±12.35	2.96±4.41	22.76±11.17	14.68±9.04	0.99±3.77	4.04±7.25	2.63±3.32	0.64±1.87
10:00～10:59	45.76±14.14	4.16±8.23	24.79±12.72	20.22±12.64	0.00±0.00	2.71±4.19	1.40±4.64	0.96±3.09
11:00～11:59	36.73±15.06	8.93±13.58	24.13±11.54	21.90±12.99	0.24±0.70	3.86±6.78	3.00±3.70	1.21±4.29
12:00～12:59	42.63±21.78	7.05±14.32	19.34±11.80	25.66±14.76	0.00±0.00	0.75±1.90	4.58±5.77	0.00±0.00
13:00～13:59	41.97±21.31	7.58±14.73	27.18±24.89	17.65±10.76	0.26±0.92	1.28±3.74	3.32±5.54	0.77±2.77
14:00～14:59	25.98±24.97	15.53±20.72	31.04±23.57	20.93±22.32	0.00±0.00	2.69±4.92	3.82±6.19	0.00±0.00
15:00～15:59	20.43±10.76	13.10±14.03	33.89±22.41	20.45±18.22	0.00±0.00	6.83±7.96	4.69±7.34	0.62±2.62
16:00～16:59	22.96±15.88	15.02±18.75	36.48±19.63	14.57±15.36	0.00±0.00	5.95±8.96	1.65±3.13	3.38±8.70
17:00～17:59	14.03±23.96	33.54±40.88	21.74±24.93	21.39±24.70	4.20±11.12	2.04±5.40	3.06±5.62	0.00±0.00
$F_{(10, 165)}$	7.55	3.48	1.48	0.78	1.80	1.33	0.68	1.26
Sig.	0.00	0.00	0.15	0.65	0.06	0.22	0.74	0.26

雌性中华秋沙鸭的 8 种行为节律中，取食[$F_{(10, 170)}=5.19$，$P<0.05$]和休息[$F_{(10, 170)}=2.56$，$P<0.05$]行为存在显著的节律性变化，其他行为的节律性变化不显著（$P>0.05$）（表 9-10）。取食行为 7:00～13:59 较高，均在 38.00%以上，14:00～17:59 逐渐下降。休息行为一天中总体呈上升趋势，下午发生的比例明显高于上午。游泳和修整行为没有显著的节律性，但游泳下午发生的比例稍高于上午。修整在 12:00～12:59 和 15:00～15:59 有两个小高峰。

表 9-10 雌性中华秋沙鸭日行为节律

时间	行为发生平均频次观测比例均值（平均值±标准差，$n=18$ 天）							
	取食	休息	游泳	修整	警戒	飞翔	社会	逃跑
7:00～7:59	52.38±20.43	1.82±3.91	23.15±13.93	15.38±11.66	0.00±0.00	5.67±7.41	1.59±3.40	0.00±0.00
8:00～8:59	49.59±15.26	6.42±7.75	20.53±11.33	16.74±9.09	0.26±0.66	4.14±4.68	2.32±3.20	0.00±0.00
9:00～9:59	53.66±15.47	4.17±5.71	21.26±11.41	12.99±8.02	1.08±3.50	4.13±7.80	2.04±2.60	0.67±1.96
10:00～10:59	47.77±17.61	5.12±7.02	23.14±9.29	18.80±11.40	0.34±0.79	2.88±4.46	1.00±2.42	0.95±2.98
11:00～11:59	40.66±16.62	9.34±15.47	25.24±12.66	16.26±10.09	0.20±0.45	5.59±8.59	1.46±2.28	1.25±4.00
12:00～12:59	38.50±22.67	13.52±22.31	16.22±12.90	20.64±16.55	0.10±0.37	8.69±26.65	2.33±3.30	0.00±0.00
13:00～13:59	40.04±30.72	10.46±16.91	28.11±25.81	15.76±10.46	0.00±0.00	1.38±2.80	3.67±9.22	0.58±2.09
14:00～14:59	35.23±24.49	15.30±20.82	30.76±16.18	13.32±13.82	0.00±0.00	3.65±5.39	1.74±3.09	0.00±0.00
15:00～15:59	22.56±14.07	17.07±14.84	28.02±18.24	19.84±13.58	0.36±0.93	7.38±10.29	3.84±6.15	0.93±3.83
16:00～16:59	25.25±19.13	15.14±19.85	32.94±16.63	11.82±13.90	0.42±1.61	10.09±18.00	1.35±3.37	3.00±8.06
17:00～17:59	18.80±23.76	27.14±32.95	23.35±19.27	18.78±19.49	5.47±15.47	4.90±6.98	1.56±2.65	0.00±0.00
$F_{(10, 170)}$	5.19	2.56	1.54	0.85	1.80	1.80	0.78	0.76
Sig.	0.00	0.01	0.13	0.58	0.06	0.06	0.65	0.67

　　雌性个体采取延长取食高峰和提高取食行为比例的对策可能有两个原因：①中华秋沙鸭性成熟前均着雌性羽衣，观察到的雌性羽衣者包含部分亚成体，而亚成体的个体偏小，因此它们需要摄取更多的能量；②亚成体可能取食经验不足，捕食成功率较低，这样亚成体就需要花费更多的时间取食来补充能量。14:00～17:59，取食行为比例逐渐减少，休息、游泳和警戒行为在傍晚时分都达到了一个最高峰。

　　3. 温度对行为节律的影响

　　在＞10℃月份中，中华秋沙鸭的 8 种行为节律中，仅警戒[$F_{(10, 77)}=1.96, P<0.05$]行为存在显著的节律性变化，其他行为的节律性变化不显著（$P>0.05$）（表9-11）。警戒行为主要发生在傍晚。取食、休息、游泳和修整是中华秋沙鸭的主要行为，虽没有显著的节律性，但在不同时段有一定的规律。取食[$F_{(10, 77)}=1.29, P>0.05$]行为 7:00～14:59 均保持较高的水平，15:00～17:59 逐渐下降。上午的取食比例明显大于下午。休息[$F_{(10, 77)}=0.70, P>0.05$]行为一天中有上升的趋势。游泳[$F_{(10, 77)}=1.26, P>0.05$]行为在 12:00～12:59 出现最低谷，16:00～16:59 出现最高峰。修整[$F_{(10, 77)}=1.68, P>0.05$]行为在 7:00～7:59、12:00～12:59 和 15:00～15:59出现 3 个高峰，在 9:00～9:59 和 16:00～16:59 出现两个低谷。

表 9-11　＞10℃月份影响中华秋沙鸭日行为节律　　　　（单位：%）

时间	行为发生平均频次观测比例均值（平均值±标准差，$n=8$ 天）							
	取食	休息	游泳	修整	警戒	飞翔	社会	逃跑
7:00～7:59	35.46±19.46	1.43±3.50	30.53±18.07	21.29±12.88	0.54±1.32	6.25±10.46	4.51±6.59	0.00±0.00
8:00～8:59	44.09±15.22	6.43±7.37	26.81±7.45	14.63±9.67	0.40±0.76	5.28±5.15	2.36±3.59	0.00±0.00
9:00～9:59	46.02±11.82	1.54±3.61	31.05±6.92	11.19±5.54	0.28±0.54	5.84±10.44	2.62±2.64	1.48±2.76
10:00～10:59	40.50±14.78	4.80±6.16	31.01±7.78	17.75±8.61	0.00±0.00	1.94±3.50	2.51±5.02	1.49±4.21
11:00～11:59	38.20±13.72	7.42±14.31	27.45±10.19	18.22±9.43	0.25±0.46	4.80±6.94	1.59±2.35	2.08±5.89
12:00～12:59	36.73±23.57	10.85±20.04	22.60±14.08	23.13±18.89	0.00±0.00	3.10±6.27	3.60±4.59	0.00±0.00
13:00～13:59	35.19±24.68	11.60±23.21	30.42±17.70	14.65±6.57	0.14±0.33	2.13±4.23	4.52±8.28	1.36±3.32
14:00～14:59	36.57±20.15	12.09±23.44	29.25±14.68	12.05±13.05	0.00±0.00	5.47±5.96	4.59±4.55	0.00±0.00
15:00～15:59	24.64±14.47	10.77±9.58	35.22±15.40	19.14±17.02	0.11±0.31	6.40±9.21	2.07±2.58	1.66±4.68
16:00～16:59	28.71±16.92	4.71±9.39	44.63±11.42	5.38±3.53	0.68±1.80	7.88±10.68	1.48±1.95	6.53±11.37
17:00～17:59	20.41±14.27	22.32±44.65	32.16±22.98	5.30±9.04	9.09±18.18	8.29±7.87	2.44±4.88	0.00±0.00
$F_{(10, 77)}$	1.29	0.70	1.26	1.68	1.96	0.48	0.48	1.21
Sig.	0.25	0.72	0.27	0.10	0.05	0.90	0.89	0.30

在<10℃月份中，中华秋沙鸭的 8 种行为节律中，取食[$F_{(10, 86)}=5.93$，$P<0.05$]和休息[$F_{(10, 86)}=3.42$，$P<0.05$]行为存在显著的节律性变化，其他行为的节律性变化不显著（$P>0.05$）（表 9-12）。取食行为有两个明显的高峰，分别在 7:00～10:59 和 12:00～13:59，低谷发生在日落时分 17:00～17:59，上午取食频次明显高于下午。休息行为主要发生在 11:00～11:59 和 14:00～17:59 有两个高峰，在 7:00～7:59 和 13:00～13:59 有两个低谷，下午休息行为发生的比例明显高于上午。其他两个主要行为游泳和修整，虽无显著节律变化，但也有一定的规律，游泳[$F_{(10, 86)}=0.98$，$P>0.05$]下午较上午的发生频次要高。修整[$F_{(10, 86)}=1.4$，$P>0.05$]行为在一天中的行为比例波动不大，10:00～12:59 和傍晚 17:00～17:59 出现峰值。

表 9-12　<10℃月份影响中华秋沙鸭日行为节律　　　　（单位：%）

时间	行为发生平均频次观测比例均值（平均值±标准差，$n=10$ 天）							
	取食	休息	游泳	修整	警戒	飞翔	社会	逃跑
7:00～7:59	60.55±14.66	2.24±4.10	19.88±10.44	12.04±7.83	0.00±0.00	5.05±4.98	0.24±0.72	0.00±0.00
8:00～8:59	52.56±6.41	5.45±6.26	15.06±6.90	20.12±5.93	0.06±0.19	3.59±3.91	3.15±2.70	0.00±0.00
9:00～9:59	58.40±13.10	5.01±5.11	14.33±7.08	15.93±9.50	1.85±4.97	3.09±4.16	1.38±1.44	0.00±0.00
10:00～10:59	50.56±16.64	5.12±8.45	17.08±6.42	22.13±13.40	0.44±0.67	3.91±5.17	0.19±0.38	0.57±1.71
11:00～11:59	39.01±20.11	13.09±16.56	17.45±5.79	23.01±8.12	0.32±0.44	3.51±4.57	2.96±3.03	0.66±1.86
12:00～12:59	47.65±15.38	12.20±17.34	13.58±2.32	23.51±10.79	0.15±0.38	0.31±0.75	2.60±3.93	0.00±0.00
13:00～13:59	47.54±26.93	7.39±5.65	24.15±29.12	18.38±11.90	0.00±0.00	0.61±1.20	1.92±3.43	0.00±0.00
14:00～14:59	31.44±26.26	23.08±22.06	25.47±15.29	18.04±13.09	0.00±0.00	0.53±1.24	1.45±3.10	0.00±0.00
15:00～15:59	19.50±11.01	22.95±15.12	22.91±11.87	20.63±6.97	0.36±0.80	8.02±9.44	5.62±7.04	0.00±0.00
16:00～16:59	19.33±17.36	23.28±20.80	25.49±15.34	18.71±16.66	0.00±0.00	11.72±22.57	1.47±4.16	0.00±0.00
17:00～17:59	15.97±31.95	32.38±26.37	15.11±17.28	34.31±20.05	0.00±0.00	0.70±1.39	1.54±2.25	0.00±0.00
$F_{(10, 86)}$	5.93	3.42	0.98	1.40	0.94	1.42	1.74	0.82
Sig.	0.00	0.00	0.47	0.20	0.50	0.19	0.09	0.61

9.8　共存小鹛鹕和凤头鹛鹕的时间分配与行为节律

共记录到小鹛鹕和凤头鹛鹕时间分配和行为节律的有效数据各 11 天，其中，小鹛鹕越冬前、中和后期各 4 天、5 天和 2 天，共扫描 4536 只次；凤头鹛鹕越冬前、中和后期各 5 天、4 天和 2 天，共扫描 6034 只次。

9.8.1　时间分配

观察发现，取食、休息、修整和游泳为小鹛鹕和凤头鹛鹕越冬期的主要行为，这4种行为分别占小䴙䴘和凤头䴙䴘行为时间分配的97.27%和98.34%(图9-27)。4种主要行为中，小䴙䴘游泳(39.88%)行为比例最大，修整(13.57%)行为最少；凤头䴙䴘休息(42.07%)行为比例最大，取食(10.35%)行为最少(图9-27)。小䴙䴘的休息[$F_{(1,20)}$=9.130，P=0.007]和修整[$F_{(1,20)}$=10.197，P=0.005]行为极显著低于凤头䴙䴘，游泳[$F_{(1,20)}$=22.751，$P<0.001$]和取食[$F_{(1,20)}$=7.392，P=0.013]行为极显著和显著高于凤头䴙䴘。小䴙䴘较凤头䴙䴘花费更多的时间取食和游泳，更少的时间休息和修整，这是因为体型小的动物单位体重散热量相对较大(杨小农等，2012)，小䴙䴘体型较小，散热较快，加之在取食时不能吞下体型较大的食物，其食性生态位窄，不能通过取食大块食物迅速补充能量，因此需要花费更多的时间取食。此外，小䴙䴘常在离岸较近的区域活动，凤头䴙䴘常在湖中心活动，离岸较近的区域更易受到岸边游客的干扰，因而需要更高比例的游泳、警戒和飞翔行为远离威胁，这与小䴙䴘有更高比例的游泳、略高比例的警戒和飞翔行为结果相符。

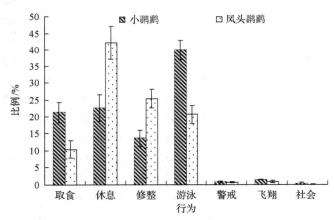

图9-27　小䴙䴘和凤头䴙䴘越冬行为时间分配

在越冬期不同阶段，小䴙䴘各主要行为中仅修整[$F_{(2,8)}$=5.106，P=0.037]行为随时间推移显著较少。凤头䴙䴘各主要行为中，取食[$F_{(2,8)}$=6.902，P=0.018]行为随时间推移显著增加，休息[$F_{(2,8)}$=10.970，P=0.005]行为各时期差异极显著，呈"U"形变化趋势，游泳[$F_{(2,8)}$=7.297，P=0.016]行为各时期差异显著，中期最高，后期最低(图9-28)。

小䴙䴘主要行为中取食与休息、休息与游泳、修整与游泳呈极显著负相关；凤头䴙䴘主要行为中，取食与休息、休息与修整、休息与游泳呈极显著负相关，取食与游泳、修整与游泳呈显著负相关(表9-13)。

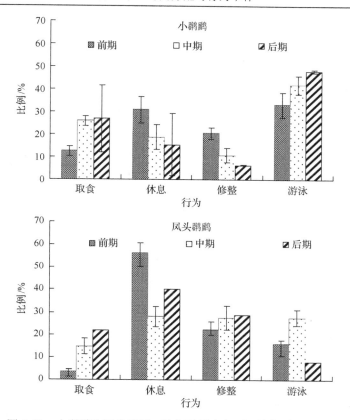

图 9-28　小鹀鹕和凤头鹀鹕4 种主要行为在不同越冬时期的变化

表 9-13　小鹀鹕(右上角)和凤头鹀鹕(左下角)4 种主要行为的相关性($N=121$，df=1)

	取食	休息	修整	游泳
取食	—	-0.469**	-0.151ns	-0.001ns
休息	-0.635**	—	0.163ns	-0.538**
修整	0.031ns	-0.308**	—	-0.339**
游泳	-0.202*	-0.595**	-0.215*	—

**表示极显著相关($P<0.01$)，*表示显著相关($P<0.05$)，ns 表示无相关性($P>0.05$)

9.8.2　行为节律

　　小鹀鹕昼间各时段游泳行为均保持最高比例，07:25～07:59 时段出现游泳高峰(53.86%)，其余时段均保持在 40%左右；休息行为上午显著低于下午($Z=-2.449$，$P=0.014$)，休息高峰出现在 15:00～17:30 时段(28.51%～30.15%)，接近中午的 11:00～11:59 时段(24.85%)出现一小高峰，低谷出现在中午的 12:00～12:59 时段

(11.82%)；取食行为上午极显著高于下午[$F_{(1,86)}$=10.809，P=0.001]，取食高峰出现在上午的09:00～09:59时段(32.58%)，取食低谷出现在下午的17:00～17:30时段(9.09%)；修整行为昼间波动不大，高峰出现在13:00～13:59时段(19.66%)，低谷出现在08:00～08:59时段(7.94%)(图9-29)。

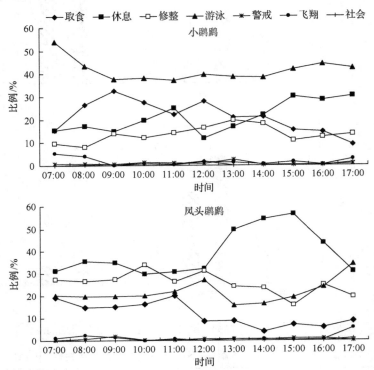

图9-29　小鸊鷉和凤头鸊鷉的昼间行为节律

凤头鸊鷉休息行为下午极显著高于上午[$F_{(1,86)}$=7.624，P=0.007]，高峰出现在下午的15:00～15:59时段(56.66%)，低谷出现在上午的10:00～10:59时段(29.82%)；修整行为昼间变化不大，高峰出现在10:00～10:59时段(33.74%)，低谷出现在15:00～15:59时段(19.51%)；游泳行为昼间变化不大，高峰出现在傍晚和中午的17:00～17:30时段(34.18%)和12:00～12:59时段(27.23%)，低谷出现在13:00～13:59时段(15.67%)；取食行为上午极显著高于下午(Z=−3.893，P=0.000)，高峰出现在中午的11:00～11:59时段(19.94%)和上午的07:00～07:59时段(19.29%)，低谷出现在下午的14:00～14:59时段(图9-29)。

小鸊鷉的取食行为与凤头鸊鷉的休息行为有显著相关性(r=−0.188，P=0.039，N=121)，但凤头鸊鷉的取食行为与小鸊鷉的休息行为相关性不显著(r=−0.109，P=0.238，N=121)，说明小鸊鷉和凤头鸊鷉为近缘种，行为节律上有较大的相似性，但小鸊鷉会避免在凤头鸊鷉取食高峰时取食，而在凤头鸊鷉的休息高峰进行取食。

综上所述，涉禽和游禽行为差异较大，体重、食性、生境等均会影响水鸟的行为时间分配和行为对策（表 9-14 和表 9-15）。

表 9-14　不同涉禽时间分配比例汇总　　　　　（单位：%）

物种	静栖	取食	修整	运动	警戒	其他
东方白鹳	42.54	32.14	8.33	15.27	—	1.72
苍鹭	81.05	8.62	—	5.56	—	4.77
白琵鹭	63.30	25.70	—	5.56	—	5.44
灰鹤(农田)	—	64.09	7.37	8.67	15.97	3.90
白鹤(自然生境)	—	82.60	—	—	10.38	7.02
白鹤(藕塘)	10.84	41.78	15.00	—	25.02	7.36

注：—表示非主要行为

表 9-15　不同游禽时间分配比例汇总　　　　　（单位：%）

物种	静栖	取食	修整	运动	警戒	其他
小天鹅	43.12	27.44	11.48	16.82	—	1.14
鸿雁	50.25	25.47	6.58	7.17	10.53	0
白额雁	35.22	37.06	—	11.85	12.50	3.37
小鸊鷉	22.20	21.62	13.57	39.88	—	2.73
凤头鸊鷉	42.07	10.35	25.60	20.32	—	1.66
中华秋沙鸭	13.09	41.80	17.16	22.18	—	5.78

注：—表示非主要行为

第 10 章　潜水行为与取食行为

水鸟取食方式较多，疣鼻天鹅 *Cygnus olor*、鸿雁、斑嘴鸭等在水中采用 4 种方式取食：头颈潜入水中、头潜入水中、水面取食和翻身取食 (Tatu et al., 2007)。鸬鹚、潜鸭、潜鸟、鸊鷉等除能在水面取食外，它们更偏好潜水取食。潜水行为可分为两个部分：潜水和潜水间的停息。潜水与停息持续时间的比值可作为潜水效率的指数 (Shao et al., 2014c)。有关潜水取食的研究较多，研究内容涉及潜水和停息持续时间、潜水持续时间与停息时间的关系、潜水频次、一次取食的潜水次数、潜水深度、潜水效率和影响潜水参数的因子等 (Casaux, 2004; Gomes et al., 2009; Shao et al., 2014c)。潜水行为与鸟类生理结构、水深、食物、年龄、性别、猎物行为、气候、时间等均有着密切的关系 (Garthe et al., 2014；陈斌，2017)。

体重：大量研究表明，物种体重是潜水行为的一个重要预测者 (Costa, 1993; Boyd and Croxall,1996; Schreer and Kovacs, 1997; Watanuki and Burger, 1999)，随着物种体重的增加，潜水与暂停持续时间均增加。体型较大的物种具有较大的氧气储存能力和较低的新陈代谢率，因此较体型小的物种有更长的潜水和暂停持续时间 (Cooper, 1986)。

猎物丰富度与猎物的行为：食物丰富度下降时，丑鸭 *Histrionicus histrionicus* 的潜水持续时间增加，停息持续时间减少。赤膀鸭则通过窃取黑鸭食物的方式弥补自身无法潜水的不足 (McKinney et al., 2007)。海鸬鹚 *Phalacrocorax pelagicus* 上午和下午各有一个潜水高峰，以浅水为主，这可能与猎物的垂直迁移有关。傍晚海鸬鹚潜水更深，与猎物玉筋鱼 *Ammodytes personatus* 潜至海底有关 (Kotzerka et al., 2011)。

年龄和性别：大鸊鷉 (*Podiceps major*) 成鸟和亚成体潜水持续时间没有显著差异，停息持续时间存在年龄差异 (Gomes et al., 2009)。一龄丑鸭比成鸟的潜水和停息持续时间长，但潜水效率相似 (Mittelhauser et al.,2008)。褐鲣鸟 *Sula leucogaster* 幼鸟第一次飞翔之后其平均和最大的潜水深度及平均潜水持续时间逐渐增加 (Mellink et al., 2014)。欧绒鸭 *Somateria mollissima* 雌性个体每天潜水 404 次，即 169min 在水下，较雄性个体潜水总时间长 (Guillemette, 2001)。

水深、透明度和光：潜水和停息持续时间还随水深的增加而加长 (Guillemette et al., 2004; Casaux, 2004)。黑喉潜鸟 *Gavia arctica*、红喉潜鸟 *Gavia stellata*、凤头潜鸭和红头潜鸭的潜水持续时间均与水深有关 (Carbone et al., 1996; Polak and Ciach, 2007)。越冬普通潜鸟在透明度高的水体中潜水时间长 (Cooper, 1986)。一些靠视觉捕食的水鸟，光线会影响其觅食行为（White et al., 2008）。

风和温度：大风增加了丑鸭的潜水持续时间，低温则降低丑鸭的潜水频次（Heath et al., 2008）。本章对鄱阳湖流域婺源段的中华秋沙鸭和南昌艾溪湖小䴙䴘和凤头䴙䴘的潜水行为进行了系统研究，目的在于：①了解江西这些水鸟潜水取食的相关基础生态学资料；②掌握影响这些水鸟取食行为的生态因素。

10.1　中华秋沙鸭的潜水行为

10.1.1　潜水行为

本次研究共进行 201 次取样观察，获得 37.14h 的潜水数据。共记录中华秋沙鸭潜水 4305 次，暂停 4104 次。潜水持续时间为 2.5～34.7s，暂停持续时间为 1.2～94.5s，潜水效率为 0.068～13.429；平均潜水持续时间为（18.8±0.1）s，平均暂停持续时间为（12.9±0.2）s，潜水效率为 2.297±0.025（表 10-1）。游禽的潜水持续时间与体型大小密切相关，一般大型鸟类的潜水持续时间大于小型鸟类的持续时间。本研究的中华秋沙鸭的潜水持续时间与巴氏鹊鸭 *Bucephala islandica*（17.5～24.3s）、鹊鸭（19.7～23.9s）及凤头䴙䴘（19.5s）相似，低于大型游禽如南极鸬鹚 *Phalacrocorax albiventer*（67～108s），岩鸬鹚 *Phalacrocorax magellanicus*（47.2s）和红腿鸬鹚 *Phalacrocorax gaimardi*（26.8s），高于小型游禽小䴙䴘（13.84s）。中华秋沙鸭的暂停持续时间与巴氏鹊鸭（12.4～14.0s）、鹊鸭（10.4～12.8s）、凤头潜鸭（12.96s）相似。这些潜水参数的差异与它们的体重有关（南极鸬鹚：2.5～2.9kg；岩鸬鹚：1.4kg；红腿鸬鹚：1.3～1.4kg；中华秋沙鸭：0.8～1.2kg；巴氏鹊鸭：0.8～1.1kg；鹊鸭：0.5～1.0kg；凤头䴙䴘：0.5～1.0kg；小䴙䴘：<0.3kg；凤头潜鸭：0.5～1.0kg），这与 Cooper（1986）的预测一致。蓝眼鸬鹚 *Phalacrocorax atriceps*（2.5kg）比岩鸬鹚体型更大，蓝眼鸬鹚的潜水持续时间（30.8s）却低于岩鸬鹚。这表明除体型和生理机能外，物种的生态习性、栖息环境及猎物分布等也可能对潜水行为产生影响（Shao and Chen, 2017）。暂停持续时间与前一次（r=0.099, P<0.001, n=4104）和后一次（r=0.094, P<0.001, n=4104）的潜水持续时间均呈极显著正相关，表明它们会利用水面暂停时间恢复上一次的潜水并为下一次的潜水做准备。

表 10-1　越冬中华秋沙鸭不同性别的潜水参数

性别	取样次数	潜水次数	潜水持续时间/s	暂停次数	暂停持续时间/s	潜水效率
雄性	103	2117	20.1±0.1 [a]	2014	13.6±0.3 [a]	2.401±0.039 [a]
雌性	98	2188	17.5±0.1 [b]	2090	12.2±0.2 [b]	2.197±0.033 [b]
总体	201	4305	18.8±0.1	4104	12.9±0.2	2.297±0.025

注：有相同上标字母表示差异无统计学意义（P>0.05），无相同上标字母表示差异有统计学意义（P<0.05）

10.1.2　潜水行为的影响因素

1. 性别对潜水行为的影响

雄性中华秋沙鸭的平均潜水持续时间($F=223.373$, $df=1$, $P<0.001$)、平均暂停持续时间($F=16.460$, $df=1$, $P<0.001$)和潜水效率($F=16.189$, $df=1$, $P<0.001$)均显著高于雌性(表 10-1)。鹊鸭、南极鸬鹚和日本鸬鹚及蓝眼鸬鹚的雌雄潜水和暂停持续时间也出现类似的现象，这与雌雄的体重大小有关(中华秋沙鸭：体重♂：1.0～1.2kg，♀：0.8～1.0kg；鹊鸭：体重♂：0.8～1.0kg，♀：0.5～0.9kg；南极鸬鹚：体重♂：2.9kg，♀：2.5kg；日本鸬鹚：体重♂：3.1kg，♀：2.5kg；蓝眼鸬鹚：雄性体重显著大于雌性)。

2. 温度对潜水行为的影响

越冬中华秋沙鸭在不同气温段平均潜水持续时间($F=239.418$, $df=2$, $P<0.001$)和平均暂停持续时间($F=3.331$, $df=2$, $P<0.05$)均差异显著(表 10-2)。日平均气温为 4～10℃的平均潜水持续时间显著高于其他气温，在 11～19℃的平均潜水持续时间显著低于其他气温；随着日平均气温的升高，平均潜水持续时间呈显著的先下降后增加趋势。日平均温度为 22～29℃的平均暂停持续时间最高，在 4～10℃最低。低温潜水所需的最小氧气消耗率远低于高温，潜水的能量成本减少，因而潜水持续时间较长(Shao and Chen, 2017)。随着日平均气温的升高，平均暂停持续时间变化不大。日平均气温为 4～10℃的潜水效率显著高于其他气温，在 22～29℃潜水效率最低。日平均气温与潜水持续时间呈极显著负相关($r=-0.269$, $P<0.001$)(表 10-2)。

表 10-2　不同温度下越冬中华秋沙鸭的潜水参数

温度/℃	潜水次数	潜水持续时间/s	暂停次数	暂停持续时间/s	潜水效率
4～10	1530	21.3±0.1 [a]	1430	12.4±0.3 [a]	2.579±0.044 [a]
11～19	1653	17.2±0.1 [b]	1588	12.9±0.3 [a]	2.176±0.042 [b]
22～29	1122	17.7±0.2 [c]	1086	13.5±0.4 [a]	2.105±0.045 [b]

注：同一列具有相同上标字母表示差异无统计学意义($P>0.05$)，无相同上标字母表示差异有统计学意义($P<0.05$)

3. 时间对潜水行为的影响

中华秋沙鸭不同月份平均潜水持续时间($F=195.420$, $df=3$, $P<0.001$)和平均暂停持续时间($F=23.652$, $df=3$, $P<0.001$)均差异显著(表 10-3)。12 月和 1 月的平均潜水持续时间显著高于 2 月和 3 月，1 月平均暂停持续时间显著低于其他月份。1 月潜水效率显著高于其他月份，2 月潜水效率显著低于其他月份。月份与潜水持

续时间呈极显著负相关($r= -0.176$, $P<0.001$)(表 10-3)。

表 10-3　越冬中华秋沙鸭不同时期的潜水参数

	分类	潜水次数	潜水持续时间/s	暂停次数	暂停持续时间/s	潜水效率
月份	12 月	842	21.1 ± 0.2^a	775	13.1 ± 0.3^a	2.136 ± 0.041^a
	1 月	743	21.0 ± 0.2^a	705	9.7 ± 0.4^b	3.360 ± 0.075^b
	2 月	1521	16.2 ± 0.1^b	1467	13.7 ± 0.3^a	1.903 ± 0.040^c
	3 月	1199	19.1 ± 0.2^{bc}	1157	13.7 ± 0.4^a	2.503 ± 0.058^d
时段	7:30～8:59	421	19.4 ± 0.3^a	397	16.4 ± 0.7^a	1.976 ± 0.078^a
	9:00～15:59	3755	18.8 ± 6.0^a	3582	12.6 ± 11.0^b	2.350 ± 1.646^b
	16:00～17:30	129	14.9 ± 5.8^b	125	11.2 ± 9.8^b	1.811 ± 0.933^a

注：有相同上标字母表示差异无统计学意义($P>0.05$)，无相同上标字母表示差异有统计学意义($P<0.05$)

中华秋沙鸭不同时段平均潜水持续时间($F = 29.517$, $df = 2$, $P<0.001$)、平均暂停持续时间($F = 21.922$, $df = 2$, $P<0.001$)和潜水效率($F = 21.922$, $df = 2$, $P<0.001$)均差异显著(表 10-3)。平均潜水持续时间和平均暂停持续时间在 7:30～08:59 时段均最长，而在 16:00～17:30 时段均最短。潜水效率在 9:00～15:59 时段最高，而在 16:00～17:30 时段最低。时段与潜水持续时间($r = -0.081$, $P<0.001$)和暂停持续时间($r = -0.101$, $P<0.001$)均呈负相关，而与潜水效率呈正相关($r = 0.052$, $P = 0.001$)(表 10-3)。

4. 群体大小对潜水行为的影响

中华秋沙鸭在不同群体大小下平均潜水持续时间($F=106.694$, $df=3$, $P<0.001$)和平均暂停持续时间($F=5.106$, $df=3$, $P<0.05$)均差异显著(表 10-4)。群体大小为 1～5 只的平均潜水持续时间显著高于其他群体，在 16～19 只时潜水持续时间显著低于其他群体；随着群体大小的增加，平均潜水持续时间呈显著的下降趋势。群体大小为 16～19 只的平均暂停持续时间显著低于其他群体；随着群体的增加，平均暂停持续时间呈逐渐下降的趋势。群体大小为 1～5 只的潜水效率显著高于其他群体，在 11～15 只显著低于其他群体。群体大小与潜水持续时间呈极显著负相关($r= -0.259$, $P<0.001$)(表 10-4)，即随着群体大小的增加，潜水持续时间显著缩短，从而显著增加潜水次数，这与竞争干扰假说一致，即在食物有限的环境中，随着群体的增大，个体会增加取食速度来获得更多的食物，这样就增加了个体觅食活动的同时降低了警戒行为。此外，当群体较大时中华秋沙鸭的种间竞争较剧烈，存在掠夺食物的现象，因此为了有效地获得更多的食物并减少竞争，它们采取了缩短潜水持续时间，增加潜水次数的觅食策略。此外群体增大，中华秋沙鸭的集体捕食能力增强，效率提高，能在有限时间内获得更多次的捕食(Shao and Chen, 2017)。

表 10-4　不同群体大小下越冬中华秋沙鸭的潜水参数

分类		潜水次数	潜水持续时间/s	暂停次数	暂停持续时间/s	潜水效率
群体大小	1～5 只	2354	19.9±0.1[a]	2249	13.2±0.3 [a]	2.546±0.038 [a]
	6～10 只	675	19.0±0.2 [b]	638	13.0±0.4 [a]	2.127±0.055 [b]
	11～15 只	912	17.0±0.2 [c]	869	13.0±0.3 [a]	1.849±0.042 [c]
	16～19 只	364	15.3±0.3 [d]	348	10.7±0.5 [b]	2.130±0.079 [b]

注：有相同上标字母表示差异无统计学意义（$P>0.05$），无相同上标字母表示差异有统计学意义（$P<0.05$）

10.2　小鸊鷉和凤头鸊鷉的潜水行为

10.2.1　潜水行为

　　小鸊鷉保持 2～59s 的潜水持续时间和 1～92s 的暂停持续时间。平均潜水持续时间为（13.84±5.66）s（$n=1593$），高峰为 12s（8.29%），70.31%分布于 9～19s；平均暂停持续时间为（12.24±9.71）s（$n=1504$），高峰为 9s（10.44%），89.00%分布于 3～21s。总体潜水效率为 1.13（图 10-1 和表 10-5）。

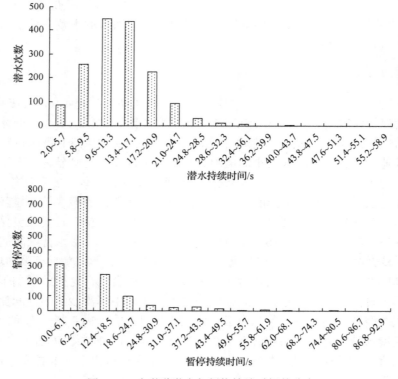

图 10-1　小鸊鷉潜水与暂停持续时间的分布

表 10-5　越冬小䴙䴘不同时期的潜水参数

分类		潜水次数	平均潜水持续时间/s	暂停次数	平均暂停持续时间/s	潜水效率
越冬时期	越冬前期	409	13.34 ± 6.90^a	372	9.78 ± 9.34^a	1.36
	越冬中期	717	13.25 ± 4.52^a	687	13.16 ± 9.72^b	1.01
	越冬后期	467	15.16 ± 5.82^b	445	12.90 ± 9.68^b	1.18
昼间时段	07:00～08:59	222	11.94 ± 5.24^a	208	11.21 ± 10.51^a	1.07
	09:00～10:59	554	13.29 ± 5.21^b	525	11.90 ± 9.20^a	1.12
	11:00～12:59	306	14.78 ± 5.07^c	288	11.97 ± 9.03^a	1.23
	13:00～14:59	230	14.79 ± 6.01^c	216	14.17 ± 12.57^b	1.04
	15:00～17:30	281	14.59 ± 6.60^c	267	12.48 ± 7.78^a	1.17
总体		1593	13.84 ± 5.66	1504	12.24 ± 9.71	1.13

注：有相同上标字母表示差异无统计学意义（$P>0.05$），无相同上标字母表示差异有统计学意义（$P<0.05$）

凤头䴙䴘保持 1～93s 的潜水持续时间和 1～85s 的暂停持续时间。平均潜水持续时间为 (21.72 ± 9.65) s（$n=793$），极显著高于小䴙䴘（$Z= -22.016$，$P<0.001$），高峰为 16s（5.29%），且 74.91%分布于 12～31s；平均暂停持续时间为 (17.88 ± 11.68) s（$n=728$），极显著高于小䴙䴘（$Z= -16.588$，$P<0.001$），高峰为 14s（7.57%），且 76.29%分布于 7～29s。总体潜水效率为 1.21（图 10-2 和表 10-6）。

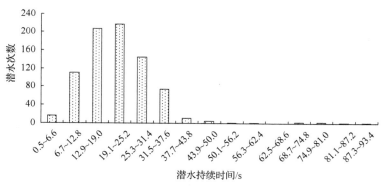

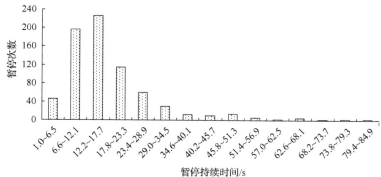

图 10-2　凤头䴙䴘潜水与暂停持续时间的分布

　　小䴙䴘(潜水效率: 1.01~1.23，体质量: ≤0.3kg)和凤头䴙䴘(0.93~1.52，0.5~1kg)的潜水效率低于中华秋沙鸭(1.88~2.21，0.8~1.2kg)和丑鸭(1.8~2.0，0.5~1kg)等鸭类，也低于灰头䴙䴘*Poliocephalus poliocephalus*(2.33±0.25，0.22~0.26kg)和黑喉小䴙䴘*Tachybaptus novaehollandiae*(1.95±0.48，0.1~0.23kg)(赵正阶，2001；Mittelhauser et al.，2008；Roper-Coudert and Kato，2009；Shao et al.，2014c)。对比这些䴙䴘和鸭类的体型大小，潜水效率与体型大小并未发现明显的相关关系。食物丰富度会影响鸟类的潜水效率，美洲骨顶*Fulica americana*会在食物丰富度下降时提高潜水效率(延长潜水持续时间，缩短暂停持续时间)(McKnight，1998)，说明艾溪湖适宜两种䴙䴘取食的食物资源可能较为丰富，也可能是水深和光线造成的(Casaux，2004；White et al.，2008)。小䴙䴘的潜水效率相对凤头䴙䴘来说更为稳定，说明留鸟小䴙䴘有更为稳定适宜的潜水策略，能够更好地适应当地变化的湖泊环境(Roper-Coudert and Kato，2009)。

10.2.2　潜水行为的影响因素

　　小䴙䴘越冬不同时期平均潜水(χ^2=51.155，df=2，$P<0.001$)和暂停(χ^2=131.570，df=2，$P<0.001$)持续时间差异极显著，平均潜水持续时间在越冬后期(15.16±5.82)s 显著高于前期和中期($P<0.05$)，而平均暂停持续时间越冬前期(9.78±9.34)s 显著低于中期和后期。潜水效率在越冬前期(1.36)最高，中期(1.01)最低。昼间不同时段平均潜水(χ^2=55.648，df=4，$P<0.001$)和暂停(χ^2=22.551，df=4，$P<0.001$)持续时间差异极显著。平均潜水持续时间在 07:00~08:59 时段(11.94±5.24)s 和 09:00~10:59 时段(13.29±5.21)s 显著低于其他时段，且这两时段之间差异显著，平均暂停持续时间在 13:00~14:59 时段(14.17±12.57)s 显著高于其他时段。潜水效率在11:00~12:59时段(1.23)最高，在13:00~14:59时段(1.04)最低，07:00~08:59时段(1.07)也较低(表10-5)。暂停持续时间与前一次(r=0.075，P=0.004，n=1504)和后一次(r=0.105，$P<0.001$，n=1504)的潜水持续时间均呈极显著正相关。

　　凤头䴙䴘越冬前期和中期平均潜水(Z= −0.565，P=0.572)和暂停(Z= −0.009，P=0.993)持续时间差异不显著，平均潜水持续时间在越冬前期(22.34±11.91)s 略高于中期(21.16±7.01)s，而平均暂停持续时间越冬前期(17.88±12.15)s 与中期(17.88±11.27)s 相似。潜水效率在越冬前期(1.25)略高于中期(1.18)。昼间不同时段平均潜水持续时间(χ^2=40.702，df=4，$P<0.001$)差异极显著，但平均暂停持续时间(χ^2=2.572，df=4，P=0.632)差异不显著。平均潜水持续时间在 15:00~17:30 时段(24.63±7.79)s 显著高于 11:00~12:59 时段(20.25±8.93)s 和 13:00~14:59 时段(18.14±6.36)s，平均暂停持续时间在 11:00~12:59 时段(19.60±14.85)s 略高于 07:00~08:59 时段(17.27±10.37)s、09:00~10:59 时段(16.74±8.83)s 和 15:00~

17:30 时段（16.12±9.11）s。潜水效率在 15:00～17:30 时段（1.52）最高，在 13:00～14:59 时段（0.93）最低，11:00～12:59 时段（1.03）也较低（表 10-6）。暂停持续时间与前一次（$r = -0.023$，$P = 0.533$，$n = 728$）和后一次（$r = 0.063$，$P = 0.088$，$n = 727$）的潜水持续时间均相关性不显著。

表 10-6　越冬凤头䴙䴘不同时期的潜水参数

分类		潜水次数	平均潜水持续时间/s	暂停次数	平均暂停持续时间/s	潜水效率
越冬时期	越冬前期	375	22.34±11.91	338	17.88±12.15	1.25
	越冬中期	418	21.16±7.01	390	17.88±11.27	1.18
	越冬后期	—	—	—	—	—
昼间时段	7:00～8:59	195	22.64±8.88[a]	181	17.27±10.37	1.31
	9:00～10:59	182	22.43±12.40[a]	166	16.74±8.83	1.34
	11:00～12:59	234	20.25±8.93[b]	214	19.60±14.85	1.03
	13:00～14:59	76	18.14±6.36[c]	68	19.47±13.43	0.93
	15:00～17:30	106	24.63±7.79[ad]	99	16.12±9.11	1.52
总体		793	21.72±9.65	728	17.88±11.68	1.21

注：有相同上标字母表示差异无统计学意义（$P > 0.05$），无相同上标字母表示差异有统计学意义（$P < 0.05$）

10.3　江西省水鸟的食性

水鸟食性包括动物食性、植食性和杂食性 3 类。鄱阳湖区及其"五河"流域丰富的食物资源为江西水鸟提供了良好的食物资源，如丰富的鱼类、贝类资源为动物食性鸟类（如䴙䴘、鹳类、鹭科鸟类）提供食物资源。鄱阳湖区退水后大量显露的洲滩生长着丰富的湿地植物为植食性鸟类如各种大雁、鹤类提供良好的食物资源。此外，鄱阳湖区周边稻田、藕塘也为各种水鸟提供良好的栖息和觅食场所，有时湖区周边稻田中会出现数万只植食性的鸿雁和豆雁，场面壮观。人工生境中的稻田和藕塘有时甚至出现数千只国家Ⅰ级重点保护鸟类白鹤和国家Ⅱ级重点保护鸟类灰鹤，说明人工生境在濒危鸟类种群保护方面起到的作用不容忽视。另外，白鹤和灰鹤等濒危鸟类为什么选择它们以往很少取食的人工生境？是自然生境提供的食物资源不足还是自然生境中食物资源过于分散？这些问题的回答还需要对这些鸟类的食性、潜在的食物资源、取食成功率（取食的难易程度和取食效率）等方面进行进一步研究。

鄱阳湖水鸟 163 种（未统计大红鹳），其中，动物食性鸟类 96 种，占江西水鸟物种总数的 58.90%，植食性鸟类 25 种，杂食性鸟类 42 种（表 10-7）。20 个科中有 13 个科的所有物种均为肉食性鸟类，这些科分别是䴙䴘科、蛎鹬科、反嘴鹬科、燕鸻科、鸥科、鹱科、鹳科、军舰鸟科、鸬鹚科、鹮科、鹭科、鹈鹕科。鹤科都是植食性鸟类，这些鸟类一般在鄱阳湖区草洲、浅水处或鄱阳湖区周边的稻田、藕塘中取食植物根茎、作物收割后残留的谷物等。彩鹬科和水雉科全是杂食性鸟类。

表 10-7　江西省水鸟的食性

物种名称	学名	食性	主要食物
一、雁形目	**ANSERIFORMES**		
（一）鸭科	**Anatidae**		
1. 栗树鸭	*Dendrocygna javanica*	杂	稻谷、水生植物、软体动物
2. 鸿雁	*Anser cygnoid*	植	陆生植物、水生植物
3. 豆雁	*Anser fabalis*	植	豆类、谷物种子、麦芽
4. 灰雁	*Anser anser*	植	水生植物、陆生植物的根、茎、叶
5. 白额雁	*Anser albifrons*	植	水生植物如芦苇、三棱草及植物嫩芽
6. 小白额雁	*Anser erythropus*	植	草本植物、谷类、种子和农作物幼苗
7. 斑头雁	*Anser indicus*	植	莎草科等植物的叶、茎
8. 雪雁	*Anser caerulescens*	植	植物的嫩芽、嫩叶、草茎
9. 加拿大雁	*Branta canadensis*	植	植物的嫩芽、嫩叶、草茎
10. 黑雁	*Branta bernicla*	植	植物的嫩芽、嫩叶
11. 红胸黑雁	*Branta ruficollis*	植	水生植物的嫩芽、叶、茎，农作物幼苗
12. 小天鹅	*Cygnus columbianus*	植	水生植物的叶、根、茎
13. 大天鹅	*Cygnus cygnus*	植	水生植物的叶、根、茎，谷物和幼苗
14. 翘鼻麻鸭	*Tadorna tadorna*	杂	水生昆虫、软体动物，植物叶片、嫩芽和种子
15. 赤麻鸭	*Tadorna ferruginea*	杂	水生植物的叶、芽、种子、昆虫、甲壳类、软体动物
16. 鸳鸯	*Aix galericulata*	杂	青草、草根、草子、苔藓、谷物、昆虫
17. 棉凫	*Nettapus coromandelianus*	杂	水生植物、陆生植物嫩芽、嫩叶，软体动物、甲壳类
18. 赤膀鸭	*Mareca strepera*	植	水生植物、农田谷物
19. 罗纹鸭	*Mareca falcata*	杂	水藻、水生植物嫩叶、种子、谷物、软体动物、甲壳类
20. 赤颈鸭	*Mareca penelope*	植	水生植物的根、茎、叶，藻类、农作物
21. 绿头鸭	*Anas platyrhynchos*	杂	植物的叶、芽、茎，软体动物、甲壳类
22. 斑嘴鸭	*Anas zonorhyncha*	杂	水生植物的叶、嫩芽、茎，水生藻类、昆虫、软体动物
23. 针尾鸭	*Anas acuta*	植	水生植物如松藻、芦苇，谷物

续表

物种名称	学名	食性	主要食物
24. 绿翅鸭	*Anas crecca*	植	水生植物种子、嫩叶，农田谷物
25. 琵嘴鸭	*Spatula clypeata*	杂	软体动物、甲壳类、水藻、草籽
26. 白眉鸭	*Spatula querquedula*	植	水生植物的叶、茎、种子，农田谷物
27. 花脸鸭	*Sibirionetta formosa*	杂	水生植物的芽、嫩叶、种子，软体动物
28. 赤嘴潜鸭	*Netta rufina*	植	水藻、水生植物的嫩芽、茎和种子，农田谷物
29. 红头潜鸭	*Aythya ferina*	植	水藻、水生植物的嫩芽、茎和种子
30. 青头潜鸭	*Aythya baeri*	杂	水草的根、茎、叶，软体动物、甲壳类
31. 白眼潜鸭	*Aythya nyroca*	杂	水芹菜、水仙等水生植物，甲壳类、软体动物
32. 凤头潜鸭	*Aythya fuligula*	杂	虾、蟹、水生昆虫、水生植物
33. 斑背潜鸭	*Aythya marila*	杂	甲壳类、软体动物、水生昆虫，水生植物的叶、茎、种子，水藻
34. 斑脸海番鸭	*Melanitta fusca*	杂	鱼类、水生昆虫、甲壳类、眼子菜、水生植物
35. 长尾鸭	*Clangula hyemalis*	动	甲壳类、软体动物
36. 鹊鸭	*Bucephala clangula*	动	昆虫、甲壳类、软体动物、小鱼、蝌蚪
37. 斑头秋沙鸭	*Mergellus albellus*	动	小鱼、软体动物、甲壳类
38. 普通秋沙鸭	*Mergus merganser*	动	小鱼等水生动物
39. 红胸秋沙鸭	*Mergus serrator*	动	小鱼、水生昆虫、甲壳类、软体动物
40. 中华秋沙鸭	*Mergus squamatus*	动	虾、细鳞鱼、杜父鱼、石蛾幼虫
二、䴙䴘目	**PODICIPEDIFORMES**		
(二)䴙䴘科	**Podicipedidae**		
41. 小䴙䴘	*Tachybaptus ruficollis*	动	小型鱼类、蝌蚪，甲壳类、软体动物
42. 赤颈䴙䴘	*Podiceps grisegena*	动	鱼类、蝌蚪、昆虫、甲壳类、软体动物
43. 凤头䴙䴘	*Podiceps cristatus*	动	鱼类、昆虫、甲壳类、软体动物
44. 角䴙䴘	*Podiceps auritus*	动	鱼类、水生昆虫
45. 黑颈䴙䴘	*Podiceps nigricollis*	动	昆虫、鱼、蛙、蝌蚪、甲壳类
三、鹤形目	**GRUIFORMES**		
(三)秧鸡科	**Rallidae**		
46. 花田鸡	*Coturnicops exquisitus*	杂	水生昆虫、甲壳类、水藻
47. 白喉斑秧鸡	*Rallina eurizonoides*	动	昆虫、贝类、软体动物
48. 灰胸秧鸡	*Lewinia striata*	动	昆虫、贝类、软体动物
49. 普通秧鸡	*Rallus indicus*	杂	昆虫、软体动物、小鱼、植物果实、农作物
50. 红脚田鸡	*Zapornia akool*	动	软体动物、昆虫

续表

物种名称	学名	食性	主要食物
51. 小田鸡	*Zapornia pusilla*	动	水生昆虫、虾、软体动物
52. 红胸田鸡	*Zapornia fusca*	杂	水生昆虫，软体动物，水生植物的叶、芽、种子
53. 斑胁田鸡	*Zapornia paykullii*	杂	水生昆虫，软体动物，水生植物的叶、芽、种子
54. 白胸苦恶鸟	*Amaurornis phoenicurus*	杂	螺，昆虫，植物花、芽，稻谷
55. 董鸡	*Gallicrex cinerea*	杂	水蜘蛛、螺、水生昆虫、植物嫩叶、谷粒
56. 紫水鸡	*Porphyrio porphyrio*	杂	水生植物的嫩叶、幼芽、种子，水生昆虫
57. 黑水鸡	*Gallinula chloropus*	杂	水生植物嫩叶、幼芽，水生昆虫，软体动物
58. 白骨顶	*Fulica atra*	杂	小鱼，虾，水生昆虫，水生植物嫩叶、幼芽、果实
(四)鹤科	**Gruidae**		
59. 白鹤	*Grus leucogeranus*	植	苦草、眼子草、薹草等植物的茎和根
60. 沙丘鹤	*Grus canadensis*	植	草本植物的叶、芽和谷粒
61. 白枕鹤	*Grus vipio*	植	植物种子、草根、嫩叶
62. 蓑羽鹤	*Grus virgo*	植	植物嫩芽、叶，谷物
63. 灰鹤	*Grus grus*	植	植物叶、芽、茎，谷粒
64. 白头鹤	*Grus monacha*	植	植物嫩叶、块根
四、鸻形目	**CHARADRIIFORMES**		
(五)蛎鹬科	**Haematopodidae**		
65. 蛎鹬	*Haematopus ostralegus*	动	甲壳类，软体动物和昆虫
(六)反嘴鹬科	**Recurvirostridae**		
66. 黑翅长脚鹬	*Himantopus himantopus*	动	软体动物、甲壳类、环节动物、昆虫
67. 反嘴鹬	*Recurvirostra avosetta*	动	小型甲壳类、水生昆虫、蠕虫、软体动物
(七)鸻科	**Charadriidae**		
68. 凤头麦鸡	*Vanellus vanellus*	杂	甲虫、蚂蚁、石蛾、螺和植物叶及种子
69. 灰头麦鸡	*Vanellus cinereus*	杂	甲虫、蝗虫、蚱蜢、螺和植物叶及种子
70. 金鸻	*Pluvialis fulva*	动	甲虫、鳞翅目和直翅目昆虫、蠕虫、软体动物
71. 灰鸻	*Pluvialis squatarola*	动	水生昆虫，虾、蟹等甲壳类，软体动物
72. 长嘴剑鸻	*Charadrius placidus*	杂	鞘翅目、鳞翅目等昆虫，植物嫩芽和种子
73. 金眶鸻	*Charadrius dubius*	动	鳞翅目和鞘翅目等昆虫、甲壳类、软体动物
74. 环颈鸻	*Charadrius alexandrinus*	动	蠕虫、甲壳类、软体动物
75. 蒙古沙鸻	*Charadrius mongolus*	动	昆虫、软体动物、蠕虫
76. 铁嘴沙鸻	*Charadrius leschenaultii*	动	昆虫、甲壳类、软体动物

续表

物种名称	学名	食性	主要食物
77. 东方鸻	*Charadrius veredus*	动	昆虫
(八)彩鹬科	**Rostratulidae**		
78. 彩鹬	*Rostratula benghalensis*	杂	昆虫、虾、软体动物，植物叶、芽、种子和谷物
(九)水雉科	**Jacanidae**		
79. 水雉	*Hydrophasianus chirurgus*	杂	昆虫、软体动物、甲壳类、水生植物
(十)鹬科	**Scolopacidae**		
80. 丘鹬	*Scolopax rusticola*	杂	鞘翅目、双翅目昆虫，植物根、浆果、种子
81. 姬鹬	*Lymnocryptes minimus*	动	蠕虫、昆虫、软体动物
82. 孤沙锥	*Gallinago solitaria*	杂	昆虫、蠕虫、软体动物、植物种子
83. 针尾沙锥	*Gallinago stenura*	杂	昆虫、甲壳类、软体动物、农作物种子和草籽
84. 大沙锥	*Gallinago megala*	动	昆虫、环节动物、甲壳类
85. 扇尾沙锥	*Gallinago gallinago*	动	蚂蚁、金针虫、小甲虫、软体动物
86. 长嘴半蹼鹬	*Limnodromus scolopaceus*	动	昆虫、软体动物和甲壳类
87. 半蹼鹬	*Limnodromus semipalmatus*	杂	甲壳类、软体动物、蜘蛛、蚯蚓、禾本科植物种子
88. 黑尾塍鹬	*Limosa limosa*	动	水生和陆生昆虫、甲壳类、软体动物
89. 斑尾塍鹬	*Limosa lapponica*	动	甲壳类、软体动物、环节动物、蠕形动物、水生昆虫
90. 小杓鹬	*Numenius minutus*	杂	昆虫、软体动物、植物种子
91. 中杓鹬	*Numenius phaeopus*	动	昆虫、甲壳类
92. 白腰杓鹬	*Numenius arquata*	动	甲壳类、软体动物、蠕虫、小鱼、蛙
93. 大杓鹬	*Numenius madagascariensis*	动	甲壳类、软体动物、蠕虫、小鱼
94. 鹤鹬	*Tringa erythropus*	动	甲壳类、软体动物、蠕形动物、水生昆虫
95. 红脚鹬	*Tringa totanus*	动	甲壳类、软体动物、环节动物
96. 泽鹬	*Tringa stagnatilis*	动	水生昆虫、蠕虫、软体动物、甲壳类、小鱼
97. 青脚鹬	*Tringa nebularia*	动	虾、蟹、小鱼、螺、水生昆虫
98. 白腰草鹬	*Tringa ochropus*	动	蠕虫、虾、蜘蛛、螺、昆虫
99. 林鹬	*Tringa glareola*	杂	直翅目和鳞翅目昆虫、蠕虫、少量植物种子
100. 灰尾漂鹬	*Tringa brevipes*	动	水生昆虫、蠕虫、软体动物、甲壳类、小鱼
101. 翘嘴鹬	*Xenus cinereus*	动	甲壳类、软体动物、蠕虫、昆虫幼虫

续表

物种名称	学名	食性	主要食物
102. 矶鹬	*Actitis hypoleucos*	动	鞘翅目、直翅目昆虫，夜蛾、螺
103. 翻石鹬	*Arenaria interpres*	杂	甲壳类、软体动物、蜘蛛、蚯蚓、禾本科植物种子和浆果
104. 大滨鹬	*Calidris tenuirostris*	动	甲壳类、软体动物、昆虫
105. 红腹滨鹬	*Calidris canutus*	杂	软体动物、甲壳类、昆虫、植物嫩芽和种子
106. 三趾滨鹬	*Calidris alba*	杂	甲壳类、软体动物、蚊类、少量植物种子
107. 红颈滨鹬	*Calidris ruficollis*	动	昆虫、蠕虫、甲壳类、软体动物
108. 小滨鹬	*Calidris minuta*	动	水生昆虫、小型软体动物、甲壳类
109. 青脚滨鹬	*Calidris temminckii*	动	昆虫、蠕虫、甲壳类和环节动物
110. 长趾滨鹬	*Calidris subminuta*	杂	昆虫、软体动物、小鱼和部分植物种子
111. 尖尾滨鹬	*Calidris acuminata*	杂	蚂蚁、甲壳类、软体动物、植物种子
112. 阔嘴鹬	*Calidris falcinellus*	杂	甲壳类、软体动物、蠕虫、眼子菜和蓼科植物种子
113. 流苏鹬	*Calidris pugnax*	杂	甲虫、蟋蟀、蚯蚓、蠕虫、植物种子
114. 弯嘴滨鹬	*Calidris ferruginea*	动	甲壳类、软体动物、蠕虫和水生昆虫
115. 黑腹滨鹬	*Calidris alpina*	动	甲壳类、软体动物、蠕虫、昆虫
116. 红颈瓣蹼鹬	*Phalaropus lobatus*	动	水生昆虫、甲壳类和软体动物
(十一)燕鸻科	**Glareolidae**		
117. 普通燕鸻	*Glareola maldivarum*	动	金龟甲、蚱蜢、蝗虫、甲壳类动物
(十二)鸥科	**Laridae**		
118. 红嘴鸥	*Chroicocephalus ridibundus*	动	小鱼、水生昆虫、甲壳类、软体动物
119. 黑嘴鸥	*Saundersilarus saundersi*	动	昆虫、甲壳类、蠕虫
120. 遗鸥	*Ichthyaetus relictus*	动	小鱼、昆虫、水生无脊椎动物
121. 渔鸥	*Ichthyaetus ichthyaetus*	动	鱼、鸟卵、雏鸟、蜥蜴、昆虫
122. 黑尾鸥	*Larus crassirostris*	动	鱼、虾、软体动物和水生昆虫
123. 普通海鸥	*Larus canus*	动	小鱼、甲壳类、软体动物、昆虫
124. 小黑背银鸥	*Larus fuscus*	动	鱼、水生无脊椎动物、鸟卵、雏鸟
125. 西伯利亚银鸥	*Larus smithsonianus*	动	鱼、水生无脊椎动物、鸟卵、雏鸟
126. 黄腿银鸥	*Larus cachinnans*	动	鱼、水生无脊椎动物、鸟卵、雏鸟
127. 灰背鸥	*Larus schistisagus*	动	鱼、动物尸体、甲壳类、软体动物
128. 鸥嘴噪鸥	*Gelochelidon nilotica*	动	昆虫、蜥蜴、小鱼
129. 红嘴巨燕鸥	*Hydroprogne caspia*	动	小鱼、甲壳类
130. 白额燕鸥	*Sternula albifrons*	动	小鱼、甲壳类、软体动物、昆虫

续表

物种名称	学名	食性	主要食物
131. 普通燕鸥	*Sterna hirundo*	动	小鱼、甲壳类、昆虫
132. 灰翅浮鸥	*Chlidonias hybrida*	动	小鱼、虾、水生昆虫
133. 白翅浮鸥	*Chlidonias leucopterus*	动	小鱼、虾、水生昆虫
五、鹱形目	**PROCELLARIIFORMES**		
（十三）鹱科	**Procellariidae**		
134. 白额鹱	*Calonectris leucomelas*	动	鱼类、浮游动物和软体动物
六、鹳形目	**CICONIIFORMES**		
（十四）鹳科	**Ciconiidae**		
135. 彩鹳	*Mycteria leucocephala*	动	小型鱼类、蟋蟀、甲壳类
136. 钳嘴鹳	*Anastomus oscitans*	动	小型鱼类、蟋蟀、甲壳类
137. 黑鹳	*Ciconia nigra*	动	小型鱼类、蟋蟀、甲壳类
138. 东方白鹳	*Ciconia boyciana*	动	鱼、蛙、小型啮齿类、蛇
139. 秃鹳	*Leptoptilos javanicus*	动	鱼、蛙、爬行类、软体动物、甲壳类
七、鲣鸟目	**SULIFORMES**		
（十五）军舰鸟科	**Fregatidae**		
140. 白斑军舰鸟	*Fregata ariel*	动	鱼
（十六）鸬鹚科	**Phalacrocoracidae**		
141. 普通鸬鹚	*Phalacrocorax carbo*	动	鱼
八、鹈形目	**PELECANIFORMES**		
（十七）鹮科	**Threskiornithidae**		
142. 黑头白鹮	*Threskiornis melanocephalus*	动	鱼、蛙、蝌蚪、昆虫
143. 彩鹮	*Plegadis falcinellus*	动	水生昆虫、甲壳类、软体动物
144. 白琵鹭	*Platalea leucorodia*	动	水生昆虫、甲壳类、软体动物
145. 黑脸琵鹭	*Platalea minor*	动	小鱼、虾、蟹、昆虫、软体动物
（十八）鹭科	**Ardeidae**		
146. 大麻鳽	*Botaurus stellaris*	动	鱼、虾、蛙、蟹、螺、水生昆虫
147. 黄斑苇鳽	*Ixobrychus sinensis*	动	鱼、虾、蛙、水生昆虫
148. 紫背苇鳽	*Ixobrychus eurhythmus*	动	鱼、虾、蛙、昆虫
149. 栗苇鳽	*Ixobrychus cinnamomeus*	动	鱼、黄鳝、蛙、小螃蟹、水蜘蛛
150. 黑苇鳽	*Ixobrychus flavicollis*	动	小鱼、泥鳅、虾、水生昆虫
151. 海南鳽	*Gorsachius magnificus*	动	小鱼、蛙、昆虫
152. 栗头鳽	*Gorsachius goisagi*	动	鱼类、甲壳类、环节动物、水生昆虫
153. 夜鹭	*Nycticorax nycticorax*	动	鱼、蛙、虾、水生昆虫

物种名称	学名	食性	主要食物
154. 绿鹭	*Butorides striata*	动	鱼、蛙、虾、蟹、水生昆虫
155. 池鹭	*Ardeola bacchus*	动	小鱼、蟹、虾、蛙、昆虫
156. 牛背鹭	*Bubulcus ibis*	动	蝗虫、蚂蚱、蟋蟀、牛蝇
157. 苍鹭	*Ardea cinerea*	动	小鱼、虾、泥鳅、蜥蜴、蛙
158. 草鹭	*Ardea purpurea*	动	小鱼、蛙、甲壳类、蜥蜴、蝗虫
159. 大白鹭	*Ardea alba*	动	直翅目、鞘翅目、双翅目昆虫，甲壳类，软体动物
160. 中白鹭	*Ardea intermedia*	动	鱼、虾、蛙、蝗虫、蝼蛄
161. 白鹭	*Egretta garzetta*	动	黄鳝、泥鳅、虾、蛙、水蛭
162. 岩鹭	*Egretta sacra*	动	鱼类、甲壳类、软体动物
(十九)鹈鹕科	**Pelecanidae**		
163. 卷羽鹈鹕	*Pelecanus crispus*	动	鱼类、甲壳类、软体动物

注：资料来源于赵正阶，2001

10.4　灰鹤的取食行为

10.4.1　觅食频率与步行频率

本次研究共观察稻田灰鹤越冬觅食行为数据 571min，灰鹤平均啄食频率为 (32.06±0.47)次/min。这与日本越冬白头鹤的啄食频率相似(约 30 次/min)，远高于在崇明东滩自然滩涂环境的越冬白头鹤(约 5 次/min)。GLM 分析显示，时段和集群类型对啄食频率的影响存在显著交互效应($F = 2.037$, $P = 0.034$)。啄食频率与时间呈极显著负相关($r = -0.754$, $P=0.002$, $N=14$)。成鹤啄食频率[(32.32±0.55) 次/min]略高于幼鹤[(31.42±0.89) 次/min]，但差异不显著[$F_{(1,569)}=2.541$, $P=0.112$]。聚集群个体啄食频率[(31.84±0.53) 次/min]略低于家庭群[(32.71±1.01) 次/min]，差异也不显著[$F_{(1,569)}=0.462$, $P=0.497$]。各时段间啄食频率差异显著[$F_{(10,560)}= 2.337$, $P=0.011$]，在 08:00～08:59、09:00～09:59 时段最高，分别达到(33.87±1.25)次/min 和(34.97±1.20)次/min，在 16:00～16:59 最低，为 (27.58±1.39)次/min(表 10-8)。偏相关分析显示，啄食频率与湿度($r= -0.685$, $P=0.020$, $df=9$)呈显著负相关，其他环境因子与啄食频率和步行频率无显著相关性。

表 10-8　鄱阳湖稻田灰鹤的啄食频率与步行频率　　　（单位：次或步/min）

I 级分类	II 级分类	样本数	啄食频率	步行频率
月份	11 月	24	37.71±1.88	4.13±0.84
	12 月	89	44.74±1.22	4.91±0.56
	1 月	223	31.97±0.62	5.18±0.39
	2 月	218	27.42±0.57	9.02±0.76
	3 月	17	18.29±1.04	4.76±1.23
	合计	571	32.06±0.47	6.55±0.35
年龄组成	成鹤	405	32.32±0.55	6.04±0.43
	幼鹤	166	31.42±0.89	7.79±0.27
集群类型	聚集群	426	31.84±0.53	6.27±0.38
	家庭群	145	32.71±1.01	7.38±0.81
时段	07:00～07:59	52	32.12±1.73	6.00±0.85
	08:00～08:59	97	33.87±1.25	6.27±0.74
	09:00～09:59	97	34.97±1.20	6.66±0.85
	10:00～10:59	69	32.62±1.34	6.64±1.46
	11:00～11:59	44	29.11±1.61	9.05±1.55
	12:00～12:59	45	31.98±1.46	5.84±1.14
	13:00～13:59	37	28.97±1.93	8.86±1.72
	14:00～14:59	41	31.02±1.41	5.54±0.96
	15:00～15:59	44	31.36±1.48	4.25±0.68
	16:00～16:59	33	27.58±1.39	7.06±1.36
	17:00～17:59	12	29.42±2.79	6.58±2.47

　　稻田灰鹤越冬期平均步行频率为（6.55±0.35）步/min。啄食频率与步行频率呈极显著负相关（$r = -0.360$，$P < 0.001$，N=571）（图 10-3）。步行频率与时间相关虽不显著（r=0.521，P=0.056，N=14），但随时间推移有一定的上升趋势（图 10-4）。这表明随着时间的推移，食物资源的可用性逐渐降低，致使其啄食频率不断降低。最优取食理论表明鸟类会在不同条件下采取不同的行为适应以达到最佳的能量摄入效率，由于单位面积的食物丰富度下降，灰鹤必须提高步行频率在更大面积的区域找到足够的食物资源，同时增加觅食时间，弥补觅食效率的下降。由于步行频率不符合正态分布，未考虑交互效应的影响，成鹤步行频率［（6.04±0.43）步/min］极显著低于幼鹤［（7.79±0.27）步/min］（$Z = -3.666$，$P < 0.001$）。灰鹤在聚集群［（6.27±0.38）次/min］中的步行频率低于家庭群［（7.38±0.81）步/min］，不同集群类型步行频率（$Z = -1.556$，P=0.120）和各时段间步行频率（χ^2=10.086，P=0.433， df=10)差异均不显著(表 10-8)。

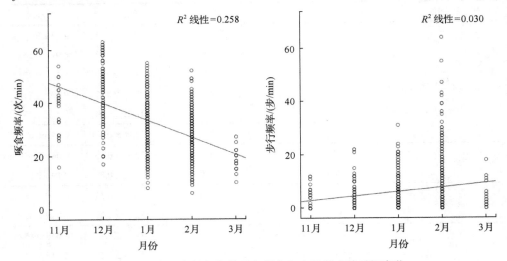

图 10-3　鄱阳湖稻田灰鹤啄食频率和步行频率的时间变化

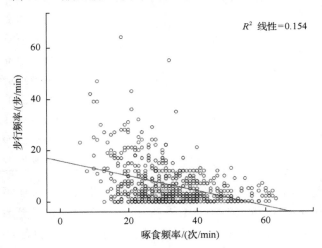

图 10-4　鄱阳湖稻田灰鹤啄食频率与步行频率相关分析

10.4.2　觅食间隔时间与警戒

　　灰鹤觅食间隔中有短时间的警戒、修整及社会行为,其中警戒行为频次占 95.56%。有些抽样单元灰鹤一直觅食,即无觅食间隔。有觅食间隔的抽样单元占总抽样单元的 49.56%(N=283),成鹤觅食间隔比例大于幼鹤,家庭群大于聚集群。有觅食间隔的抽样单元中,平均警戒次数为 1.37±0.04 次/单元,平均警戒持续时间为(6.02±0.37) s/单元。Spearman 相关性检验显示,平均警戒次数与平均警戒持续时间呈极显著负相关($r=-0.444$, $P<0.001$, $N=283$)。由于警戒次数和警戒持续时间不符合正态分布,未考虑交互效应,成幼鹤警戒次数差异显著($Z=-2.914$, $P=0.004$),但平均警戒持续时间差异不显著($Z=-0.334$, $P=0.738$)。不同集群类型间警戒次数差异不显著($Z=-1.528$, $P=0.126$),但警戒持续时间差异显著($Z=-3.517$, $P<0.001$)(表 10-9)。越冬期间,家庭群中的个体通常比聚集群中的个体利用更少的时间取食和更多的时间警戒,说明较大的群体规模可以降低个体面临的被捕食风险。从取食间隔中的警戒次数与警戒持续时间看,成鹤花费在警戒的时间多于幼鹤,在家庭群中的个体警戒持续时间多于在聚集群中的个体,与以往研究结果一致(Alonso and Alonso, 1993;Avilés, 2003;Avilés and Bednekoff, 2007;Zhou et al., 2010)。

表 10-9 鄱阳湖稻田灰鹤觅食间隔中的警戒行为与持续时间

觅食间隔与警戒	年龄组成		集群类型		合计
	成鹤	幼鹤	聚集群	家庭群	
有觅食间隔的抽样单元数 (占总抽样单元的比例/%)	211 (52.10)	72 (43.37)	191 (44.84)	92 (63.45)	283 (49.56)
总警戒次数	304	83	254	133	387
*每抽样单元平均警戒次数	1.44 ± 0.50	1.15 ± 0.07	1.33 ± 0.05	1.45 ± 0.07	1.37 ± 0.04
*每抽样单元平均警戒持续时间/s	6.00 ± 0.42	6.11 ± 0.80	4.99 ± 0.36	8.17 ± 0.83	6.02 ± 0.37

*仅指有间隔的抽样单元

第11章　集群行为、性比与成幼组成

　　集群是动物界中的常见现象，是动物个体对外界环境条件的反应(孙儒泳，2001)。个体在集群中可以利用多眼效益(有更多双眼睛观察潜在被捕食威胁)和稀释效益(群体个体数越多，捕食者单次捕食的选择对象越多，单个个体被捕食概率下降)降低被捕食风险(刘强等，2008)。适宜的集群大小可减少警戒时间而获得更充足的觅食时间。同时也可使集群中更具攻击性的个体通过采取种内偷窃策略获得更高的能量摄取效率(Bautista et al.，1998)。因此，集群有利于动物发现和逃避天敌，降低被捕食的风险(Jarman，1974；Hoogland，1979；Bertram，1980；Beauchamp and Ruxton，2003)，提高觅食效率，从而提高个体适合度(Hamilton，1971；Pulliam，1973；Treisman，1975；Landeau and Terborgh，1986；Burger et al.，2000；孙儒泳，2001)。但集群过大容易引起天敌的注意、增加个体之间的竞争，增大疾病传播，从而降低个体的适合度(孙儒泳，2001)。因此，动物在一特定的环境中存在一个最适大小的群体。集群类型、集群大小、集群的生态学意义及集群的影响因子是研究动物集群的主要内容(张晓辉等，2004；连新明等，2005；刘振生等，2009；刘国库等，2010)。不同物种在同一地区的集群大小存在差异，同一物种在不同生境中集群大小也会发生变化(Avilés and Bednekoff，2007；Shao et al.，2014b；邵明勤等，2014a)。不同的集群类型中个体可获得不同的收益，从而采用不同的集群策略(李凤山和马建章，1992)。这些差异的研究有助于理解鸟类的生存状况和适应对策。

　　水鸟性比组成的研究，可以很好地预测它们的种群动态，同时也可以掌握雌雄到达越冬地的先后顺序。很多鸭科鸟类为单配偶制，但它们的性比通常不是 1：1。鸳鸯的雄性占种群数量的 67.74%，花脸鸭的雄性仅占种群数量的 14.53%～25.93%。这些性比的差异主要依赖雌雄个体的竞争、雌雄的成活率、人类捕杀等。通常人类偏爱捕杀一些羽色漂亮的雄性个体，因此很多雄性个体比例较低。性比偏离 1：1 将会影响单配偶制的一些个体不能参加配对，进而影响它们的繁殖和后代的数量，对种群的稳定影响较大。水鸟年龄组成的研究也可以预测它们以后的种群数量，天鹅类 Cygnus spp.越冬期的幼体比例通常为 10%～30%，不同生境幼体比例的差异可能与各生境中食物组成和安全性有关，另外幼体比例的时间差异，也能反映不同年龄的迁徙规律和迁徙对策的不同。

　　本章对鄱阳湖流域中华秋沙鸭和鄱阳湖区雁鸭类性比与 4 种鹤类的集群行为及其影响因素进行了系统研究，目的在于：①了解这些水鸟的集群和性比的基本特征及变化规律；②掌握这些水鸟集群的影响因素，揭示它们的集群策略。

11.1 中华秋沙鸭的集群特征与性比

11.1.1 集群类型

2010 年 10 月~2014 年 3 月，本次共统计中华秋沙鸭 145 群次，计 768 只次。其中，混合群群数最多，为 112 群次（77.24%），722 只次；雄性孤鸭 14 群次（9.66%），14 只次；雌性孤鸭 9 群次（6.21%），14 只次；雄性群仅 1 群次（0.69%），2 只次（表 11-1）。卡方检验结果表明，不同集群类型出现频率的差异极显著（χ^2=66.886，df=4，P<0.01）；选择孤鸭这一特殊集群类型的雌雄个体差异不显著（χ^2=0.000，df=1，P>0.05）。

表 11-1 中华秋沙鸭不同月份集群类型

集群类型	调查时间					
	11 月	12 月	1 月	2 月	3 月	合计
雄性群		1(3.13%)				1(0.69%)
雌性群		4(12.50%)		2(6.90%)	3(7.89%)	9(6.21%)
混合群	17(77.27%)	22(68.75%)	20(83.33%)	21(72.41%)	32(84.21%)	112(77.24%)
雌性孤鸭		1(3.13%)	1(4.17%)	4(13.79%)	3(7.89%)	9(6.21%)
雄性孤鸭	5(22.73%)	4(12.50%)	3(12.50%)	2(6.90%)		14(9.66%)
合计	22(100%)	32(100%)	24(100%)	29(100%)	38(100%)	145(100%)

各种集群类型中，混合群出现的频次在 5 个月中均最高；11 月和 1 月除混合群外，都是雄性孤鸭出现的频次最高（表 11-1），12 月雌性群和雄性孤鸭出现频次相同。其中，5 个月中，11 月的雄性孤鸭出现的频次最高，雄性比例也相对较高。雄性群只在 12 月出现 1 次，其他月份未见雄性集群。雌性集群出现的频次也较低，只在 12 月、2 月和 3 月出现。3 月几乎都是混合群。卡方检验表明，混合群的比例在时间上差异极显著（χ^2=10.866，df=4，P<0.01）。

表 11-2 是中华秋沙鸭 4 种混合群的集群方式。64 混合群次中，46.88% 的混

表 11-2 不同月份中华秋沙鸭 4 种混合群集群方式的数量统计

集群方式	调查时间					
	11 月	12 月	1 月	2 月	3 月	合计
一雌一雄	3(27.27%)	3(33.33%)	2(25.00%)	3(21.43%)	9(40.91%)	20(31.25%)
雌性多于雄性	6(54.55%)	5(55.56%)	4(50.00%)	6(42.86%)	9(40.91%)	30(46.88%)
雌性少于雄性	1(9.09%)	1(11.11%)	1(12.50%)	2(14.29%)	3(13.64%)	8(12.50%)
雌性等于雄性(不含一雌一雄)	1(9.09%)		1(12.50%)	3(21.43%)	1(4.55%)	6(9.38%)
合计	11(100%)	9(100%)	8(100%)	14(100%)	22(100%)	64(100%)

合群次中雌性个体数多于雄性个体，31.25%的混合群次是一雌一雄。5 个月中，雌性多于雄性的群体出现的频次均最高，其次出现频次较高的均为一雌一雄的群体。

11.1.2　集群大小

调查期间，共记录中华秋沙鸭 145 群次，其中，孤鸭 23 群次（雌性孤鸭 9 群次，雄性孤鸭 14 群次），占总群数的 15.86%；2 只群 41 群次（其中有 33 群次为一雌一雄群），占总群数 28.28%。2～8 只群为 94 群次，占 64.83%，9 只以上的群（包括 9 只）28 群次，占总群数的 19.31%（图 11-1）。按照上述集群大小分组，卡方检验结果表明，不同大小的集群频率差异极显著（χ^2=106.208，df=2，P＜0.001）。

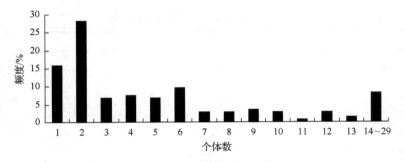

图 11-1　中华秋沙鸭不同大小集群的出现频次

图 11-2 显示中华秋沙鸭个体对不同大小集群的偏好。集群大小在 2～6 只的比例均超过 3.7%。卡方检验结果显示，选择不同大小集群的个体数差异极显著（χ^2=144.000，df=20，P＜0.001）。

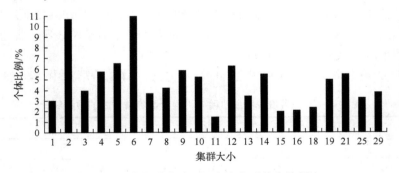

图 11-2　中华秋沙鸭不同大小集群的个体频次

中华秋沙鸭的群体大小是（5.30±5.20）只/群。混合群群体大小是（6.45±5.39）只/群，高于其他类型的群体大小。集群大小最大为 29 只，最小为孤鸭（表 11-3）。

混合群的集群大小存在时间差异(表 11-4)。混合群的群体大小在 11 月显著大于其他月份(F=3.518，df=4，P<0.05)。

表 11-3　中华秋沙鸭不同集群类型的群体大小

集群类型	观察群数	个体数/只	集群个体数/只	平均大小(均值±平均差)
雄性群	1	2	2	2
雌性群	9	21	2~4	2.33±0.77
混合群	112	722	2~29	6.45±5.39
雌性孤鸭	9	14	1	1
雄性孤鸭	14	9	1	1
合计	145	768	1~29	5.30±5.20

表 11-4　中华秋沙鸭混合群集群大小的时间变化

	11 月	12 月	1 月	2 月	3 月	合计
混合群	10.24±7.71	6.36±5.23	6.70±5.65	6.29±3.85	4.44±3.70	6.45±5.39
观察群数	17	22	20	21	32	112

2011 年 10 月~2012 年 3 月和 2012 年 10 月~2013 年 3 月分别在婺源和宜黄两个河段，定点观察中华秋沙鸭的集群变化。根据中华秋沙鸭取食节律，分成 3 个时间段统计比较(表 11-5)。宜黄的(χ^2=2.902，df=2，P>0.05)和婺源的(χ^2=3.389，df=2，P>0.05)日集群变化差异均不显著。

表 11-5　宜黄和婺源中华秋沙鸭日集群数量变化

时间	宜黄	婺源	合计
7:00~10:59	3.49±2.02	5.82±3.75	5.01±3.43
11:00~14:59	4.60±3.50	5.98±3.74	5.46±3.70
15:00~17:59	4.79±4.13	4.93±3.21	4.87±3.61
合计	4.27±3.32	5.66±3.63	5.13±3.58

11.1.3　性比

本次在鄱阳湖流域的 8 个河段共记录到中华秋沙鸭个体 768 只次，性别比例 1.49[(雌+幼)/雄](表 11-6)。性别比例时间差异不大，各月性比范围在 1.39~1.58，记录数量范围在 138~179 只次。3 月的性比与合计相同，11 月性比相对较低 (1.39)。

表 11-6　越冬期中华秋沙鸭集群性比

河段	11 月	12 月	1 月	2 月	3 月	合计
修水	1.66(133)*	2.45(38)	0.80(9)	2.56(32)	2.50(28)	1.89(240)
靖安	(1M)	1.00(10)	1.00(6)	(1M)	1.00(2)	0.82(20)
宜黄	—	1.13(34)	0.95(43)	1.25(54)	0.96(45)	1.07(176)
龙虎山	1.25(9)	(1M)	1.50(15)	1.00(8)	2.00(9)	1.33(42)
耳口	0.50(3)	1.25(9)	—	1.00(2)	—	1.00(14)
弋阳	0.45(16)	3.00(12)	2.75(30)	2.00(12)	1.29(32)	1.55(102)
浮梁	1.00(8)	2.67(11)	(1F)	1.67(8)	2.60(18)	2.07(46)
婺源	2.00(9)	1.33(42)	1.83(34)	1.78(25)	1.57(18)	1.61(128)
合计	1.39(179)	1.57(157)	1.46(138)	1.58(142)	1.49(152)	1.49(768)

*括号中的数字表示具体的月份中特定河段观察到的中华秋沙鸭的数量,下同；F. Female 雌性；M. Male 雄性

　　性比在各河段差异较大。各河段性比范围在 0.82～2.07,数量范围在 14～240 只次。性比最高的是浮梁段,最低的是靖安段。靖安的性比在 1.00 以下。数量过百只次的河段有修水、宜黄、弋阳和婺源,除了宜黄段外其他 3 条河段性比均大于 1.49。

　　修水段在 11 月,观察到 133 只次,性比为 1.66。其次为宜黄 2 月观察到 54 只次,性比为 1.25。

　　不同流域越冬期性比比较,在时间上,越冬中期观察到 280 只次,性比略高,为 1.52。在空间上,不同流域差异较显著,修河流域性比最高(1.77),其次为饶河流域(1.72)。抚河流域观察到 176 只次,性比最低(1.07)(表 11-7)。

表 11-7　鄱阳湖四大流域中华秋沙鸭性比

时间	修河	抚河	信江	饶河	合计
越冬前期	1.72(182)	1.13(34)	1.00(50)	1.50(70)	1.47(336)
越冬中期	1.67(48)	1.11(97)	1.91(67)	1.83(68)	1.52(280)
越冬后期	2.33(30)	0.96(45)	1.41(41)	2.00(36)	1.49(152)
合计	1.77(260)	1.07(176)	1.43(158)	1.72(174)	1.49(768)

　　修河流域在越冬中期性比最小,而信江流域则相反,越冬中期性比最高。抚河流域随时间推移依次减小,而饶河流域随时间推移依次增加。修河流域在越冬前期观测到最多 182 只次,性比也较高。性比最高为修河流域的越冬后期,但仅观测到最少的 30 只次中华秋沙鸭。

11.2 鄱阳湖区常见雁鸭类的性比

共记录能辨认性别的绿翅鸭 121 次 771 只，雄性(52.27%)略多于雌性。在整个越冬期雄性比例呈先增长后下降趋势，各时期差异极显著(χ^2=32.842, df=2, P<0.001)。越冬前期雄性比例(22.41%, n=58)极显著低于雌性(χ^2=17.655, P<0.001)，越冬中期(60.66%, n=361)极显著高于雌性(χ^2=16.424, P<0.001)，越冬后期(48.58%, n=352)雌雄比例相近(表 11-8)。

表 11-8 2012~2014 年鄱阳湖 4 种越冬鸭类的性比

物种	时期	样本量 N	雄性比例/%
绿翅鸭 *Anas crecca*	越冬前期	58	22.41
	越冬中期	361	60.66
	越冬后期	352	48.58
	总计	771	52.27
罗纹鸭 *Mareca falcata*	越冬前期	335	40.60
	越冬中期	286	52.10
	越冬后期	133	48.12
	总计	754	46.29
绿头鸭 *Anas platyrhynchos*	越冬前期	105	44.76
	越冬中期	90	50.00
	越冬后期	26	57.69
	总计	221	48.42
赤颈鸭 *Mareca penelope*	越冬前期	9	33.33
	越冬中期	183	49.18
	越冬后期	0	
	总计	192	48.44

共记录能辨认性别的罗纹鸭 101 次 754 只，雄性(46.29%)显著少于雌性(χ^2=4.159, P=0.041)。在整个越冬期雄性比例呈先增长后下降趋势。越冬中期雄性比例极显著高于越冬前期(χ^2=8.218, P=0.004)。越冬前期雄性比例(40.60%, n=335)极显著低于雌性(χ^2=11.848, P=0.001)，中期(52.10%, n=286)略高于雌性，后期(48.12%, n=133)略低于雌性(表 11-8)。

共记录能辨认性别的绿头鸭 74 次 221 只，雄性(48.42%)略少于雌性。共记录能辨认性别的赤颈鸭 38 次 192 只，雄性(48.44%)略少于雌性(表 11-8)。

11.3　鄱阳湖区小天鹅年龄组成

共记录能辨认年龄结构的小天鹅 485 次 3130 只，幼体比例为 28.27%。越冬前期(31.50%, n=635)、中期(26.92%, n=2221)和后期(31.75%, n=274)的幼体比例先显著下降(χ^2=5.125, P=0.024)后略有上升(χ^2=2.853, P=0.091)，前期与后期幼体比例相似(χ^2=0.006, P=0.939)(表 11-9)。

表 11-9　2013～2014 年鄱阳湖越冬小天鹅的年龄结构

地区	时期	样本量 N	幼体比例/%
PYH	越冬前期	219	27.40
	越冬中期	683	29.43
	越冬后期	1	0.00
	总计	903	28.90
DC	越冬前期	240	24.58
	越冬中期	310	26.77
	越冬后期	146	47.95
	总计	696	30.46
BS	越冬前期	9	55.56
	越冬中期	568	16.37
	越冬后期	127	13.39
	总计	704	16.34
YY	越冬前期	32	34.40
	越冬中期	30	40.00
	越冬后期	0	
	总计	62	37.10
NJ	越冬前期	135	48.15
	越冬中期	630	33.17
	越冬后期	0	
	总计	765	35.82
总计	越冬前期	635	31.50
	越冬中期	2221	26.92
	越冬后期	274	31.75
总计		3130	28.27

各地区小天鹅幼体比例有较大差异，若剔除样本量较少的 YY(37.10%, n=62)，其余地区中 BS 的幼体比例极显著低于 PYH(P=0.000)，PYH 幼体比例略低于 DC(P=0.024)，DC 幼体比例显著低于 NJ(P=0.005)。DC 幼体比例中期至后

期极显著增长 (χ^2=19.954, P<0.001)，BS (χ^2=9.647, P=0.002) 和 NJ (χ^2=10.843, P=0.001) 前期至中期极显著下降 (表 11-9)。

11.4 鹤类集群特征与成幼组成

11.4.1 集群大小

1. 群体大小

白鹤集群 104 群 2481 只，平均集群大小 (23.86±10.26) 只 (集群大小范围 1~922 只)，越冬各时期集群大小无显著差异；白头鹤集群 98 群 629 只，平均集群大小 (6.42±1.63) 只 (1~123 只)，中期集群大小显著小于后期 (t = −2.209, df=35.426, P=0.034)；白枕鹤集群 105 群 639 只，平均集群大小为 (6.09±2.55) 只 (1~270 只)，各时期集群大小无显著差异 (表 11-10)。灰鹤集群 246 群 1365 只，平均集群大小 (5.55±1.26) 只 (1~300 只)，各地区及越冬各时期的集群大小无显著差异 (表 11-11)。4 种鹤类之间的集群大小无显著差异。

表 11-10　鄱阳湖越冬白鹤、白头鹤和白枕鹤的集群大小

物种	集群大小/只			
	前期	中期	后期	合计
白鹤	3.39±0.76 N=18	33.68±15.60 N=68	7.22±1.82 N=18	23.86±10.26 N=104
白头鹤	3.83±0.46[ab] N=12	2.82±0.33[a] N=50	12.28±4.27[b] N=36	6.42±1.63 N=98
白枕鹤	3.82±0.65 N=17	3.55±0.29 N=67	16.00±12.70 N=21	6.09±2.55 N=105

注："N"代表集群数

表 11-11　鄱阳湖越冬灰鹤的集群大小的时空变化

调查地区	集群大小/只			
	前期	中期	后期	合计
PYH	4.17±0.61 N=23	5.17±1.18 N=58	25.06±17.38 N=17	8.39±3.12 N=98
NJ	5 N=1	3.79±0.93 N=19	4 N=1	3.86±0.84 N=21
DC	2.67±0.88 N=3	2.78±0.29 N=23	3.88±1.19 N=8	3.03±0.34 N=34
PY	—	3.94±0.38 N=63	3.00±0.71 N=5	3.87±0.36 N=68
YY	3.84±0.38 N=25	—	—	3.84±0.38 N=25
合计	3.94±0.33 N=52	4.20±0.46 N=163	15.35±9.61 N=31	5.55±1.26 N=246

注："N"代表集群数；"—"表示该时期未记录到有关数据

2. 家庭群与聚集群的集群大小

4 种鹤类家庭群的平均集群大小均在 2.5~2.7 只，无显著差异；聚集群方面，白鹤的平均集群大小略大(84.56±37.64)只，灰鹤略小(14.97±5.17)只，但无显著差异(表11-12)。

表 11-12　鄱阳湖 4 种鹤类家庭群和聚集群的集群大小

集群类型	集群大小/只			
	白鹤	白头鹤	白枕鹤	灰鹤
家庭群	2.65±0.06 N=63	2.56±0.09 N=64	2.57±0.11 N=46	2.62±0.07 N=130
聚集群	84.56±37.64 N=27	21.35±7.18 N=20	26.86±18.72 N=14	14.97±5.17 N=58

注："N"代表集群数

3. 集群大小的频度分布及个体比例

白鹤、白头鹤、白枕鹤和灰鹤均在 1～5 只个体的小集群中出现频度(该集群数占总集群数的比例)最高，分别占 75.96%、81.63%、88.57%和 84.96%。白鹤在 >35 只个体集群中的个体比例(该集群中的个体数占总个体数的比例)最高，为78.80%，而白头鹤(33.70%，41.97%)、白枕鹤(42.72%，42.25%)和灰鹤(44.10%，32.38%)分别在 1～5 只个体集群和 >35 只个体集群均有较高的个体比例(图 11-3)。

11.4.2　集群类型

1.4 种鹤类集群类型

白鹤(64.29%，总集群数 N=98)、白头鹤(71.91%，N=89)、白枕鹤(70.77%，N=65)和灰鹤(63.11%，N=206)的集群类型均以家庭群为主，其次为聚集群，孤鹤最少。白鹤和白头鹤不同时期集群类型的分配有显著变化，其中，白鹤家庭群比例后期较前期极显著下降(x^2=8.533，P=0.003)而聚集群比例极显著增加(x^2=7.575，P=0.006)；白头鹤家庭群比例中期较后期极显著增加(x^2=13.195，P<0.001)，聚集群比例中期较前期(x^2=10.155，P=0.001)和后期(x^2=22.753，P<0.001)极显著降低(图 11-4)。

2. 家庭群的组成

白鹤的家庭群(集群数 N=63)以 2 成 1 幼比例最大(65.08%)，2 成次之(30.16%)，白头鹤(N=64)、白枕鹤(N=46)和灰鹤(N=130)均以 2 成比例最大(分别为 51.56%、52.17%和 47.69%)，2 成 1 幼次之。灰鹤的 2 成 2 幼集群比例最大(15.38%)，未记录到白鹤 2 成 2 幼的集群类型。除白头鹤外，其他鹤类不同时期家庭群的组成均有显著变化，其中，白鹤 2 成集群比例后期较中期极显著增加(x^2=11.318，P=0.001)，而 2 成 1 幼极显著降低(x^2=7.986，P=0.005)；白枕鹤 1 成 1 幼集群比例前期极显著高于中期(x^2=6.286，P=0.012)；灰鹤中期较前期 2 成集群比例极显著降低($\chi^2=8.876$, $P=0.003$)，而 2 成 1 幼($\chi^2=4.571$, $P=0.033$)显著增加
（图 11-5）。

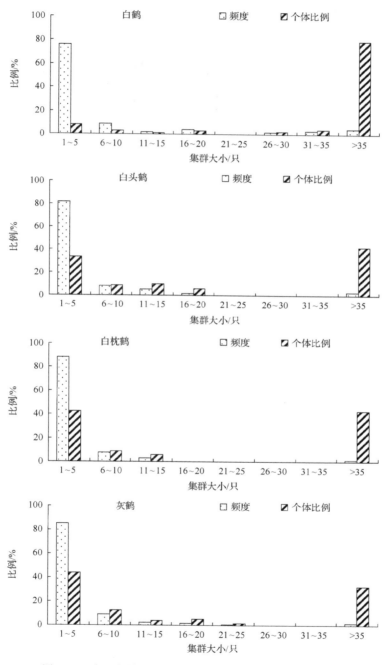

图 11-3　鄱阳湖越冬鹤类集群大小的频度分布及个体比例

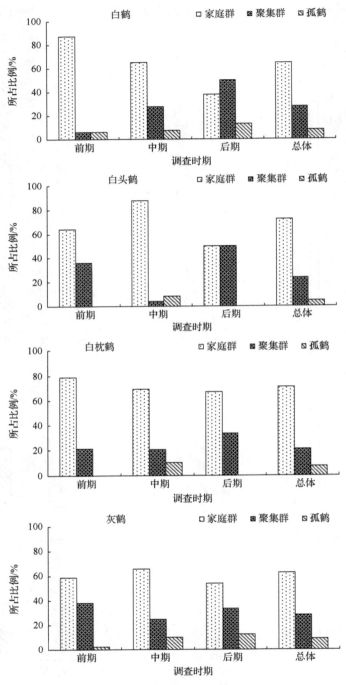

图 11-4　鄱阳湖越冬鹤类的集群类型

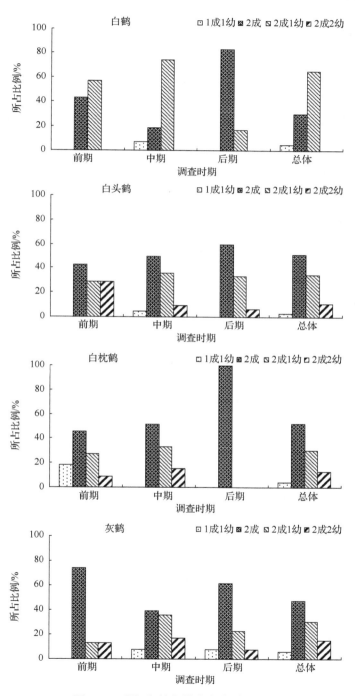

图 11-5　鄱阳湖越冬鹤类家庭群的组成

11.4.3　成幼组成

观察到能辨认成幼个体的白鹤集群 89 群 1695 只，幼鸟比例为 12.27%，各时期幼鸟比例无显著差异；白头鹤集群 80 群 416 只，幼鸟所占比例为 14.42%，越冬前期(26.09%)和中期(19.23%)的幼鸟比例极显著高于后期(9.58%，$P<0.001$)；白枕鹤集群 70 群 229 只，幼鸟所占比例为 16.59%，各时期幼鸟比例无显著差异(表 11-13)。灰鹤集群 181 群 655 只，幼鸟比例为 20.46%，各时期幼鸟比例差异不显著($P>0.05$)。个体数较多的 3 个地区中，DC(25.25%)和 BS(25.14%)的幼鸟比例分别显著($\chi^2=6.495$，$P=0.011$)和极显著($\chi^2=9.012$，$P=0.003$)地高于 PYH(14.24%)(表 11-14)。灰鹤的幼鸟比例分别显著和极显著高于白头鹤($\chi^2=6.247$，$P=0.012$)和白鹤($\chi^2=25.630$，$P<0.001$)，其余物种间无显著差异。

表 11-13　鄱阳湖越冬白鹤、白头鹤和白枕鹤的成幼组成

物种	幼鸟比例			
	前期	中期	后期	合计
白鹤	21.95% $N=41$	12.01% $N=1607$	12.77% $N=47$	12.27% $N=1695$
白头鹤	26.09% $N=46$	19.23% $N=130$	9.58% $N=240$	14.42% $N=416$
白枕鹤	20.63% $N=63$	15.06% $N=166$	—	16.59% $N=229$

注："N"代表个体数；"—"表示该时期未记录到有关数据

表 11-14　鄱阳湖越冬灰鹤的成幼组成

调查地区	幼鸟比例			
	前期	中期	后期	合计
PYH	17.39% $N=92$	14.44% $N=180$	7.84% $N=51$	14.24% $N=323$
NJ	—	32.00% $N=50$	25.00% $N=4$	31.48% $N=54$
DC	25.00% $N=4$	26.56% $N=64$	22.58% $N=31$	25.25% $N=99$
BS	—	25.29% $N=174$	0.00% $N=1$	25.14% $N=175$
YY	50.00% $N=4$	—	—	50.00% $N=4$
合计	19.00% $N=100$	22.01% $N=468$	13.79% $N=87$	20.46% $N=655$

注："N"代表个体数；"—"表示该时期未记录到有关数据

第12章 生境选择与活动范围

生境(栖息地)选择是生态学的核心问题。食物、水和隐蔽物是野生动物栖息地选择的 3 个要素。生境选择的信息对于生境管理和物种保护至关重要(唐佳等，2013)。栖息地的质量不但影响鸟类的存活，还对其后续繁殖产生很大的影响(Pearse et al.，2012；Lourenco et al.，2015；Novcic，2016)。栖息地利用是指一个物种或个体使用栖息地完成生活史需要的方式，栖息地选择是指鸟类对不同栖息地产生不同反应的过程，导致不成比例地使用栖息地，从而影响物种或个体的生存和适合度。水鸟栖息地的影响因子很多，如生境、食物、气候、温度、湿度、水源和隐蔽度等。不同的水鸟所侧重的影响因子也不同，大部分水鸟以食物因子为最主要因子，也有水鸟侧重隐蔽度因子。①**栖息地利用**：栖息地利用揭示的是水鸟个体实际利用环境的结果，对不同生境的比较，了解不同水鸟的生境选择偏好及对栖息地的生境保护和恢复研究(Gwiazda and Amirowicz，2006；Blackman et al.，2013)。有些水鸟选择淡水、沼泽等湿地，如路易斯安那州西南部越冬雌性绿头鸭 *Anas platyrhynchos* 对淡水沼泽利用得比较多，淡咸水和咸水沼泽利用得比较少(Link et al.，2011)。也有水鸟选择森林生境栖息，如采用 24h 无线电跟踪美国北卡罗来纳州小丘鹬 *Scolopax minor* 对庄稼地和森林的栖息地选择，研究表明，夜间 94%的时间在森林，6%在庄稼地，而白天 100%栖息在森林中。小丘鹬低频率利用庄稼地可能是因为一些沟渠可用性少等。由于小丘鹬主要栖息在森林的洼地，因此保护林地尤其重要(Blackman et al.，2014)。②**栖息地选择**：栖息地选择侧重于水鸟对不同梯度栖息地选择的原因、选择过程及对其适应的结果。主要有以下几个影响因子。③**食物因子**：食物因子对水鸟栖息地选择的影响尤为重要，大部分水鸟首先选择食物丰富的栖息地。例如，小绒鸭 *Polysticta stelleri* 的越冬栖息地选择会随着鲱鱼产卵的地区变化而变化，鲱鱼卵是重要的食物和能量来源，保护鲱鱼产卵地有利于小绒鸭的保护(Willson and Hocker，2008)。密歇根湖北部海利群岛双冠鸬鹚，通常它们在离巢 2.5km 之外食物丰富地觅食，表明可能受小嘴鲈鱼影响(Gwiazda and Amirowicz，2006)。④**水因子**：大部分水鸟栖息地周围都有河流或者湖泊湿地，水资源相对丰富。大部分水鸟对水质及透明度等因素敏感，如苍鹭总选择在鱼类丰度最低，而水面最浑浊，但食物最大最长的地区觅食。⑤**干扰因子**：有些水鸟的栖息策略中，将干扰因子放在首位，如在斑头雁 *Anser indicus* 的觅食栖息选择中，干扰因子、逃离因子和食物因子是其觅食地生境选择的主要因子，斑头雁喜欢在植物种类不丰富、植被盖度较高、植被高度较低、距离干扰较远、距离水源较近、生境开阔和海拔较低的区域觅食(杨延峰等，2012)。栖息地选择和利用可以从不同尺度(大尺度、中等尺度和微生境)开展。大尺度一般以栖息地为中心，几千米甚至几十千米范围内各种生境(河道、农田、湖泊、村庄、森林等)的比例，这种方法一般借助 GIS(地理信息系统)来实施。中等尺度主要是指以鸟类栖息的地方为中心开展 10m×10m 样方内的各种参数的测量，这是鸟类比较常见的一种栖息地选择研究的方法。鸟类微生境的利用，即从更小的尺度研究鸟类栖息地的选择，也是鸟类栖息地选择常用的方法。

日移动距离(range length)又称为日漫游距离。日移动距离的长短影响到社群一天中各项活动的时间分配，如取食、个体行为和社会活动等，因而对个体的能量和营养的收支平衡有重要影响，而且可能影响到个体的存活和繁殖(Altmann et al., 1993；Wrangham et al., 1993；Chapman et al., 1995；Janson and Goldsmith, 1995)。不同物种的日移动距离变化很大，即使同一物种在不同季节和不同生境中的日移动距离也不同，日移动距离的变化与食物的丰富度和时空分布有关(Raemaekers, 1980；Marsh, 1981；Isbell, 1983；O'brien and Kinnaird, 1997)。活动范围(home range)又称为活动区(潘超和郑光美，2003)，灵长类动物称为家域(王双玲，2008)，啮齿类动物可称为巢区(刘伟等，2002)，是动物进行取食、交配和育幼等日常行为所利用的区域(刘群秀等，2009)。就鸟类而言，活动范围可作为营巢地、取食地、夜宿地和越冬地等，它与领域不同，通常不受鸟类的有效保护，不同个体的活动区可以重叠(张国钢等，2008)。活动范围是动物领域行为强度的外在表现特征值之一，其大小与变化是评价动物的生境质量、估测栖息地的负载量、确定保护有生存力的最小种群所需的栖息地面积的重要参数，因此成为动物行为生态学研究的重要内容(王双玲，2008)。鸟类活动范围的研究有助于对鸟类空间利用模式的理解和对栖息地选择的深入研究(张国钢等，2008)。国内对鸟类日移动距离的研究未见报道，对活动范围已有较多研究，但大多为活动范围的估算。主要研究方法为无线电遥测法和标图估算法。结果显示，有些鸟类活动范围小，如麻雀 *Passer montanus* 冬季的活动区面积约为 7600m^2，花尾榛鸡 *Bonasa bonasia* 冬季活动区平均为 (466±127)m^2，春季绿孔雀 *Pavo muticus* 的活动范围仅 0.3~0.6km^2(孙悦华和方昀，1997；潘超和郑光美，2003)；有些鸟类活动范围大，黑颈鹤 *Grus nigricollis* 在云南东北越冬期的活动范围约为 200km^2(何晓瑞和吴金亮，2000)，黄喉噪鹛 *Garrulax galbanus* 在婺源的月亮湾、兵林营、中云镇政府大院和朱村荷岸 4 点的活动范围，分别为 47.78hm^2、20.3hm^2、7.78hm^2 和 22.47hm^2(洪元华等，2006)。鸟类不同时期的活动范围也有较大差异，如不同季节食物分布不均匀性导致红腹角雉 *Tragopan temminckii* 冬春季活动范围大、夏秋

季活动范围小的现象(史海涛和郑光美,1999);青海湖棕头鸥 *Larus brunnicephalus*
繁殖初期、中期、后期和迁徙前期活动区面积有显著差异(张国钢等, 2008)。国
内对哺乳动物尤其是灵长类动物的日移动距离和活动范围做过较多研究,现已对
白头叶猴 *Presbytis leucocephalus*(黄乘明, 1998)、黑叶猴 *Trachypithecus francoisi*
(李友邦, 2008;黄中豪等, 2011)等的日漫游距离和家域面积进行了测算,对白
眉长臂猿 *Hylobates hoolock*(李旭等, 2011)、滇金丝猴 *Rhinopithecus bieti*(龙勇诚
等, 1996)、野生猕猴 *Macaca mulatta*(周礼超等, 1993)等的家域面积进行了估算。
结果显示,黑叶猴有家域重叠现象,平均日漫游距离和平均漫游面积在各个月份
间差异显著,漫游距离和漫游面积受栖息地片段化影响显著,对家域面积的利用
和日漫游距离均表现出雨季明显小于旱季的季节性变化,并总结出食物的可获得
性是影响黑叶猴的家域和日漫游距离的主要原因(李友邦,2008;黄中豪等,2011)。
而对于神农架国家级自然保护区的川金丝猴 *Rhinopithecus roxellana* 来说,社群大
小的年变化对其日移动距离没有影响,猴群在人为活动影响下的日移动距离比没
有人为活动影响时长,降水缩短了冬春季猴群的日移动距离(李义明等, 2005)。
赤腹松鼠 *Callosciurus erythraeus*(孔令雪等, 2011)的巢域面积雄性显著大于雌性,
与黑叶猴不同的是, 雌性赤腹松鼠间无巢域重叠现象,而雄性间存在巢域重叠,
两性之间仅在求偶交配期存在巢域重叠现象。哺乳动物日移动距离和活动范围的
研究较为详细和深入,可以为其他物种的该类研究提供科学的研究方法和详细的
参考依据。国外对活动范围的研究较多,对日移动距离的研究相对较少,不过研
究对象更为广泛。例如,对美洲(斯皮扎)雀 *Spiza americana*、东美草地鹨 *Sturnella
magna*、宽耳蝙蝠 *Barbastella barbastellus*、南非豹纹龟 *Stigmochelys pardalis*、美
洲北方水蛇 *Nerodia sipedon*、红腰刺豚鼠 *Dasyprocta leporina*、安第斯熊 *Tremarctos
ornatus* 等进行过研究(Timothy and Brian, 2006;Megan and Colleen, 2009;Matt
et al., 2012),且倾向于活动范围大小的影响因素和活动区利用等研究。Kimberly
等(2008)从 2002~2004 年,评估了植被、时间和生物因素对两种草原鸟类换羽期
间活动范围大小的影响,结果显示,由于植被高度的年际变化使得美洲(斯皮扎)
雀 2002 年的活动范围是 2003 年或 2004 年的 3 倍,由于草地盖度的原因使得东美
草地鹨有与上者同样的变化规律,因此,局部的植被状况是影响鸟类在换羽期间
活动范围大小和移动的重要因素。

　　本章主要开展了鄱阳湖区水鸟微生境选择、中华秋沙鸭栖息地选择和活动范
围的研究,目的在于了解这些水鸟越冬期生境选择策略和活动范围。

12.1　鄱阳湖区常见水鸟的微生境利用

12.1.1　常见水鸟的生境类型利用

2014～2015 年越冬期 20 种记录数量较多的水鸟的微生境利用可分 5 种类型：①以浅水生境为主，如小天鹅、鹤鹬和白琵鹭等共 8 种水鸟；②以浅水和草洲生境为主，如豆雁、鸿雁、赤麻鸭、苍鹭和白头鹤；③以草洲生境为主，包括白额雁和灰鹤；④以深水生境为主，包括白骨顶和凤头䴙䴘；⑤以深水和浅水生境为主，包括红嘴鸥和小䴙䴘。部分物种会利用其他物种较少分布的微生境，如灰鹤在稻田（11.70%）、苍鹭（2.61%）在岩石等微生境中分布有一定数量（表 12-1）。

表 12-1　鄱阳湖 2014～2015 年越冬期常见水鸟的微生境利用

物种	样本量	微生境类型/%						
		深水	浅水	草滩	泥滩	泥地	草洲	其他
1.豆雁	15 776	0.13	56.64	0.2	7.31	0.42	35.3	0
2.小天鹅	8 876	15.06	77.08	0	0.33	2.26	5.26	0
3.鹤鹬	5 235	0	91.29	2.18	4.76	0.48	1.3	0
4.罗纹鸭	4 702	20.46	79.54	0	0	0	0	0
5.白琵鹭	4 617	0	95.69	1.95	0.58	0.65	1.13	0
6.鸿雁	3 822	0.99	54.16	0.13	13.29	0.18	31.24	0
7.白额雁	3 696	0	44.62	0.27	2.65	0	52.46	0
8.东方白鹳	3 658	0	88.11	0.03	2	1.64	8.23	0
9.反嘴鹬	3 100	1.58	97.94	0.1	0.29	0	0.1	0
10.白鹤	2 458	0	92.23	0	2.36	0.41	5	0
11.斑嘴鸭	2 244	15.55	77.63	1.25	3.21	2.09	0.27	0
12.白骨顶	2 168	64.71	30.67	0.55	3.69	0	0.23	0.14
13.凤头䴙䴘	1 946	84.74	11.41	1.08	2.52	0.05	0.21	0
14.绿翅鸭	1 742	19.46	78.87	0	0	1.61	0	0.06
15.红嘴鸥	1 729	64.26	23.48	0	11.39	0.52	0	0.35
16.赤麻鸭	1 679	0.48	60.57	11.91	0.36	2.74	23.65	0.3
17.苍鹭	1 532	0.85	40.93	1.44	11.88	7.51	34.4	3
18.灰鹤	658	0	2.89	0	19.91	19.91	45.59	11.7
19.小䴙䴘	605	63.8	35.7	0.5	0	0	0	0
20.白头鹤	598	0	41.14	0	4.68	3.18	51	0

注：其他生境包括水中突出物、沙地、稻田和岩石

12.1.2　水鸟对水位变化的响应

1. 水鸟数量对水位变化的响应

　　鄱阳湖及其 5 个区域水鸟数量与水位表现出高度一致的趋势：水位越高，水鸟数量越少，鄱阳湖全湖、PYH-WC、NJ 和 DC 与该趋势线的相关性系数（R^2）较高。鄱阳湖全湖、PYH-WC、DC 和 YY 均在水位最低时（8m 左右）出现水鸟数量高峰，而 PYH-HF、NJ 和 BS 在水位高程为 10～12m 时数量最多（图 12-1 和图 12-2）。研究发现，5 个不同取食集团（取食块茎组、取食草组、取食种子组、取食无脊椎动物组和取食鱼类组）的最优冬季水位下限分别为>8.5m，>8.3m，7.2～8.4m，<8.8m，<8.4m，鄱阳湖旗舰物种白鹤的最优水位在冬季为 8.7～10.2 m（贾亦飞，2013）。水位高度与多数科及常见水鸟的分布数量呈负相关，这是由于鄱阳湖较多水鸟均主要栖息在浅水或草洲，这些区域需要水位退去后才能出露（刘成林等，2011）。

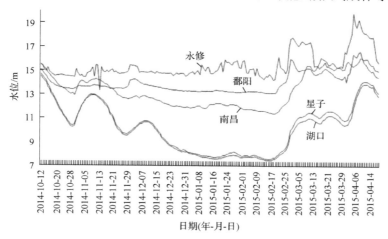

图 12-1　鄱阳湖 2014～2015 年越冬期各水文站水位

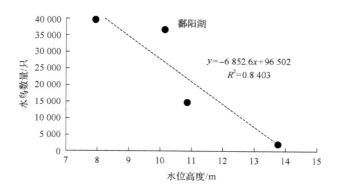

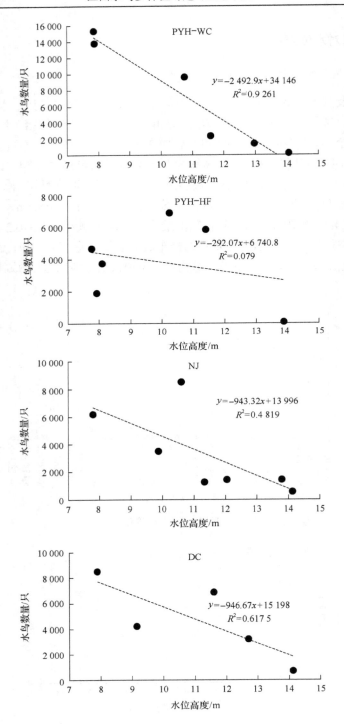

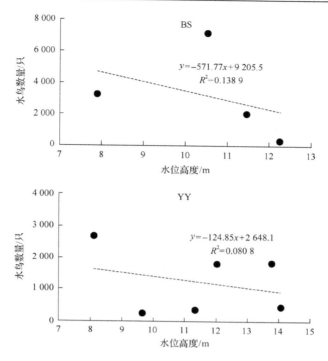

图 12-2　鄱阳湖及各区域的水鸟数量与星子站水位高度的关系

2. 不同科水鸟的分布数量对水位变化的响应

水位与不同区域科的水鸟数量分布主要呈负相关关系，其中鹏鹏科在 PYH-WC 和 PYH-HF 与水位呈显著的正相关关系，在 BS 呈极显著负相关；鸬鹚科在 DC 呈显著负相关；鹭科、鹮科和鸻科在 PYH-WC 和 NJ 呈显著/极显著负相关；鹳科和反嘴鹬科在 PYH-WC 呈显著/极显著负相关；鸭科和鹤科在 PYH-WC 和 BS 呈极显著/显著负相关；鹬科在 NJ 呈显著负相关；鸥科在 NJ 和 DC 呈极显著/显著负相关（表 12-2）。

3. 常见水鸟的数量对水位变化的响应

水位与不同区域水鸟的数量分布主要呈负相关关系，豆雁、鹤鹬、白琵鹭、鸿雁、白额雁、东方白鹳、反嘴鹬、斑嘴鸭和苍鹭在 PYH-WC 的分布数量与水位呈显著/极显著的负相关，鹤鹬、白琵鹭、白鹤、斑嘴鸭、红嘴鸥和苍鹭在 NJ 的分布数量与水位呈显著/极显著的负相关，鹤鹬、灰鹤和小鹏鹏在 BS 的分布数量与水位呈显著/极显著的负相关，鸿雁、白额雁、斑嘴鸭和红嘴鸥在 DC 的分布数量与水位呈显著/极显著的负相关（表 12-3）。

表 12-2　不同区域的水鸟的数量分布与星子站水位的关系

科	PYH-WC	PYH-HF	NJ	BS	DC	YY
鸊鷉科 Podicipedidae	0.829*	0.812*	0.750	−1.000**	−0.600	0.029
鸬鹚科 Phalacrocoracidae	0.319	0.116	−0.020	−0.400	−0.949*	−0.507
鹭科 Ardeidae	−0.829*	0.086	−0.893**	−0.800	−0.500	−0.029
鹳科 Ciconiidae	−0.899*	−0.714	−0.236	−0.800	—	0.131
鹮科 Threskiornithidae	−0.870*	−0.257	−0.815*	−0.600	−0.872	−0.031
鸭科 Anatidae	−0.943**	0.086	−0.750	−1.000**	−0.700	−0.486
鹤科 Gruidae	−0.829*	−0.771	−0.536	−1.000**	−0.783	0.372
反嘴鹬科 Recurvirostridae	−0.928**	−0.319	−0.630	−0.258	−0.800	0.131
鸻科 Charadriidae	−0.886*	−0.543	−0.800*	−0.600	−0.800	−0.058
鹬科 Scolopacidae	−0.714	−0.657	−0.847*	−0.800	−0.600	0.000
鸥科 Laridae	−0.058	−0.029	−0.964**	−0.800	−0.900*	−0.543

注：—表示该区域没有记录到该科水鸟；*表示采用 Spearman 秩相关检验有显著性差异，**表示极显著差异

表 12-3　不同区域的水鸟的数量分布与星子站水位的关系

物种	PYH-WC	PYH-HF	NJ	BS	DC	JX
1.豆雁	−0.829*	−0.029	−0.714	−0.738	−0.700	−0.507
2.小天鹅	−0.600	0.029	−0.749	−0.400	−0.600	−0.152
3.鹤鹬	−0.943**	−0.657	−0.847*	−1.000**	−0.800	0.000
4.罗纹鸭	−0.676	0.334	—	—	—	−0.522
5.白琵鹭	−0.870*	−0.257	−0.815*	0.000	−0.872	−0.031
6.鸿雁	−0.841*	−0.174	−0.541	0.400	−0.900*	−0.507
7.白额雁	−0.841*	−0.029	−0.679	−0.949	−0.900*	—
8.东方白鹳	−0.899*	−0.714	−0.236	−0.400	—	0.131
9.反嘴鹬	−0.928**	−0.319	−0.630	−0.258	−0.800	0.131
10.白鹤	−0.600	0.439	−0.867*	−0.258	—	—
11.斑嘴鸭	−0.886*	0.029	−0.857*	−0.800	−1.000**	−0.273
12.白骨顶	0.270	—	0.000	−0.211	—	—
13.凤头鸊鷉	0.771	0.754	0.750	−0.400	−0.600	0.086
14.绿翅鸭	−0.439	−0.030	−0.668	0.105	−0.100	—
15.红嘴鸥	0.116	−0.116	−0.927**	−0.400	−0.900*	−0.543
16.赤麻鸭	0.131	—	—	−0.400	−0.400	−0.655
17.苍鹭	−0.886*	0.086	−0.857*	−0.800	−0.700	−0.058
18.灰鹤	−0.657	−0.771	−0.148	−1.000**	−0.783	0.372
19.小鸊鷉	0.257	0.580	−0.214	−1.000**	−0.500	−0.618
20.白头鹤	−0.696	−0.771	−0.612	—	—	—

注：—表示该区域没有记录到该种水鸟；*表示采用 Spearman 秩相关检验有显著性差异，**表示极显著差异

12.2　中华秋沙鸭的生境选择

12.2.1　中华秋沙鸭栖息环境

对 25 个样方的各个生境因子进行数据分析,得出中华秋沙鸭栖息地生态因子的一般特征(表 12-4)。栖息地地理坐标范围为 114°40′18.7″～117°50′30.1″ E,27°36′27.0″～29°10′13.2″ N;pH 在 5.5～7.0,呈弱酸性;栖息地平均海拔为 77.24m;水清澈度平均为 33.68cm;浅滩数量较多,平均有 2.20 个,大部分样方中心离浅滩最近距离在 0～20m,平均距离为 38.65m。浅滩占河道平均比例为 21.25%;离大道平均最近距离 3.12(大于 150m)样方两岸平均坡度为 43°;河段平均宽度为 153.36m;离居民点平均最近距离为 583.6;离岸平均最近距离为 14.76m。说明中华秋沙鸭偏好于两岸坡度大、浅滩面积大、河道宽的栖息地。变化大的因子有水流速度、离浅滩最近距离、离居民点最近距离等,变化小的因子有水清澈度、两岸坡度、两岸植被盖度等。

表 12-4　中华秋沙鸭越冬期栖息地选择分析

生境因子	最小值	最大值	平均值±标准差
纬度北纬/(°)	27.61	29.55	28.62±0.63
经度东经/(°)	114.67	117.84	116.34±1.13
海拔/m	40.00	109.00	77.24±19.46
水流速度/(m/s)	0.17	2.50	0.42±0.45
水清澈度/cm	22.00	48.00	33.68±7.82
pH	5.50	7.00	6.16±0.45
河段宽度/m	45.00	450.00	153.36±101.26
两岸坡度/(°)	20.00	70.00	43.00±15.61
两岸植被盖度/级	1	3	1.96±0.61
浅滩数目/个	0	7	2.20±2.02
浅滩占河道比例	0	60.00%	(21.25±18.98)%
离浅滩最近距离*	1	3	1.84±0.99
离岸最近距离/m	3.00	40.00	14.76±9.70
离大道最近距离*	1	4	3.12±1.27
离小道最近距离*	1	4	2.44±1.45
离采砂场最近距离*	1	3	2.68±0.69
离居民点最近距离/m	30.00	2000.00	583.60±522.21

＊ 距离用等级表示,具体等级划分见表 3-6

12.2.2 中华秋沙鸭栖息地因子的主成分分析

对中华秋沙鸭栖息地 17 个生境因子进行了主成分分析。结果表明，前 4 个主成分特征值大于 1 且累计贡献率达到 68.743%，可以较好地反映中华秋沙鸭的生境特征。对前 4 个主成分进一步分析得到生境因子成分旋转矩阵，以期了解栖息生境选择的关键因素(表 12-5)。

表 12-5　中华秋沙鸭越冬期觅食栖息生境因子旋转成分矩阵

生境因子	主成分			
	第 1 主成分	第 2 主成分	第 3 主成分	第 4 主成分
pH	**0.93**	0.017	0.107	−0.183
经度东经	**0.85**	−0.251	0.046	0.108
海拔	**−0.691**	−0.346	0.167	−0.135
离采砂场最近距离	**0.643**	−0.511	−0.264	0
离小道最近距离	0.041	**−0.915**	0.091	−0.029
离大道最近距离	−0.078	**0.814**	−0.143	−0.009
纬度北纬	0.033	**0.747**	0.057	−0.322
水流速度	0.399	0.403	0.309	−0.277
离浅滩最近距离	−0.11	−0.114	**0.846**	−0.033
浅滩占河道面积比例	−0.113	0.156	**0.641**	−0.394
两岸坡度	**0.624**	0.017	**0.632**	−0.029
两岸植被盖度	−0.369	0.089	−0.592	0.056
浅滩数目	−0.338	−0.433	0.567	0.207
离岸最近距离	−0.029	−0.044	0.316	**0.746**
河段宽度	0.51	0.367	−0.235	**0.652**
离居民点最近距离	−0.074	−0.102	−0.124	**0.652**
水清澈度	−0.004	0.218	0.374	**−0.647**

注：表中加粗的数字表示相关性较高，值大于 0.6

4 个主成分(11 个生境因子)的性质分析：第 1 主成分的特征值为 3.609，贡献率达 21.232%，绝对值超过 0.6 的因子有 pH、经度、海拔、离采砂场最近距离、两岸坡度，其载荷系数绝对值分别为 0.930、0.850、0.691、0.643、0.624，说明这 5 项有较大的信息荷载量，构成了中华秋沙鸭觅食栖息地选择第 1 主成分的主要部分，pH 因子负荷最大，可将其定义为水因子。

第 2 主成分的特征值为 3.284，贡献率达 19.320%，绝对值超过 0.6 的因子有纬度、离小道最近距离、离大道最近距离，其载荷系数绝对值分别为 0.747、0.915、0.814，说明这 3 项有较大的信息荷载量，构成了中华秋沙鸭觅食栖息地选择第 2

主成分的主要部分，可将其定义为干扰因子。

第 3 主成分的特征值为 3.137，贡献率达 18.45%，绝对值超过 0.6 的因子有离浅滩最近距离、浅滩占河道面积比例、两岸坡度，其载荷系数绝对值分别为 0.846、0.641、0.632，说明这 3 个因子有较大的信息荷载量，构成了中华秋沙鸭觅食栖息地选择第 3 主成分的主要部分，可将其定义为觅食环境因子。

第 4 主成分的特征值为 1.656，贡献率达 9.738%，绝对值超过 0.6 的因子有离岸最近距离、河段宽度、离居民点最近距离、水清澈度，其载荷系数绝对值分别为 0.746、0.652、0.652、0.647，说明这 4 项有较大的信息荷载量，构成了中华秋沙鸭觅食栖息地选择第 4 主成分的主要部分，可将其与第 2 主成分综合定义为干扰因子。

12.2.3 中华秋沙鸭栖息地生境因子差异性

平均 pH 呈酸性，修河平均 pH 最低，酸度最大。离采砂场的最近距离，抚河、饶河、信江都在 400m 之外，而修河 3 个等级都有分布；两岸平均坡度都在 20～70 度之间。离大道的最近距离在四大水系中平均都在 150m 以上，在修河中距离更远；平均离浅滩距离均趋向第 2 等级（20.1～40m）。信江的平均河面宽度宽于其他河流，抚河和修河大致相同。平均离居民点最近距离，修河、抚河和饶河在 500m 左右，信江最远，为 1035m（表 12-6）。

表 12-6 不同水系样方中华秋沙鸭生境因子比较

生境因子	修河		抚河		信江		饶河	
	范围	平均值	范围	平均值	范围	平均值	范围	平均值
pH	5.5～6	5.75	6～6	6	6～6.5	6.2	6.5～7	6.75
经度	114.67～115.28	114.96	116.26～116.27	116.27	117.03～117.35	117.2	115.28～117.84	117.21
离采砂场最近距离*	1～3	2	3～3	3	3～3	3	3～3	3
两岸坡度	20～60	35	30～60	43.75	20～60	42.85	30～70	53.35
离大道最近距离*	4	4	1～2	1.75	1～4	3.14	1～4	1.83
纬度	28.91～29.15	29.03	27.6～27.62	27.61	28.02～38.39	28.17	28.91～29.55	29.22
离浅滩最近距离*	1～3	2	1～3	2	1～3	1.71	1～3	1.67
浅滩占河道比例	2～4	3.63	2～4	3.25	1～4	2.71	4	4
离岸最近距离/m	4～20	12.25	3～30	17	4～40	19.28	5～20	11.33
河段宽度/m	45～200	107.62	95～120	108.75	100～450	237.14	100～170	146.33
离居民点最近距离/m	50～1200	487.5	50～1000	340	400～2000	1035.71	30～800	346.66

* 距离用等级表示，具体等级划分见表 3-6

　　对信江、抚河、饶河、修河四大水系，构成 4 个主成分的 11 个生境因子进行
Kruskal-Wallis 差异性检验。由表 12-7 知，4 个水系中 pH、经度、纬度 3 个因子
差异水平极显著($P \leqslant 0.01$)，离采砂场最近距离、离大道最近距离、离居民点最近
距离 3 个因子差异水平显著($P < 0.05$)。说明，中华秋沙鸭在选择栖息地时对这些
因子的要求相对较低。而对安全因子如坡度、离岸最近距离、河段宽度要求较高，
对觅食环境如离浅滩距离、浅滩占河道面积比例要求也比较高。

表 12-7　不同水系样方中华秋沙鸭生境因子 Kruskal-Wallis 检验结果

生境因子	平均值±标准差	卡方值	显著性
pH	6.16±0.45	17.701	0.001
经度	116.34°±1.13°	18.009	0.000
离采砂场最近距离	2.68m±0.69m	12.599	0.006
两岸坡度	43.00°±15.61°	4.185	0.242
离大道最近距离	3.12m±1.27m	9.551	0.023
纬度	28.62°±0.63°	20.681	0.000
离浅滩最近距离	1.84m±0.99m	0.575	0.902
浅滩占河道面积比例	21.25%±18.98%	6.044	0.109
离岸最近距离	14.76m±9.70m	1.507	0.681
河段宽度	153.36m±101.26m	5.390	0.145
离居民点最近距离	583.60m±522.21m	7.890	0.048

12.3　中华秋沙鸭日移动距离与日活动范围

12.3.1　日移动距离与日活动范围

　　中华秋沙鸭越冬期平均日移动距离为(3100 ± 1313)m，不同月份日移动距离
($F=0.658, P > 0.05$)差异不显著。其中，2 月日移动距离略长，12 月略短(表 12-8)。
整个越冬期平均日活动范围为($122\ 460 \pm 42\ 019$)m^2，1 月与 2 月($P < 0.05$)、
2 月和 3 月($P < 0.05$)日活动范围差异显著，其中 2 月日活动范围最大，为($170\ 010 \pm$
$41\ 520$)m^2，其余月份间日活动范围差异不显著($P > 0.05$)。

表 12-8　中华秋沙鸭越冬期不同月份日移动距离及活动范围

调查时间	12 月	1 月	2 月	3 月	均值
日移动距离/m	2257±520 [a]	2725±1610 [a]	3748±1884 [a]	3512±426 [a]	3100±1313
日活动范围/m²	139 078±18 353 [ab]	98 955±35 059 [b]	170 010±41 520 [a]	95 172±9216 [b]	122 460±42 019

注：同一行数值标以相同字母者表示差异不显著($P > 0.05$)，标以完全不同字母表示差异显著($P < 0.05$)

日移动距离和日活动范围相关性不显著($R=0.256$，$n=12$，$P>0.05$)。偏相关分析显示，日移动距离与日照长度($R=0.372$，df $=10$，$P>0.05$)、日最低温度($R=0.332$，df $=10$，$P>0.05$)、日最高温度($R=0.095$，df $=10$，$P>0.05$)、月份($R=0.390$，df $=10$，$P>0.05$)和水位($R=0.040$，df $=10$，$P>0.05$)相关性不显著。日活动范围与日照长度($R=0.039$，df $=10$，$P>0.05$)、日最低温度($R=0.411$，df $=10$，$P>0.05$)、日最高温度($R=0.257$，df $=10$，$P>0.05$)、月份($R=-0.108$，df $=10$，$P>0.05$)和水位($R=-0.124$，df $=10$，$P>0.05$)相关性不显著，控制其余变量影响后，日活动范围仅与日最低温度($R=0.817$，df $=7$，$P<0.01$)相关性显著。

12.3.2　各时段移动距离和活动范围

中华秋沙鸭整个越冬期上午、中午和下午移动距离($F=0.188$，$P>0.05$)差异不显著，其中移动距离上午略长，为(1026 ± 807) m ($n=15$)，中午略短，为(894 ± 677) m ($n=18$)(表 12-9)。上午($F=1.031$，$P>0.05$)、中午($F=0.851$，$P>0.05$)和下午($F=1.173$，$P>0.05$)各月份间移动距离差异不显著，其中上午移动距离 2 月略长，为(1433 ± 347) m，12 月略小，为(178 ± 117) m；中午移动距离 12 月略长，为(1261 ± 578) m，1 月略小，为(513 ± 356) m；下午移动距离 3 月略长，为(1517 ± 398) m，2 月略小，为(855 ± 542) m。

表 12-9　中华秋沙鸭越冬期一天中各时段移动距离　　(单位：m)

时段	调查时间				均值
	12 月	1 月	2 月	3 月	
上午	178 ± 117 ($95\sim260$)	1138 ± 1083 ($330\sim2970$)	1433 ± 347 ($65\sim1830$)	1005 ± 714 ($100\sim1685$)	1026 ± 807 ($65\sim2970$)
中午	1261 ± 578 ($609\sim1710$)	513 ± 356 ($0\sim930$)	948 ± 1092 ($280\sim2710$)	1001 ± 402 ($385\sim1460$)	894 ± 677 ($0\sim2710$)
下午	905 ± 603 ($55\sim1480$)	923 ± 486 ($400\sim1510$)	855 ± 542 ($140\sim1395$)	1517 ± 398 ($1085\sim1870$)	1008 ± 533 ($55\sim1870$)

注：上午时段为 07:00～11:00，中午时段为 11:00～14:00，下午时段为 14:00～18:00；括号内为范围；下同

中华秋沙鸭越冬期上午、中午和下午时段间活动范围($F=1.432$，$P>0.05$)差异不显著。活动范围上午略大，为($69\,416\pm42\,711$) m² ($n=15$)，中午略小，为($48\,117\pm29\,644$) m² ($n=18$)(表 12-10)。上午($F=2.489$，$P>0.05$)、中午($F=0.942$，$P>0.05$)和下午($F=0.416$，$P>0.05$)各月份间移动距离差异不显著，其中上午活动范围 2 月略大，为($119\,310\pm59\,677$) m²，12 月略小，为($33\,375\pm17\,713$) m²；中午活动范围 12 月略大，为($66\,500\pm1669$) m²，1 月略小，为($33\,484\pm23\,980$) m²；下午活动范围 12 月略大，为($79\,254\pm61\,079$) m²，1 月略小，为($45\,180\pm31\,908$) m²。

表 12-10　中华秋沙鸭各时段活动范围　　　（单位：m²）

时段	调查时间				均值
	12 月	1 月	2 月	3 月	
上午	33 375±17 713 (20 850~45 900)	74 208±28 904 (47 430~103 000)	119 310±59 677 (60 060~179 400)	56 175±35 688 (13 200~86 320)	69 416±42 711 (13 200~179 400)
中午	66 500±1669 (65 320~67 680)	33 484±23 980 (990~54 990)	59 709±45 583 (16 500~128 700)	43 806±15 282 (16 800~52 195)	48 117±29 644 (990~128 700)
下午	79 254±61 079 (16 500~155 310)	45 180±31 908 (18 430~89 856)	63 245±40 298 (47 905~128 700)	60 810±29 306 (28 800~67 310)	62 274±40 655 (16 500~128 700)

第13章 水鸟共存与生态位分化

13.1 鄱阳湖越冬水鸟的共存机制

物种稳定共存是维持多样性的基础，明确物种的共存机制对制定有效的生物多样性保护具有指导意义，因此，物种的共存机制一直是群落生态及保护生物学的重要研究内容(Chave，2004)。鄱阳湖越冬期共存的形态各异的水鸟必将在栖息地、食性、生理、活动时间和体型等方面产生分化，以达到物种间的稳定共存(文祯中等，1998；孙儒泳，2001；杨小农等，2012)。形态特征的分化是物种共存的重要方面，鸟类的喙长、跗蹠长、有无蹼等形态特征是动物长期进化的结果，是适应自身条件发展的最佳觅食策略的体现，也意味着它们在食物和栖息地选择的分化。涉禽喙越长就能啄食匿藏较深的底栖动物，跗蹠较长的种类在浅水和草丛中出现频率较高，而较短的种类在裸地出现的频率高(Zeffer et al.，2003；周慧等，2005)。因此，形态分化是物种减少种间竞争，增加生态隔离，实现稳定共存的基础。对于生态位分化的研究常着眼于生境、食性、取食时间、巢位等，对共存鸟类总体的形态分化少有全面、系统地整理和研究(文祯中等，1998；周慧等，2005；章旭日，2011)。本章旨在对鄱阳湖常见越冬水鸟形态特征的比较，分析水鸟群落中不同物种的生态、形态差异，揭示它们实现资源分割的机制，进而探究形态学特征与其共存的关系。

游禽的平均体重为(2000.23±571.36)g，平均体长(624.38±61.14)mm，平均嘴峰(65.73±15.18)mm，平均跗蹠长(54.19±5.12)mm。体重比值(1.22±0.06)和嘴峰比值(1.22±0.14)略高，体长比值(1.09±0.03)和跗蹠长比值(1.07±0.02)略低。嘴峰比值离散较大(表13-1)。涉禽平均体重为(1020.92±272.08)g，平均体长(495.59±60.29)mm，平均嘴峰(73.19±9.99)mm，平均跗蹠长(86.85±12.58)mm。体重比值(1.18±0.03)略高，体长比值(1.07±0.01)、嘴峰比值(1.09±0.01)和跗蹠长比值(1.08±0.2)略低(表13-2)。

表 13-1　鄱阳湖越冬游禽的形态特征分布

物种	体重/g	体长/mm	嘴峰/mm	跗蹠长/mm
小䴙䴘 *Tachybaptus ruficollis*	202.50	258.25	20.75	38.75
凤头䴙䴘 *Podiceps cristatus*	756.25	524.00	47.75	60.75
卷羽鹈鹕 *Pelecanus crispus*	13000.00	1700.00	406.00	135.00
普通鸬鹚 *Phalacrocorax carbo*	1970.00	798.00	66.50	74.75
小天鹅 *Cygnus columbianus*	7330.00	1165.50	93.75	93.50
鸿雁 *Anser cygnoid*	3337.50	850.25	89.50	83.50
豆雁 *Anser fabalis*	3037.50	751.75	68.00	72.25
白额雁 *Anser albifrons*	2762.50	700.00	49.75	66.75
小白额雁 *Anser erythropus*	1595.00	580.00	38.50	61.00
灰雁 *Anser anser*	2900.00	807.50	62.50	71.25
赤麻鸭 *Tadorna ferruginea*	1328.50	594.00	43.50	56.25
赤颈鸭 *Mareca penelope*	652.75	458.25	33.75	36.00
罗纹鸭 *Mareca falcata*	653.00	461.25	42.25	36.75
花脸鸭 *Sibirionetta formosa*	446.25	408.50	37.15	32.00
绿翅鸭 *Anas crecca*	305.25	388.50	35.00	31.50
绿头鸭 *Anas platyrhynchos*	1056.25	543.75	55.50	46.00
斑嘴鸭 *Anas zonorhyncha*	1102.50	570.50	53.00	43.75
针尾鸭 *Anas acuta*	728.75	567.50	50.00	38.00
琵嘴鸭 *Spatula clypeata*	538.75	466.25	63.25	34.50
红头潜鸭 *Aythya ferina*	845.50	459.25	47.00	38.75
青头潜鸭 *Aythya baeri*	618.75	438.50	41.50	33.50
凤头潜鸭 *Aythya fuligula*	676.25	409.75	38.75	33.25
斑背潜鸭 *Aythya marila*	862.50	456.25	43.00	34.25
普通秋沙鸭 *Mergus merganser*	1299.25	627.50	50.75	48.50
平均值(Mean±SE)	2000.23±571.36	624.38±61.14	65.73±15.18	54.19±5.12
比值(Mean±SE)	1.22±0.06	1.09±0.03	1.22±0.14	1.07±0.02

表 13-2　鄱阳湖越冬涉禽的形态特征分布

物种	体重/g	体长/mm	嘴峰/mm	跗蹠长/mm
苍鹭 *Ardea cinerea*	1386.75	888.00	118.25	148.00
大白鹭 *Ardea alba*	897.50	888.25	103.25	147.50
夜鹭 *Nycticorax nycticorax*	596.25	525.00	66.50	70.00
黑鹳 *Ciconia nigra*	2516.75	1079.50	184.50	210.75
东方白鹳 *Ciconia boyciana*	4262.50	1197.25	235.75	253.25
白琵鹭 *Platalea leucorodia*	2048.75	818.00	213.50	146.50
白鹤 *Grus leucogeranus*	5850.00	1350.00	181.00	253.75
白枕鹤 *Grus vipio*	5380.00	1293.33	141.00	249.75

续表

物种	体重/g	体长/mm	嘴峰/mm	跗蹠长/mm
灰鹤 Grus grus	4275.00	1065.00	108.25	231.50
白头鹤 Grus monacha	3822.00	945.00	97.50	204.50
黑水鸡 Gallinula chloropus	270.25	290.00	27..00	46.25
白骨顶 Fulica atra	596.25	581.00	32.50	62.00
黑翅长脚鹬 Himantopus himantopus	175.50	353.75	64.50	118.75
反嘴鹬 Recurvirostra avosetta	325.50	427.75	84.75	83.00
凤头麦鸡 Vanellus vanellus	225.00	315.75	26.00	50.00
长嘴剑鸻 Charadrius placidus	68.75	210.75	20.75	32.00
金眶鸻 Charadrius dubius	36.00	168.00	12.75	23.75
环颈鸻 Charadrius alexandrinus	53.50	186.25	14.53	26.50
蒙古沙鸻 Charadrius mongolus	60.00	188.50	18.00	32.75
扇尾沙锥 Gallinago gallinago	126.75	272.50	65.00	31.50
黑尾塍鹬 Limosa limosa	271.00	355.75	91.25	62.50
斑尾塍鹬 Limosa lapponica	282.50	356.00	98.50	50.25
白腰杓鹬 Numenius arquata	789.75	602.00	153.75	82.75
鹤鹬 Tringa erythropus	153.50	293.00	55.75	56.75
红脚鹬 Tringa totanus	126.00	270.00	42.50	47.75
泽鹬 Tringa stagnatilis	83.75	225.75	40.00	49.00
青脚鹬 Tringa nebularia	210.75	318.75	54.75	59.75
白腰草鹬 Tringa ochropus	82.75	234.00	34.50	35.00
林鹬 Tringa glareola	64.00	210.00	28.50	36.50
矶鹬 Actitis hypoleucos	50.25	189.25	25.00	24.50
红腹滨鹬 Calidris canutus	114.00	243.50	33.50	29.50
红颈滨鹬 Calidris ruficollis	30.00	156.25	17.50	19.75
青脚滨鹬 Calidris temminckii	24.25	147.00	16.75	17.25
黑腹滨鹬 Calidris alpina	60.25	195.50	36.00	24.00
银鸥 Larus argentatus	1157.50	614.50	55.75	66.50
红嘴鸥 Chroicocephalus ridibundus	279.75	386.75	35.50	42.75
平均值(Mean±SE)	1020.92±272.08	495.60±60.29	73.19±9.99	86.85±12.58
比值(Mean±SE)	1.18±0.03	1.07±0.01	1.09±0.01	1.08±0.02

　　以上结果表明，游禽和涉禽的各形态特征比值均在 1.1～1.2，说明鄱阳湖鸟类的形态特征比较接近，单纯靠形态分化难以解释鄱阳湖如此密集的鸟类共存，这些鸟类除在形态上产生分化外，应该还在生态习性(食性、栖息地选择、取食方式)上产生分化。

　　灰鹤与白枕鹤、灰雁与小白额雁形态特征极为相似，在取食方式、食性、生境利用等方面有很大的相似性和生态位重叠，种间竞争激烈（Zeffer et al., 2003；周慧等，2005）。但灰鹤和白枕鹤越冬期在鄱阳湖的主要分布区和生境利用产生了分化，灰鹤主要集中在鄱阳县白沙洲自然保护区，白枕鹤主要集中在鄱阳湖国家级自然保护区（邵明勤等，2014a）；灰鹤会利用稻田生境觅食，白枕鹤更多地利用草洲生境。这使得它们能够在鄱阳湖较稳定的共存。雁类在空间、食性等生态位上较为相似，种间竞争激烈，由于小白额雁体型在鄱阳湖共存的几种雁属中最小，在竞争上可能处于劣势（王鑫，2013）。近年来小白额雁的种群数量急剧下降和分布缩减，是由于长江中下游区域湖泊水文情势变动、栖息地破碎化和散失等影响，竞争中处于劣势的物种自然会被竞争物种排挤出现数量急剧减少的趋势（冯多多，2013；王鑫，2013）。

　　反嘴鹬、白琵鹭、苍鹭和小天鹅是鄱阳湖越冬期形态特征与其他鸟类差异较大的物种，同时它们也是鄱阳湖越冬期数量较多和分布较广的物种（章旭日，2011），鄱阳湖分布有高密度的底栖软体动物和水生昆虫，是反嘴鹬和白琵鹭重要的食物来源（谢钦铭等，1995）。反嘴鹬比白琵鹭体型更小，它们的跗蹠长一般较取食底栖动物的鹬类长，喙向上翘翻或扁平化使得其能够更高效地利用底层表面的食物，加之通常密集集群占领一片浅水区域，使得它们能够各自高效地独享一片资源丰富区域，因而有较大的种群数量。苍鹭和小天鹅一样具有比其他近缘或潜在竞争物种更大的体型，带来的收益是取食空间的泛化和较少的种间竞争，因此能够容纳更大的数量（Scott et al., 2003；陈锦云和周立志，2011）。有些形态特征独特的物种如黑翅长脚鹬、红腹滨鹬可能由于活动习性等原因，在鄱阳湖的数量并不多。

　　鄱阳湖高密度地容纳了众多水鸟在此越冬，其中不乏珍稀濒危鸟类，应拓展生态位分化与共存研究的维度，尤其是濒危鸟类及其共存物种，从不同角度解释这些鸟类的共存及致危因子，为这些鸟类的保护提供科学依据。

13.2　鄱阳湖 9 种大型涉禽生态位分化

　　本节对累计观察数量＞150 只且出现样方频数＞5 次的大中型涉禽进行种间关系分析，共筛选出 9 个物种。其中，国家Ⅰ级保护鸟类 3 种：东方白鹳、白鹤和白头鹤，国家Ⅱ级保护鸟类 3 种。IUCN 极危物种（CR）1 种：白鹤，濒危物种（EN）1 种：东方白鹳，易危物种（VU）2 种（表 13-3）。

表 13-3　2014～2015 年鄱阳湖越冬大中型涉禽名录

物种	出现样方频数	保护等级
一、鹳形目 CICONIIFORMES		
1.苍鹭 *Ardea cinerea*	140	
2.大白鹭 *Ardea alba*	34	
3.白鹭 *Egretta garzetta*	45	
4.东方白鹳 *Ciconia boyciana*	44	I /EN
5.白琵鹭 *Platalea leucorodia*	44	II
二、鹤形目 GRUIFORMES		
6.白鹤 *Grus leucogeranus*	26	I /CR
7.白枕鹤 *Grus vipio*	26	II /VU
8.灰鹤 *Grus grus*	47	II
9.白头鹤 *Grus monacha*	24	I /VU

注：I /II. 国家 I /II 级保护鸟类；CR. IUCN 极危物种，EN. IUCN 濒危物种，VU. IUCN 易危物种

13.2.1　样方空间资源

苍鹭(0.78)、白鹭(0.64)和白琵鹭(0.57)的生态位较宽，白枕鹤(0.28)、白鹤(0.32)和白头鹤(0.38)较窄。前期(1.98)各物种生态位宽度之和明显小于中期(4.10)和后期(4.56)。大白鹭生态位宽度前中后期逐渐变窄，白枕鹤和灰鹤呈"∩"形变化，其他物种前中后期逐渐变宽，苍鹭与白琵鹭尤为明显。

从整个越冬期看，仅 1 对物种生态位重叠度≥0.65，12 对处于 0.35≤生态位重叠值<0.65，3 对<0.10。东方白鹳—白枕鹤(0.69)、白枕鹤—白头鹤(0.63)和东方白鹳—白头鹤(0.62)的重叠度最高，大白鹭—白鹤(0.07)最低(图 13-1)。前期有 6 对物种生态位重叠度≥0.65，9 对处于 0.35≤生态位重叠值<0.65，9 对<0.10，重叠度最高的种对为白琵鹭—白头鹤(0.80)、苍鹭—东方白鹳(0.76)、灰鹤—白头鹤(0.75)和白琵鹭—白枕鹤(0.74)；中期有 1 对≥0.65，2 对处于 0.35≤生态位重叠值<0.65，9 对<0.10，重叠度最高的种对为东方白鹳—白头鹤(0.73)；后期有 1 对≥0.65，5 对处于 0.35≤生态位重叠值<0.65，16 对<0.10，重叠度最高的种对为白枕鹤—灰鹤(0.84)。

13.2.2　生境资源

苍鹭(0.61)、灰鹤(0.59)和白鹭(0.55)的生态位较宽，白琵鹭(0.10)、白枕鹤(0.12)和白鹤(0.15)较窄。越冬中期(2.66)至后期(3.51)各物种生态位宽度之和有所增加，中期苍鹭(0.57)和灰鹤(0.56)生态位较宽，白琵鹭(0.02)较最窄；后期白鹭(0.73)和苍鹭(0.60)生态位较宽，白枕鹤(0.02)较窄。

苍鹭								
0.36	大白鹭							
0.21	0.15	白鹭						
0.35	0.20	0.13	东方白鹳					
0.39	0.23	0.15	0.55	白琵鹭				
0.10	0.07	0.13	0.13	0.21	白鹤			
0.28	0.19	0.13	0.69	0.54	0.09	白枕鹤		
0.21	0.14	0.19	0.51	0.51	0.09	0.57	灰鹤	
0.22	0.16	0.23	0.62	0.48	0.18	0.63	0.51	白头鹤

图 13-1　鄱阳湖 9 种大中型涉禽对空间资源利用的生态位重叠度

从整个中期和后期看，有 12 对物种生态位重叠度≥0.65，13 对处于 0.35≤生态位重叠值＜0.65，2 对＜0.10（图 13-2）。东方白鹳—白鹤（0.96）、白琵鹭—白鹤（0.94）和东方白鹳—白琵鹭（0.90）的重叠最高，白琵鹭—灰鹤（0.05）和白琵鹭—白枕鹤（0.06）最低。中期有 9 对物种生态位重叠度≥0.65，15 对处于 0.35≤生态位重叠值＜0.65，2 对＜0.10，东方白鹳—白鹤（0.95）、大白鹭—白鹤（0.94）、白琵鹭—白鹤（0.94）、大白鹭—白琵鹭（0.93）、大白鹭—东方白鹳（0.91）和东方白鹳—白琵鹭（0.90）的重叠度较高；后期有 8 对≥0.65，16 对处于 0.35≤生态位重叠值＜0.65，3 对＜0.10，东方白鹳—白鹤（0.90）、东方白鹳—白琵鹭（0.86）、苍鹭—白头鹤（0.83）和白琵鹭—白鹤（0.82）的重叠度较高。

苍鹭								
0.72	大白鹭							
0.66	0.46	白鹭						
0.53	0.77	0.27	东方白鹳					
0.45	0.71	0.19	0.90	白琵鹭				
0.49	0.74	0.23	0.96	0.94	白鹤			
0.40	0.30	0.59	0.14	0.06	0.11	白枕鹤		
0.57	0.32	0.75	0.15	0.05	0.11	0.51	灰鹤	
0.83	0.70	0.74	0.53	0.43	0.49	0.57	0.56	白头鹤

图 13-2　鄱阳湖 9 种大中型涉禽对生境利用的生态位重叠

第14章　主要结论与未来工作展望

14.1　主要研究结论

14.1.1　水鸟种类

江西现有水鸟 164 种,隶属于 9 目 20 科 81 属,以鸻形目(8 科 29 属 69 种)、雁形目(1 科 18 属 40 种)、鹈形目(3 科 13 属 22 种)和鹤形目(2 科 11 属 19 种)为主,国家重点保护鸟类 27 种。

14.1.2　水鸟群落多样性与分布格局

2012～2013 年和 2014～2015 年的越冬期(10 月～翌年 4 月),共记录水鸟 6 目 15 科 76 种,包括 49 种冬候鸟、12 种旅鸟、9 种夏候鸟及 6 种留鸟。4 个目的物种最多——鸻形目 31 种、雁形目 22 种、鹈形目 12 种、鹤形目 7 种。国家Ⅰ级重点保护鸟类有 4 种:黑鹳、东方白鹳、白鹤和白头鹤;国家Ⅱ级重点保护鸟类有 6 种。水位高度与不同区域水鸟的数量分布主要呈负相关,䴙䴘科水鸟因潜水取食需要一定水深及部分样点受人工控制水位常高于主湖等原因,其分布数量与水位高度在部分区域呈显著正相关。主要及常见水鸟的多数物种在浅水生境分布比例最高。

14.1.3　重要水鸟的种群数量与分布

1. 雁鸭类

2014 年 11 月～2017 年 3 月越冬期共记录鄱阳湖雁鸭类 18 种,豆雁的累计数量最多,其次为小天鹅、白额雁、鸿雁和罗纹鸭;斑嘴鸭出现频次最高,其次为豆雁、小天鹅、鸿雁和白额雁;斑嘴鸭、豆雁和小天鹅出现湖泊数最多。浅水湖泊、草洲和泥滩是多数越冬雁鸭类偏好的生境。鄱阳湖国家级自然保护区集中了最多、最全的雁鸭类。

2. 鹤类

4 个保护区 34 个湖泊中共有 18 个湖泊记录到灰鹤,12 个湖泊记录到白枕鹤,21 个湖泊记录到白鹤,10 个湖泊记录到白头鹤。其中,灰鹤在 4 个保护区均有较大的种群数量,白枕鹤和白头鹤主要集中在鄱阳湖国家级自然保护区,白鹤主要分布在鄱阳湖国家级自然保护区和鄱阳湖南矶湿地国家级自然保护区。

3. 东方白鹳

对 4 个保护区 34 个湖泊样点进行了逐月调查，共有 18 个湖泊记录到东方白鹳分布。东方白鹳主要分布在鄱阳湖国家级自然保护区和鄱阳湖南矶湿地国家级自然保护区。白沙洲自然保护区也有一定的种群数量。

4. 中华秋沙鸭

8 个河段均发现有中华秋沙鸭，种群数量从数只至 68 只。修水县太阳升段（修水）、宜黄县桃陂段（宜黄）、弋阳县清湖段（弋阳）和婺源县婺源段（婺源）种群数量相当稳定。

14.1.4　能量支出

中华秋沙鸭越冬期昼间能量支出最多的行为是游泳[(117.96±36.80) kJ/d]，取食[(115.60±38.94) kJ/d]和飞翔[(104.15±51.34) kJ/d]行为。雄性中华秋沙鸭越冬期昼间警戒行为的能量支出显著大于雌性，这与雄性更多地承担群体的守卫工作有关。随着群体大小的增加，中华秋沙鸭社会行为的能量支出显著增加，群体增大使得中华秋沙鸭用于取食和警戒的时间明显减少，因而用于其他行为（如社会行为）的时间相应增加。

14.1.5　行为对策

越冬涉禽的主要行为包括静栖、取食、修整、运动、警戒。其中取食是所有涉禽的主要行为。静栖和取食是肉食性动物（东方白鹳、白琵鹭 *Platalea leucorodia* 和苍鹭 *Ardea cinerea*）比例最高的两种行为，占这些鸟类总行为的 74.68%~89.67%。但不同涉禽这两种行为比例差异较大，如苍鹭的取食虽然是主要越冬行为，但其比例非常低，仅为 8.62%，这是因为苍鹭采取多休息来节省能量损失的策略。植食性的鹤类的主要行为均以取食和警戒最多，比例占总行为的 66.80%~92.98%。不同生境的鹤类主要行为的前两种虽然相同，但比例相差较大。自然生境中仅有取食和警戒两种主要行为，而农田生境中的灰鹤除了取食和警戒行为外，还有修整和运动，藕塘生境中白鹤除了取食和警戒行为外，还有修整和静栖，这一结果说明，自然生境中食物能量可能较低，鹤类需要不断取食才能得到足够的能量，而人工生境（稻田和藕塘）食物资源可能比较丰富，鹤类只需要较短的时间就可以获得足够的食物，有时间用于其他行为（修整、运动和静栖）。人工生境鹤类为什么有多样性的行为还需要进一步定量研究。

越冬游禽的主要行为也包括静栖、取食、修整、运动、警戒，与涉禽相同，但不同行为的比例相差较大。大型游禽(小天鹅、鸿雁、白额雁)静栖和取食行为占绝对优势，为总行为的 70.56%～75.72%。小型游禽(小䴙䴘、凤头䴙䴘和中华秋沙鸭)的静栖和取食行为占总行为的 43.82%～54.89%，它们的游泳行为都在 20%以上，这是因为我们研究的小型游禽都有潜水取食的习性，均活动于深水区，取食需要与游泳相伴出现，食物资源相对分散，较难获取，需要增加游泳来寻找食物。

14.1.6　潜水行为

中华秋沙鸭的平均潜水和暂停持续时间分别为(18.8±0.1)s 和(12.9±0.2)s，潜水效率为 2.297±0.025。雄性中华秋沙鸭平均潜水持续时间和平均暂停持续时间均显著高于雌性，这可能与雌雄的体重差异有关。随着温度升高和月份与时段的推移，中华秋沙鸭的潜水持续时间显著增加，这可能与最小氧气消耗率有关。随着群体的增大，中华秋沙鸭的潜水持续时间显著下降，这可能是种间竞争加剧所致。

小䴙䴘平均潜水持续时间为(13.84±5.66)s，平均暂停持续时间为(12.24±9.71)s。潜水效率为 1.13。凤头䴙䴘平均潜水持续时间为(21.72±9.65)s，极显著高于小䴙䴘($Z = -22.016$，$P < 0.001$)，平均暂停持续时间为(17.88±11.68)s，极显著高于小䴙䴘($Z = -16.588$，$P < 0.001$)。潜水效率为 1.21。

14.1.7　集群行为和成幼组成

中华秋沙鸭的集群类型包括雄性群、雌性群、混合群、雌性孤鸭和雄性孤鸭 5 种类型。越冬期间共记录到 145 群次，768 只次中华秋沙鸭。其中，混合群是最多的一种集群方式。孤鸭和 2～8 只群占总群数的 80.69%，提示中华秋沙鸭主要以集小群分散活动。

2014～2015 年越冬期白鹤的平均集群大小为(23.86±10.26)只，白头鹤为(6.42±1.63)只，白枕鹤为(6.09±2.55)只[2012～2013 年为(7.52±2.71)只]，灰鹤为(5.55±1.26)只[2012～2013 年为(8.16±1.37)只]，物种间差异不显著。白鹤的幼鸟比例为 12.27%，白头鹤为 14.42%，白枕鹤为 16.59%，灰鹤为 20.46%。

14.1.8　生境选择与活动范围

小天鹅、鹤鹬和白琵鹭等 8 种水鸟以浅水生境为主，豆雁、鸿雁和赤麻鸭等以浅水和草洲生境为主，白额雁和灰鹤以草洲生境为主，白骨顶和凤头䴙䴘以深水生境为主，红嘴鸥和小䴙䴘以深水和浅水生境为主。

中华秋沙鸭越冬栖息地生境选择的主因子为水质因子、觅食环境因子和干扰因子。pH、经度、离浅滩最近距离，离大道最近距离等生境因子对栖息地选择影响最大；通过 Kruskal-Wallis 检验对信江、抚河、饶河、修河四大水系样方绝对值超过 0.6 的生境因子进行了比较分析，结果表明，4 个水系中 pH、经度、纬度 3 个因子差异水平极显著($P \leqslant 0.01$)，离采砂场最近距离、离大道最近距离、离居民点最近距离 3 个因子差异水平显著($P < 0.05$)。对江西宜黄县中华秋沙鸭日移动距离和活动范围进行调查，结果显示，中华秋沙鸭日移动距离(3100 ± 1313) m，日活动范围为($122\,460 \pm 42\,019$) m^2，整个越冬期活动范围为 202 350 m^2。不同月份日移动距离无显著差异($F = 0.658$，$P > 0.05$)。

14.2　未来研究工作展望

江西鄱阳湖及其"五河"水系的水鸟多样性基本摸清，很多水鸟的数量分布及其生态习性也取得了初步研究成果，但这些研究成果的研究周期短，只能得出初步的结论，不能很好地揭示这些水鸟数量分布、行为对策的基本规律，更不能准确解释这些水鸟应对环境变化特别是食物资源变化的适应对策。未来江西鸟类研究应该集中在①水鸟数量分布的长期监测，建立水鸟特别是濒危水鸟的监测网络；②水鸟生境变化的长期监测，需要定点定时进行监测；③行为对策的变化：根据环境变化，了解水鸟应对这些变化的行为(时间分配、觅食、集群等)适应对策。

参 考 文 献①

毕中霖, 蒋迎昕, 孙悦华. 2003. 甘肃发现一例白化暗绿柳莺[J]. 四川动物, 22(1): 43.

仓决卓玛, 杨乐, 李建川. 2008. 西藏黑颈鹤越冬期昼间行为的时间分配[J]. 野生动物学报, 29(1): 15-20.

陈斌. 2017. 鄱阳湖-乐安河婺源段越冬雁鸭类种群生态学初步研究[D]. 江西师范大学硕士学位论文.

陈斌, 蒋剑虹, 邵明勤. 2015. 小䴙䴘和凤头䴙䴘越冬行为的昼间时间分配及活动节律[J]. 湿地科学, 13(5): 587-592.

陈锦云, 周立志. 2011. 安徽沿江浅水湖泊越冬水鸟群落的集团结构[J]. 生态学报, 31(18): 5323-5331.

陈振宁, 曾阳. 2001. 青海祁连地区不同生境类型蝶类多样性研究[J]. 生物多样性, 9(2): 109-114.

楚国忠, 彭长根, 张长根, 等. 1995. 江西分宜年珠林场及其周围地区的鸟类[J]. 林业科学研究, 8(2): 132-138.

崔鹏, 夏少霞, 刘观华, 等. 2013. 鄱阳湖越冬水鸟种群变化动态[J]. 四川动物, 32(2): 292-296.

戴年华, 刘玮, 蔡汝林, 等. 1995. 江西宜春地区鸟类区系初步研究[J]. 江西科学, 13(4): 229-240.

戴年华, 邵明勤, 蒋丽红, 等. 2013. 鄱阳湖小天鹅越冬种群数量与行为学特征[J]. 生态学报, 33(18): 5768-5776.

丁平. 2002. 中国鸟类生态学的发展与现状[J]. 动物学杂志, 37(3): 71-78.

董超, 张国钢, 陆军, 等. 2015. 山西平陆越冬大天鹅日间行为模式[J]. 生态学报, 35(2): 290-296.

冯多多. 2013. 东洞庭湖小白额雁(*Anser erythropus*)越冬种群空间分布及其影响因子研究[D]. 北京林业大学硕士学位论文.

冯理. 2008. 纳帕海黑鹳越冬生态观察[D]. 西南林学院硕士学位论文.

傅道言. 1988. 江西靖安县的夏季鸟类[J]. 江西林业科技, 16(2): 16-19.

高玮. 1992. 鸟类分类学[M]. 长春: 东北师范大学出版社.

关蕾, 靖磊, 雷佳琳, 等. 2016. 洞庭湖鸟类资源分布及其栖息地质量评估[J]. 北京林业大学学报, 38(7): 64-70.

郭冬生. 2007. 常见鸟类野外识别手册[M]. 重庆: 重庆大学出版社.

郭宏, 邵明勤, 胡斌华, 等. 2016. 鄱阳湖南矶湿地国家级自然保护区2种大雁的越冬行为特征及生态位分化[J]. 生态与农村环境学报, 32(1): 90-95.

郭恢财, 胡斌华, 李琴. 2014. 堑秋湖渔业模式对鄱阳湖南矶湿地越冬候鸟种群数量的影响和保育对策[J]. 长江流域资源与环境, 23(1): 46-52.

国家林业局. 2015. 中国湿地资源·江西卷[M]. 北京: 中国林业出版社.

何晓瑞, 吴金亮. 2000. 滇东北黑颈鹤越冬食性的研究[J]. 云南大学学报(自然科学版), 22(6): 460-464.

洪元华, 俞社保, 廖为明. 2006. 婺源黄喉噪鹛繁殖生境研究[J]. 江西农业大学学报, 28(6): 907-911.

侯林, 吴孝兵. 2007. 动物学[M]. 北京: 科学出版社.

黄乘明. 1998. 白头叶猴(*Presbytis leucocephalus*)对栖息地选择利用与觅食生物学[D]. 北京师范大学博士学位论文.

黄慧琴, 石金泽, 孙志勇, 等. 2016. 江西省鸟类多样性及其地理分布特征[J]. 四川动物, 35(5): 781-788.

黄燕, 李言阔, 纪伟涛, 等. 2016. 鄱阳湖区鸟类多样性及保护现状分析[J]. 湿地科学, 14(3): 311-327.

黄中豪, 周岐海, 黄乘明, 等. 2011. 广西弄岗黑叶猴的家域和日漫游距离[J]. 兽类学报, 31(1): 46-54.

贾亦飞. 2013. 水位波动对鄱阳湖越冬白鹤及其他水鸟的影响研究[D]. 北京林业大学硕士学位论文.

---

① 为保持史料原貌, 编者(出版者)对史料中因时代背景、政治立场不同而形成的称谓等, 在引用时未做处理, 相信读者通过研读, 对编者(出版者)立场自有明鉴

江西省人民代表大会环境与资源保护委员会. 2007. 江西生态[M]. 南昌: 江西人民出版社.

蒋剑虹, 戴年华, 邵明勤, 等. 2015. 鄱阳湖区稻田生境中灰鹤越冬行为的时间分配与觅食行为[J]. 生态学报, 35(2): 270-279.

蒋剑虹, 邵明勤. 2015. 小䴙䴘和凤头䴙䴘越冬潜水行为及差异[J]. 四川动物, 34(5): 719-724.

蒋科毅, 吴明, 邵学新. 2013. 杭州湾及钱塘江河口冬季水鸟群落多样性及其空间分布[J]. 长江流域资源与环境, 22(5): 602-609.

金斌松, 李琴, 刘观华. 2016. 江西鄱阳湖国家级自然保护区第二次科学考察报告[M]. 上海: 复旦大学出版社.

孔德军, 杨晓君, 钟兴耀, 等. 2008. 云南大山包黑颈鹤日间越冬时间分配和活动节律[J]. 动物学研究, 29(2): 195-202.

孔令雪, 张虹, 任娟, 等. 2011. 繁殖期不同时段赤腹松鼠巢域的变化[J]. 兽类学报, 31(3): 251-256.

李凤山, 马建章. 1992. 越冬黑颈鹤的时间分配、家庭和集群利益的研究[J]. 野生动物, 14(3): 36-41.

李小惠, 梁启华. 1985. 江西南部的鸟类调查[J]. 动物学杂志, 20(2)37-41.

李旭, 邓忠坚, 周伟, 等. 2011. 高黎贡山赧亢白眉长臂猿春秋季活动范围变化[J]. 华南师范大学学报(自然科学版), 43(2): 108-112.

李学友, 杨洋, 杨士剑, 等. 2008. 云南拉市海灰鹤的越冬行为初步观察[J]. 动物学杂志, 43(3): 65-70.

李言阔, 黄建刚, 李凤山, 等. 2013. 鄱阳湖越冬小天鹅在高水位年份的昼间时间分配和活动节律[J]. 四川动物, 32(4): 498-503.

李言阔, 钱法文, 单继红, 等. 2014. 气候变化对鄱阳湖白鹤越冬种群数量变化的影响[J]. 生态学报, 34(10): 2645-2653.

李言阔, 单继红, 龚瑜. 2013. 江西省两栖类动物多样性与地理区划[J]. 动物学杂志, 48(6): 919-925.

李义明, 廖明尧, 喻杰, 等. 2005. 社群大小的年变化、气候和人类活动对神农架自然保护区川金丝猴日移动距离的影响[J]. 生物多样性, 13(5): 432-438.

李友邦. 2008. 广西黑叶猴分布数量和行为生态学初步研究[D]. 浙江大学博士学位论文.

李忠秋, 王智, 葛晨. 2013. 盐城灰鹤(Grus grus)越冬种群动态及行为观察[J]. 动物学研究, 34(5): 453-458.

连新明, 苏建平, 张同作, 等. 2005. 可可西里地区藏羚的社群特征[J]. 生态学报, 25(6): 1341-1346.

廖嘉欣, 赵运林, 徐正刚, 等. 2015. 洞庭湖小天鹅越冬中期行为节律研究[J]. 西南林业大学学报, 35(6): 85-91.

刘灿然, 马克平, 吕延华, 等. 1998. 生物群落多样性的测度方法Ⅵ: 与多样性测度有关的统计问题[J]. 生物多样性, 6(3): 229-239.

刘成林, 谭胤静, 林联盛, 等. 2011. 鄱阳湖水位变化对候鸟栖息地的影响[J]. 湖泊科学, 23(1): 129-135.

刘观华, 金杰锋, 李凤山, 等. 2014. 2012年冬季鄱阳湖大型越冬水鸟数量与分布[J]. 江西林业科技, 42(1): 39-43.

刘国库, 周材权, 杨志松, 等. 2010. 冬春季矮岩羊集群特征比较[J]. 生态学报, 30(9): 2484-2490.

刘静. 2011. 安徽升金湖国家级自然保护区豆雁的越冬食性和行为研究[D]. 中国科学技术大学硕士学位论文.

刘鹏, 孙志勇, 刘俊, 等. 2017. 鄱阳鸟类研究现状与保护对策[J]. 野生动物学报, 38(4): 675-681.

刘强, 杨晓君, 朱建国, 等. 2008. 云南省纳帕海自然保护区越冬黑颈鹤的集群特征[J]. 动物学研究, 29(5): 553-560.

刘群秀, 王正寰, 王小明. 2009. 两种核域估算方法在野生藏狐家域研究中的比较[J]. 兽类学报, 29(1): 26-31.

刘伟, 钟文勤, 宛新荣. 2002. 啮齿动物巢区研究进展[J]. 生态学杂志, 21(4): 36-40.

刘振生, 李新庆, 王小明, 等. 2009. 贺兰山岩羊(Pseudois nayaur)集群特征的季节变化[J]. 生态学报, 29(6): 2782-2788.

龙勇诚, 钟泰, 肖李. 1996. 滇金丝猴地理分布、种群数量与相关生态学的研究[J]. 动物学研究, 17(4): 437-441.

吕九全, 李保国. 2006. 秦岭川金丝猴的昼间活动时间分配[J]. 兽类学报, 26(1): 26-32.

吕士成, 陈卫华. 2006. 环境因素对丹顶鹤越冬行为的影响[J]. 野生动物杂志, 27(6): 18-20.

罗磊, 赵洪峰, 常秀云, 等. 2010. 宁陕野化放飞朱鹮秋冬季日间活动时间分配和节律[J]. 应用与环境生物学报, 16(6): 833-839.

罗祖奎, 岳峰, 吴法清, 等. 2009. 湖北沙湖冬季鸟类群落特征[J]. 生态学杂志, 8(7): 1361-1367.

马克平. 1994. 生物群落多样性的测度方法 I α 多样性的测度方法(上)[J]. 生物多样性, 2(3): 162-168.

聂延秋. 2017. 中国鸟类识别手册[M]. 北京: 中国林业出版社.

潘超, 郑光美. 2003. 北京师范大学内麻雀(Passer montanus)冬季活动区的研究[J]. 北京师范大学学报(自然科学版), 39(4): 537-540.

阮云秋. 1995. 鸳鸯越冬期日活动行为时间分配的研究[J]. 野生动物, 17(6): 19-23.

单继红. 2013. 鄱阳湖鸟类多样性、濒危鸟类种群动态及其保护空缺分析[D]. 东北林业大学博士学位论文.

单继红, 马建章, 李言阔, 等. 2014. 鄱阳湖区灰鹤越冬种群数量与分布动态及其影响因素[J]. 生态学报, 34(8): 2050-2060.

尚玉昌. 2014. 动物行为学[M]. 第 2 版. 北京: 北京大学出版社.

邵明勤, 陈斌. 2017. 中华秋沙鸭越冬期昼间行为能量支出及其变化[J]. 湿地科学, 15(4): 483-488.

邵明勤, 陈斌, 蒋剑虹. 2016a. 鄱阳湖越冬雁鸭类的种群动态与时空分布[J]. 四川动物, 35(3): 460-465.

邵明勤, 龚浩林, 戴年华. 2018a. 鄱阳湖围垦区藕塘越冬白鹤的时间分配与行为节律[J]. 生态学报, 38(14): 5206-5212.

邵明勤, 郭宏, 胡斌华, 等. 2016b. 鄱阳湖南矶湿地国家级自然保护区 3 种涉禽行为比较[J]. 湿地科学, 14(4): 458-463.

邵明勤, 蒋剑虹, 戴年华. 2016c. 鄱阳湖非繁殖期水鸟的微生境利用及对水位的响应[J]. 生态学杂志, 35(10): 2759-2767.

邵明勤, 蒋剑虹, 戴年华, 等. 2014a. 鄱阳湖越冬灰鹤和白枕鹤的数量与集群特征[J]. 生态与农村环境学报, 30(4): 464-469.

邵明勤, 蒋剑虹, 戴年华, 等. 2017. 鄱阳湖 4 种鹤类集群特征与成幼组成的时空变化[J]. 生态学报, 37(6): 1777-1785.

邵明勤, 蒋剑虹, 石文娟, 等. 2014b. 江西主要湿地鸟类资源与区系分析[J]. 生态科学, 33(4): 723-729.

邵明勤, 石文娟, 蒋剑虹, 等. 2015. 江西南昌市迁徙期和越冬期湖泊鸟类多样性[J]. 生态与农村环境学报, 31(3): 326-333.

邵明勤, 曾宾宾, 尚小龙, 等. 2012. 江西鄱阳湖流域中华秋沙鸭越冬期间的集群特征[J]. 生态学报, 32(10): 3170-3176.

邵明勤, 曾宾宾, 徐贤柱, 等. 2013. 鄱阳湖流域非繁殖期鸟类多样性[J]. 生态学报, 33(1): 140-149.

邵明勤, 张聪敏, 戴年华, 等. 2018b. 越冬小天鹅在鄱阳湖围垦区藕塘生境的时间分配与行为节律[J]. 生态学杂志, 37(3): 817-822.

邵明勤, 章旭日, 戴年华, 等. 2010a. 中华秋沙鸭冬季行为初步分析[J]. 四川动物, 29(6): 984-985.

邵明勤, 章旭日, 易智莉, 等. 2010b. 江西省鸟类多样性与区系分析[J]. 长江流域资源与环境, 19(Z1): 128-131.

湿地国际. 2014. 江西省湿地资源概况. http://www. wetwonder. org/news_show. asp?id=14433[2018-9-30]

史海涛, 郑光美. 1999. 红腹角雉取食栖息地选择的研究[J]. 动物学研究, 20(2): 131-136.

苏化龙, 马强, 胥执清, 等. 2005. 三峡水库蓄水 139m 前后江面江岸冬季鸟类动态[J]. 动物学杂志, 40(1): 92-95.

孙儒泳. 2001. 动物生态学原理[M]. 北京: 北京师范大学出版社.

孙悦华, 方昀. 1997. 花尾榛鸡冬季活动区及社群行为[J]. 动物学报, 43(1): 34-41.

唐佳, 李德品, 徐怀亮, 等. 2013. 动物生境利用研究方法综述[J]. 四川动物, 32(4): 633-639.

涂业苟, 俞长好, 黄晓凤, 等. 2009. 鄱阳湖区域越冬雁鸭类分布与数量[J]. 江西农业大学学报, 31(4): 760-764.

王凯, 杨晓君, 赵健林, 等. 2009. 云南纳帕海越冬黑颈鹤日间行为模式与年龄和集群的关系[J]. 动物学研究, 30(1): 74-82.

王圣瑞. 2014. 鄱阳湖生态安全[M]. 北京: 科学出版社.

王双玲. 2008. 贵州麻阳河自然保护区黑叶猴家域和生境特征研究[D]. 北京林业大学博士学位论文.

王鑫. 2013. 食物对越冬小白额雁分布、能量与氮平衡以及行为的影响[D]. 中国科学技术大学博士学位论文.

文祯中, 王庆林, 孙儒泳. 1998. 鹭科鸟类种间关系的研究[J]. 生态学杂志, 17(1): 27-34.

吴建东, 纪伟涛, 刘观华, 等. 2010. 航空调查越冬水鸟在鄱阳湖的数量与分布[J]. 江西林业科技, 38(1): 23-28.

吴英豪, 纪伟涛. 2002. 江西鄱阳湖国家级自然保护区研究[M]. 北京: 中国林业出版社.

夏少霞, 刘观华, 于秀波, 等. 2015. 鄱阳湖越冬水鸟栖息地评价[J]. 湖泊科学, 27(4): 719-726.

谢钦铭, 李云, 熊国根. 1995. 鄱阳湖底栖动物生态研究及其底层鱼产力的估算[J]. 江西科学, 13(3): 161-169.

杨春文, 马建章, 金建丽, 等. 2008. 森林生态系统中5种啮齿动物秋季时间生态位[J]. 动物学杂志, 43(2): 64-69.

杨二艳. 2013. 安徽沿江湖泊小天鹅(*Cygnus columbianus*)越冬行为研究[D]. 安徽大学硕士学位论文.

杨小农, 朱磊, 郝光, 等. 2012. 瓦屋山2种山雀的生态位分化和共存[J]. 动物学杂志, 47(4): 11-18.

杨秀丽. 2011. 安徽升金湖国家级自然保护区白额雁(*Anser albifrons*)数量分布, 觅食行为和食性变化研究[D]. 中国科学技术大学硕士学位论文.

杨延峰, 张国钢, 陆军, 等. 2012. 贵州草海越冬斑头雁日间行为模式及环境因素对行为的影响[J]. 生态学报, 32(23): 7280-7288.

杨月伟, 夏贵荣, 丁平, 等. 2005. 浙江乐清湾湿地水鸟资源及其多样性特征[J]. 生物多样性, 13: (6)507-513.

易国栋, 杨志杰, 刘宇, 等. 2010. 中华秋沙鸭越冬行为时间分配及日活动节律[J]. 生态学报, 30(8): 2228-2234.

袁芳凯, 李言阔, 李凤山, 等. 2014. 年龄、集群、生境及天气对鄱阳湖白鹤越冬期日间行为模式的影响[J]. 生态学报, 34(10): 2608-2616.

约翰·马敬能, 卡伦·菲利普斯, 何芬奇. 2000. 中国鸟类野外手册[M]. 长沙: 湖南教育出版社.

曾宾宾. 2014. 中华秋沙鸭越冬生态与保护对策[D]. 江西师范大学硕士学位论文.

曾宾宾, 邵明勤, 赖宏清, 等. 2013. 性别和温度对中华秋沙鸭越冬行为的影响[J]. 生态学报, 33(12): 3712-3721.

曾南京, 刘观华, 余定坤, 等. 2016. 江西鄱阳湖国家级自然保护区鸟类种类统计[J]. 四川动物, 35(5): 765-773.

曾南京, 俞长好, 刘观华, 等. 2017. 2017年初江西省鸟类种类统计[J]. 南方林业科学, 45(3): 62-66.

张国钢, 梁伟, 楚国忠. 2006. 海南黑脸琵鹭的越冬行为分析[J]. 生物多样性, 14(4): 352-358.

张国钢, 梁伟, 楚国忠. 2007. 海南3种鹭越冬行为的比较[J]. 动物学杂志, 42(6): 125-130.

张国钢, 刘冬平, 江红星, 等. 2008. 青海湖棕头鸥(*Larus brunnicephalus*)夏秋季活动区研究[J]. 生态学报, 28(6): 2629-2635

张金屯. 2018. 数量生态学[M]. 北京: 科学出版社.

张琼, 钱法文. 2013. 鄱阳湖越冬白鹤家庭行为[J]. 动物学杂志, 48(5): 759-768.

张晓辉, 徐基良, 张正旺, 等. 2004. 河南陕西两地白冠长尾雉的集群行为[J]. 动物学研究, 25(2): 89-95.

张姚, 谢汉宾, 曾伟斌, 等. 2014. 崇明东滩人工湿地春季水鸟群落结构及其生境分析[J]. 动物学杂志, 49(4): 490-504.

张永. 2009. 安徽升金湖国家级自然保护区2008/2009鸿雁(*Anser cygnoides*)越冬生态学初步研究[D]. 中国科学技术大学硕士学位论文.

章麟, 张明. 2018. 中国鸟类图鉴(鸻鹬版)[M]. 福州: 海峡书局.

章旭日. 2011. 鄱阳湖南矶山湿地国家级自然保护区冬季鸟类多样性及生态位分化研究[D]. 江西师范大学硕士学位论文.

章旭日, 邵明勤, 简敏菲. 2009. 南昌市及近郊鸟类多样性和区系初步分析[J]. 江西师范大学学报(自然科学版), 33(4): 458-462.

赵成, 李艳红, 胡杰, 等. 2012. 嘉陵江中游长嘴剑鸻冬季觅食地选择[J]. 四川动物, 31(1): 22-26.

赵海鹏, 柴连琴, 胡建正. 2010. 山东济南发现一例白化小鹏鹛[J]. 四川动物, 29(1): 150.

赵金良, 李军, 姜玉霞, 等. 1995. 白化家燕的发现及其细胞遗传学研究[J]. 动物学杂志, 30(2): 25-27.

赵序茅, 马鸣, 张同. 2013. 白眼潜鸭秋季行为时间分配及活动节律[J]. 动物学杂志, 48(6): 942-946.

赵正阶. 2001. 中国鸟类志(上卷)[M]. 长春: 吉林科学技术出版社.

郑光美. 1995. 鸟类学[M]. 北京: 北京师范大学出版社.

郑光美. 2012. 鸟类学[M]. 第2版. 北京: 北京师范大学出版社.

郑光美. 2017. 中国鸟类分类与分布名录[M]. 第3版. 北京: 科学出版社.

郑作新. 2002. 中国鸟类系统检索[M]. 北京: 科学出版社.

周长发. 2009. 生物进化与分类原理[M]. 北京: 科学出版社.

周诚. 1991. 江苏镇江发现白化灰喜鹊[J]. 动物学杂志, 26(6): 55.

周放. 2010. 中国红树林区鸟类[M]. 北京: 科学出版社.

周慧, 仲阳康, 赵平, 等. 2005. 崇明东滩冬季水鸟生态位分析[J]. 动物学杂志, 40(1): 59-65.

周开亚, 李悦民, 刘月珍. 1981. 江西庐山的夏季鸟类[J]. 南京师院学报(自然科学版), (3): 43-48.

周礼超, 卢茜琳, 赵志荣, 等. 1993. 贵阳黔灵公园半野生猕猴冬季生态初步研究[J]. 贵州科学, 11(2): 78-84.

朱奇, 詹耀煌, 刘观华, 等. 2012. 2011年冬鄱阳湖水鸟数量与分布调查[J]. 江西林业科技, 40(3): 1-9.

朱曦, 章立新, 梁峻, 等. 1998. 鹭科鸟类群落的空间生态位和种间关系[J]. 动物学研究, 19(1): 45-51.

Alonso J C, Alonso J A. 1993. Age-related differences in time budgets and parental care in wintering common cranes[J]. The Auk, 110(1): 78-88.

Altmann J, Schoeller D, Altmann S A, et al. 1993. Body size and fatness of free-living baboons reflect food availability and activity levels[J]. American Journal of Primatology, 30(2): 149-161.

Avilés J M. 2003. Time budget and habitat use of the common crane wintering in dehesas of southwestern Spain[J]. Canadian Journal of Zoology, 81(7): 1233-1238.

Avilés J M, Bednekoff P A. 2007. How do vigilance and feeding by common cranes Grus grus, depend on age, habitat, and flock size?[J]. Journal of Avian Biology, 38(6): 690-697.

Bautista L M, Alonso J C, Alonso J A. 1998. Foraging site displacement in common crane flocks[J]. Animal Behaviour, 56(5): 1237-1243.

Beauchamp G. 2008. Sleeping gulls monitor the vigilance behaviour of their neighbours[J]. Biology Letters, 5(1): 9-11.

Beauchamp G, Ruxton G D. 2003. Changes in vigilance with group size under scramble competition[J]. The American Naturalist, 161(4): 672-675.

Bertram B C R. 1980. Vigilance and group size in ostriches. [J]. Animal Behaviour, 28(1): 278-286.

Blackman E B, Deperno C S, Moorman C E, et al. 2014. Use of crop fields and forest by wintering American woodcock[J]. Southeastern Naturalist, 12(1): 85-92.

Bourget D, Savard J L, Guillemette M. 2007. Distribution, diet and dive behavior of Barrow's and Common Goldeneyes during spring and autumn in the St. Lawrence Estuary[J]. Waterbirds, 30(2): 230-240.

Boyd I L, Croxall J P. 1996. Dive durations in pinipeds and seabirds[J]. Canadian Journal of Zoology, 74(9): 1696-1705.

Brazil M. 2009. Birds of East Asia: China, Taiwan, Korea, Japan, Eastern Russia[M]. Princeton: Princeton University Press.

Burger J, Safina C, Gochfeld M. 2000. Factors affecting vigilance in springbok: importance of vegetative cover, location in herd, and herd size[J]. Acta Ethologica, 2(2): 97-104.

Cao L, Barter M, Zhao M, et al. 2011. A systematic scheme for monitoring waterbird populations at Shengjin Lake, China: methodology and preliminary results[J]. Chinese Birds, 2(1): 1-17.

Carbone C, Leeuw J J, Houston A I. 1996. Adjustments in the diving time budgets of tufted duck and pochard: is there evidence for a mix of metabolic pathways?[J]. Animal Behaviour, 51(6): 1257-1268.

Casaux R. 2004. Diving patterns in the Antarctic shag[J]. Waterbirds, 27(4): 382-387.

Chapman C A, Chapman L J, Wrangham R W. 1995. Ecological constraints on group size: an analysis of spider monkey and chimpanzee subgroups[J]. Behavioral Ecology and Sociobiology, 36(1): 59-70.

Chave J. 2004. Neutral theory and community ecology[J]. Ecology Letters, 7(3): 241-253. .

Cooper J. 1986. Diving patterns of cormorants Phalacrocoracidae[J]. Ibis, 128(4): 562-570.

Costa D P. 1993. The relationship between reproductive and foraging energetics and the evolution of the Pinnipedia[J]. Symp Zool Soc Lond, 66: 293-314.

Frere E, Quintana F, Gandini P. 2002. Diving behavior of the red-legged cormorant in southeastern Patagonia, Argentina[J]. The Condor, 104(2): 440-444.

Garthe S, Guse N, Montevecchi W A, et al. 2014. The daily catch: flight altitude and diving behavior of northern gannets feeding on Atlantic mackerel[J]. Journal of Sea Research, 85(1): 456-462.

Gomes A, Pereira J, Bugoni L. 2009. Age-specific diving and foraging behavior of the great grebe (*Podicephorus major*) [J]. Waterbirds, 32(1): 149-156.

Guillemette M. 2001. Foraging before spring migration and before breeding in Common Eiders: does hyperphagia occur? [J]. The Condor, 103(3): 633-638.

Guillemette M, Woakes A J, Henaux V, et al. 2004. The effect of depth on the diving behaviour of common eiders[J]. Canadian Journal of Zoology, 82(11): 1818-1826.

Gwiazda R, Amirowicz A. 2006. Selective foraging of Grey Heron (*Ardea cinerea*) in relation to density and composition of the littoral fish community in a submontane dam reservoir[J]. Waterbirds, 29(2): 226-232.

Halle S, Stenseth N C. 2000. Activity Patterns in Small Mammals: An Ecological Approach[M]. Berlin: Springer.

Hamilton W D. 1971. Geometry of the selfish herd[J]. Journal of Theoretical Biology, 31(2): 295-311.

Hamza F, Hammouda A, Selmi S. 2015. Species richness patterns of waterbirds wintering in the gulf of Gabès in relation to habitat and anthropogenic features[J]. Estuarine Coastal and Shelf Science, 165: 254-260.

Heath J P, Montevecchi W A, Robertson G J. 2008. Allocating foraging effort across multiple time scales: behavioral responses to environmental conditions by Harlequin Ducks wintering at Cape St. Mary's, Newfoundland [J]. Waterbirds, 31(sp2): 71-80.

Hoogland J L. 1979. The effect of colony size on individual alertness of prairie dogs (Sciuridae: *Cynomys* spp.) [J]. Animal Behaviour, 27(2): 394-407.

Isbell L A. 1983. Daily ranging behavior of Red Colobus (*Colobus badius tephrosceles*) in Kibale forest, Uganda[J]. Folia Primatologica, 41(1-2): 34-48.

Janson C H, Goldsmith M L. 1995. Predicting group size in primates: foraging costs and predation risks[J]. Behavioral Ecology, 6(3): 326-336.

Jarman R J. 1974. The social organization of antelope in relation to their ecology[J]. Behaviour, 48(1-4): 215-267.

Jones O E III, Williams C K, Castelli P M. 2014. A 24-hour time-energy budget for wintering American Black Ducks (*Anas rubripes*) and its comparison to allometric estimations [J]. Waterbirds, 37(3): 264-273.

Kimberly M W, Suedkamp W, Joshua J M, et al. 2008. Factors affecting home range size an movements of Post-fledging grassland birds[J]. The Wilson Journal of Ornitholoy, 120 (1) : 120-130.

Kingsford R T, Thomas R F. 2004. Destruction of wetlands and waterbird populations by dams and irrigation on the Murrumbidgee River in arid Australia[J]. Environmental management, 34 (3) : 383-396.

Klaassen M R J, Lindstrom A. 1996. Departure fuel loads in time-minimizing migrating birds can be explained by the energy costs of being heavy[J]. Journal of Theoretical Biology, 183 (1) : 29-34.

Kotzerka J, Hatch S A, Garthe S. 2011. Evidence for foraging-site fidelity and individual foraging behavior of pelagic cormorants rearing chicks in the Gulf of Alaska [J]. The Condor, 113 (1) : 80-88.

Landeau L, Terborgh J. 1986. Oddity and the "confusion effect" in predation[J]. Animal Behaviour, 34 (5) : 1372-1380.

Li C L, Zhou L, Xu L, et al. 2015. Vigilance and activity time-budget adjustments of wintering hooded cranes, *Grus monacha*, in human-dominated foraging habitats[J]. PloS One, 10 (3) : e0118928.

Link P T, Afton A D, Cox R R, et al. 2011. Use of habitats by female mallards wintering in southwestern Louisiana[J]. Waterbirds, 34 (4) : 429-438.

Lourenço P M, Alves J A, Catry T, et al. 2015. Foraging ecology of sanderlings *Calidris alba* wintering in estuarine and non-estuarine intertidal areas[J]. Journal of Sea Research, 104: 33-40.

Maclean I, Austin G E, Rehfisch M M, et al. 2008. Climate change causes rapid changes in the distribution and site abundance of birds in winter[J]. Global Change Biology, 14 (11) : 2489-2500.

Marsh C W. 1981. Ranging behaviour and its relation to diet selection in Tana River Red colobus (*Colobus badius rufomitratus*) [J]. Journal of Zoology, 195 (4) : 473-492.

Matt R K, Davidson W I, Jones G. 2012. Home range use and habitat selection by barbastelle bats (*Barbastella barbastellus*) : implications for conservation[J]. Journal of Mammalogy, 93 (4) : 1110-1118.

McKinney R A, McWilliams S R, Charpentier M A. 2007. Habitat characteristics associated with the distribution and abundance of *Histrionicus histrionicus* (Harlequin Ducks) wintering in southern New England[J]. Northeastern Naturalist, 14 (2) : 159-170.

McKnight J. 1998 The Careless Society: Community and Its Counterfeits[M]. New York: Basic Books: 208.

Megan K M, Colleen T D. 2009. Home range and daily movement of Leopard Tortoises (*Stigmochelys pardlis*) in the Nama-Karoo, South Africa[J]. Journal of Herpetology, 43 (4) : 561-569.

Mellink E, Castillo-Guerrero J A, Peñaloza-Padilla E. 2014. Development of diving abilities by fledgling Brown Boobies (*Sula leucogaster*) in the central gulf of California, México[J]. Waterbirds, 37 (4) : 451-456.

Miller M R, Eadie J. 2006. The allometric relationship between resting metabolic rate and body mass in wild waterfowl (Anatidae) and an application to estimation of winter habitat requirements [J]. The Condor, 108 (1) : 166-177.

Mittelhauser G H, Drury J B, Morrison E. 2008. Behavior and diving of Harlequin Ducks Wintering at Isle au Haut, Maine[J]. Waterbirds, 31 (sp2) : 67-70.

Morton J M, Kirkpatrick R L. 1989. Time and energy budgets of American black ducks in winter[J]. Journal of Wildlife Management, 53 (2) : 401-410.

Novcic I. 2016. Niche dynamics of shorebirds in Delaware Bay: foraging behavior, habitat choice and migration timing[J]. Acta Oecologica, 75: 68-76.

O'brien T G, Kinnaird M F. 1997. Behavior, diet, and movements of the Sulawesi Crested Black Macaque (*Macaca nigra*)[J]. International Journal of Primatology, 18 (3) : 321-351.

Paton D C, Rogers D J, Hill B M, et al. 2009. Temporal changes to spatially stratified waterbird communities of the Coorong, South Australia: implications for the management of heterogenous wetlands[J]. Animal Conservation, 12(5): 408-417.

Pearse A T, Kaminski R M, Reinecke K J, et al. 2012. Local and landscape associations between wintering Dabbling Ducks and wetland complexes in Mississippi[J]. Wetlands, 32(5): 859-869.

Pienkowski M W. 1983. Changes in the foraging pattern of plovers in relation to environmental factors[J]. Animal Behaviour, 31(2): 244-264.

Polak M, Ciach M. 2007. Behaviour of Black-throated diver *Gavia arctica* and Red-throated Diver *Gavia stellate* during autumn migration stopover [J]. Ornis Svecica, 17(2): 90-94.

Pulliam H R. 1973. On the advantages of flocking[J]. Journal of Theoretical Biology, 38(2): 419-422.

Raemaekers J. 1980. Causes of variation between months in the distance traveled daily by gibbons[J]. Folia Primatologica, 34(1-2): 46-60.

Rees E C, Bruce J H, White G T. 2005. Factors affecting the behavioural responses of whooper swans (*Cygnus c. cygnus*) to various human activities[J]. Biological Conservation, 121(3): 369-382.

Roper-Coudert Y, Kato A. 2009. Diving activity of Hoary-Headed (*Poliocephalus poliocephalus*) and Australasian Little Grebes (*Tachybaptus novaehollandiae*)[J]. Waterbirds, 32(1): 157-161.

Schaub M, Jenni L. 2000. Fuel deposition of three passerine bird species along the migration route[J]. Oecologia, 122(3): 306-317.

Schreer J F, Kovacs K M. 1997. Allometry of diving capacity in air-breathing vertebrates[J]. Canadian Journal of Zoology, 75(3): 339-358.

Scott S N, Clegg S M, Blomberg S P, et al. 2003. Morphological shifts in island-dwelling birds: the roles of generalist foraging and niche expansion[J]. Evolution, 57(9): 2147-2156.

Shao M Q, Chen B. 2017. Effect of sex, temperature, time and flock size on the diving behavior of the wintering Scaly-sided Merganser (*Mergus squamatus*)[J]. Avian research, 8(1): 50-56.

Shao M Q, Guo H, Cui P, et al. 2015.Preliminary Study on Time Budgetand Foraging Strategy of Wintering Oriental White Stork at Poyang lake, Jiangxi Province, China[J]. Pakistan Journal of Zoology, 47(1): 71-78.

Shao M Q, Guo H, Jiang J H. 2014b. Population sizes and group characteristics of Siberian crane (*Leucogeranus leucogeranus*) and Hooded Crane (*Grus monacha*) in Poyang Lake wetland[J]. Zoological Research, 35(5): 373-379.

Shao M Q, Jiang J H, Guo H, et al. 2014a. Abundance, distribution and diversity variations of wintering water birds in Poyang Lake, Jiangxi Province, China. [J]. Pakistan Journal of Zoology, 46(2): 451-462.

Shao M Q, Shi W J, Zeng B B, et al. 2014c. Diving behavior of Scaly-sided Merganser, *Mergus squamatus* in Poyang Lake watershed, China[J]. Pakistan Journal of Zoology, 46(1): 284-287.

Stevens L E, Buck K A, Brown B T, et al. 1997. Dam and geomorphological influences on Colorado River waterbird distribution, Grand Canyon, Arizona, USA[J]. Regulated Rivers Research and Management, 13(2): 151-169.

Tatu K S, Anderson J T, Hindman L J, et al. 2007. Diurnal foraging activities of mute swans in Chesapeake Bay, Maryland[J]. Waterbirds, 30(1): 121-128.

Tavares D C, Siciliano S. 2013. Notes on records of Ciconia maguari (Gmelin, 1789) (Aves, Ciconiidae) on northern Rio de Janeiro State, Southeast Brazil[J]. Pan-American Journal of Aquatic Sciences, 8: 352-357.

Timothy C R Ⅱ, Brian D G. 2006. Movement patterns and home range use of the Northern water snake (*Nerodia sipedon*)[J]. Copeia, 2006(3): 544-551.

Treisman M. 1975. Predation and the evolution of gregariousness. I. Models for concealment and evasion[J]. Animal Behaviour, 23 (11): 779-800.

Wang H Z, Xu Q Q, Cui Y D, et al. 2007. Macrozoobenthic community of Poyang Lake, the largest freshwater lake of China, in the Yangtze floodplain[J]. Limnology, 8 (1): 65-71.

Wang X, Fox A D, Cong P H, et al. 2013. Food constraints explain the restricted distribution of wintering lesser white-fronted geese *Anser erythropus*, in China[J]. Ibis, 155 (3): 576-592.

Wang Z, Li Z Q, Beauchamp G, et al. 2010. Flock size and human disturbance affect vigilance of endangered Red-Crowned Cranes (*Grus japonensis*) [J]. Biological Conservation, 144 (1): 101-105.

Watanuki Y, Burger A E. 1999. Body mass and dive duration in alcids and penguins[J]. Canadian Journal of Zoology, 77 (11): 1838-1842.

White C R, Butler P J, Gremillet D, et al. 2008. Behavioural strategies of cormorants (Phalacrocoracidae) foraging under challenging light conditions[J]. Ibis, 150 (s1): 231-239.

Willson M F, Hocker K M. 2008. American dippers wintering near Juneau, Alaska[J]. Northwestern Naturalist, 89 (1): 24-32.

Wooley J B, Owen R B. 1978. Energy costs of activity and daily energy expenditure in the Black Duck[J]. Journal of Wildlife Management, 42 (4): 739-745.

Wrangham R W, Gittleman J L, Chapman C A. 1993. Constraints on group size in primates and carnivores: population density and day-range as assays of exploitation competition[J]. Behavioral Ecology and Sociobiology, 32 (3): 199-209.

Žalakevičius M. 1999. Global climate change impact on bird numbers, population state and distribution areas[J]. Acta Zoologica Lituanica, 9 (1): 78-89.

Zeffer A, Johansson L C, Marmebro A. 2003. Functional correlation between habitat use and leg morphology in birds (Aves) [J]. Biological Journal of the Linnean Society, 79 (3): 461-484.

Zeng N J, Liu G H, Wen S B, et al. 2018. New Bird Records and Bird Diversity of Poyang Lake National Nature Reserve, Jiangxi Province, China[J]. Pakistan Journal of Zoology, 50 (4): 1285-1291.

Zhang Y, Cao L, Barter M, et al. 2011. Changing distribution and abundance of Swan Goose *Anser cygnoides* in the Yangtze River floodplain: the likely loss of a very important wintering site[J]. Bird Conservation International, 21 (1): 36-48.

Zhou B, Zhou L Z, Chen J Y, et al. 2010. Diurnal time-activity budgets of wintering hooded cranes (*Grus monacha*) in Shengjin Lake, China[J]. Waterbirds, 33 (1): 110-115.

附录 鸟类学本科和硕士的培养模式

15.1 本科论文选题与实施

本科生经过理论学习和实践训练(动物实习中的小专题设计与实践及小论文写作),已经对鸟类的分类、分布和基本的习性有所了解。需要了解更多有关鸟类生态研究的学生可以通过本科论文阶段进行知识强化,进一步提高学生的科研思维能力和解决问题的能力。一般在大三结束由专任教师提供本科生毕业论文的题目,由学生自行选定。个别特别感兴趣的学生在大一至大三期间可以在相关教师的实验室进行科研训练,如"挑战杯"、创新创业大赛等。邵明勤带的本科生论文题目一般选自在研的国家自然科学基金或取材方便的市区和郊区鸟类多样性,选定的论文题目见"选题示范"。也有些论文不是在国家自然科学基金项目中产生,如野外实习时,在江西省宜春市靖安县发现某河边公园和江西师范大学瑶湖校区有一些白腰文鸟的鸟巢,均在桂花树上,测量方便,工作量适中,适合作为本科论文。有些论文是在学生申请的校级课题中产生,如"南昌市不同湖泊鸟类多样性的时空动态"、"南昌市城市绿地面积与鸟类物种数的定量关系"等均为校级立项课题。题目确定后,组织和指导本科生查阅 20~30 篇文献及 3~5 篇英文文献。一个月后,组织本科生进行论文实施方案的讨论和制定,根据自己的研究目标确定研究内容和实施方案,并在第 7 学期开学的 1 个月内开展文献阅读和研究方案设计的交流。学生将自己文献阅读的主要内容和设计的研究方案用 PPT 进行交流,由教师指导。第 7 学期基本让本科生完成鸟类野外数据的收集工作,第 8 学期指导本科生论文写作,并及时反馈,一般修改 5~8 次。

本科论文选题示范

1. 鄱阳湖恒湖水鸟多样性及生态位分化
2. 南昌市各公园鸟类多样性与岛屿假说的验证
3. 鄱阳湖围垦区藕塘生境中白鹤取食行为的研究
4. 鄱阳湖东方白鹳越冬期时间分配与行为节律
5. 鄱阳湖白鹤越冬期的时间分配与行为节律
6. 小䴙䴘和凤头䴙䴘潜水行为的比较
7. 小䴙䴘和凤头䴙䴘越冬期行为对策与生态位分化
8. 白腰文鸟的巢址选择

9. 黑领椋鸟与喜鹊的巢址选择
10. 鄱阳湖东方白鹳的巢址选择
11. 中华秋沙鸭越冬期的集群行为
12. 中华秋沙鸭越冬期的时间分配与节律
13. 中华秋沙鸭越冬期的栖息地选择
14. 鄱阳湖围垦区藕塘生境中小天鹅取食行为的研究
15. 鄱阳湖区鸿雁和白额雁的行为对策与生态位分化

15.2 硕士研究生的培养模式

创新能力的培养是研究生教育的核心，是评价研究生教育质量的根本标准。《国家中长期教育改革和发展规划纲要(2010—2020年)》也指出创新能力培养的重要性。目前，国内外对研究生创新能力的培养都比较重视，开展了大量的研究工作。主要研究内容包括：①**研究生课程教学**。这些研究主要阐述传统的研究生教学模式的不足，认为该模式不利于研究生创新能力的培养。建议对教学内容、课程体系、教学方法和考核方式等进行改革，采用启发式、探究式的教学方式，提升研究生的创新能力；②**导师队伍的建设**。不少学者认为应构建良好的师资团队，同一专业的导师之间应互相交流，共同培养研究生的创新能力；③**加强研究生的科研实训和科研交流**。科研实训是创新能力培养的较好途径，研究人员建议研究生多参加学术竞赛、科研项目、科研学术会议，培养自身的科研素养，拓展视野。

虽然有关研究生创新能力的培养研究较多，但主要集中在研究生教学上。然而研究生与自己导师相处时间最长，导师自身对研究生创新能力的培养最为重要和有效。但相关研究鲜见报道。本研究拟根据动物学专业的特点，对硕士生导师如何培养动物学硕士生的创新能力进行系统研究，以期摸索出一套动物学硕士生的培养模式。

15.2.1 研究生实践技能的培养

1. 专业技能的培养：专业技能是创新能力培养的基础，本项目拟对研究生的专业技能进行规划，在研一(保研的学生可以在大四)让他们与研二研三的研究生一起参加动物学的野外工作，如安排他们去附近的保护区做一些关于鸟类行为的工作。并让他们独立完成一些小课题。

2. 数据处理技能：研究生在研一完成数据处理常用方法的学习，如 SPSS 等数据处理软件的学习。

15.2.2　研究生专业理论知识的培养

1. 文献阅读与汇报交流：理论知识是创新能力的源泉，对研究生来说非常重要。首先入学前让他们完成导师所有论文的阅读，并写出文献综述。入学后，围绕研究生未来从事的方向布置一些研究题目，让学生阅读文献有一定的范围，有的放矢。每半个月举办一次所有研究生的读书报告和研讨，每月研究生阅读文献30～40 篇。每半年每位研究生对半年来所有阅读过的文献进行整理，并综述其内容，汇报交流。

2. 学术交流：学术会议的参加可很好地提高研究生的理论知识。研究生每两年至少参加 1 次全国性的动物学大会。

15.2.3　研究生写作技能的培养

1. 综述、研究报告和会议摘要的撰写：鼓励研一学生将自己阅读的文献，以综述的形式写出来，导师修改并点评。同时参与研究报告的撰写。如果参加会议，在研一下学期让其积极撰写会议摘要。高年级的研究生每年写 1～2 篇文献综述。

2. 专业论文的写作：研究生一般在研一下学期(保研的学生)或研二上学期，开始专业论文的全文撰写，在老师的修改下不断提高自己的写作水平。研二研三至少发表 B 类文章 2～3 篇或 A 类文章 1 篇。

15.3　硕士研究生选题、摘要示范及成果展示

硕士论文选题及摘要示范 1

中华秋沙鸭越冬生态与保护对策

研究生姓名：曾宾宾

摘　　要

中华秋沙鸭 *Mergus squamatus* 属雁形目(Anseriformes)鸭科(Anatidae)，是我国特产稀有鸟类，国家 I 级重点保护动物。2002 年 IUCN 将中华秋沙鸭调为濒危物种。越冬地主要包括长江流域以南的广大地区，其中江西省是中华秋沙鸭的主要越冬分布地之一，数量较多，且比较稳定。目前，江西省中华秋沙鸭的越冬群体受到国内外鸟类学者的高度关注。有关中华秋沙鸭越冬期间的研究包括种群数

量、行为等，但未见中华秋沙鸭越冬生态及保护对策的专门报道。2010 年 11 月～ 2014 年 3 月，笔者在江西省鄱阳湖四大流域(修河、抚河、信江和饶河)的 8 个河段对中华秋沙鸭种群数量分布与动态、集群特征、栖息地选择、行为、活动范围、濒危因素、保护对策等越冬生态进行了调查，结果如下。

种群数量分布与动态：本次在江西的 8 个河段调查发现中华秋沙鸭的数量在 93～114 只，占全球种群总数量的 4.56%～11.40%。调查结果初步显示，每个河段中华秋沙鸭的种群数量均存在时间变异，不同河段的种群数量也存在较大变异。中华秋沙鸭越冬分布范围相对狭窄，在不同年份的分布范围相对固定。8 个河段中，修水段、宜黄段、弋阳段和婺源段种群数量相对稳定。

集群特征：中华秋沙鸭的集群类型包括雄性群、雌性群、混合群、雌性孤鸭和雄性孤鸭 5 种类型。越冬期间共记录到 145 群次，768 只次中华秋沙鸭。其中，混合群是最多的一种集群方式，孤鸭也是越冬期间出现频次较高的一种特殊的集群方式。集群类型存在时间变化($P<0.01$)。孤鸭和 2～8 只群占总群数的 80.69%，提示中华秋沙鸭主要以集小群分散活动。中华秋沙鸭越冬期间的群体大小是 (5.30 ± 5.20) 只/群。不同集群类型的群体大小差异较大。集群大小可能与采砂、捕鱼、食物的丰富度等环境因子有关。中华秋沙鸭雌雄性别比例为 1.49。性比存在明显的时间变化，11 月雄性个体的比例较其他月份高，且 11 月雄性孤鸭群占总群数的 22.73%，这是否与雄性个体先抵达越冬地有关还有待进一步证实。尽管 8 个河段的性比差异显著，但是大部分性比在 0.50～2.00。

栖息地选择：中华秋沙鸭越冬栖息地生境选择的主因子为水质因子、觅食环境因子和干扰因子。pH、经度、离浅滩最近距离、离大道最近距离等生境因子对栖息地选择影响最大；通过 Kruskal-Wallis 检验对信江、抚河、饶河、修河四大水系样方绝对值超过 0.6 的生境因子进行了比较分析，结果表明，4 个水系中 pH、经度、纬度 3 个因子差异水平极显著($P\leqslant0.01$)，离采砂场最近距离、离大道最近距离、离居民点最近距离 3 个因子差异水平显著($P<0.05$)。

行为：中华秋沙鸭越冬期的主要行为是取食、休息、游泳和修整。时间分配方面，雌雄中华秋沙鸭仅社会行为[雌：(2.13 ± 1.40)%和雄：(3.24 ± 1.55)%]存在显著性差异($t=-2.258$，$df=34$，$P<0.05$)，其他行为差异不显著($P>0.05$)。可能原因：①非繁殖期雌雄中华秋沙鸭主要任务均为生存；②雌雄个体大小差异不大，对能量的需求量相似。日活动节律方面，雌雄的取食和休息行为均存在显著的节律性变化($P<0.05$)，其他行为节律均不显著($P>0.05$)。温度对中华秋沙鸭越冬行为的影响较大，时间分配方面，在<10℃月份环境下，取食($t=-2.166$，$df=16$，$P<0.05$)行为显著高于>10℃月份，而游泳($t=5.096$，$df=16$，$P<0.05$)行为则相反，其他行为差异不显著($P>0.05$)。这一结果表明，平均温度降低时，中华秋沙鸭需要摄取更多的食物以补充寒冷天气能量的消耗，并减少游泳行为降低耗能。日活动节律方面，>10℃月份中华秋沙鸭日活动节律，仅警戒[$F_{(10,77)}=1.96$, $P<0.05$]行为存在显著的节律性变化，其他行为的节律性变化不显著（$P>0.05$）。<10℃月份中华秋沙鸭取食[$F_{(10,86)}=5.93$, $P<0.05$]和休息[$F_{(10,86)}=3.42$, $P<0.05$]行为存在显著的节律性变化，其他行为的节律性变化不显著（$P>0.05$）。研究结果表明，温度可以改变中华秋沙鸭的日活动节律，低温使中华秋沙鸭在夜间消耗较多能量，因此中华秋沙鸭在上午花更多的时间取食来补充能量。休息行为在>10℃月份，中午和傍晚均有一个小的高峰，而在<10℃月份从 11:00 开始（除 13:00～13:59）均保持较高的水平。中华秋沙鸭采取这种对策，可能是<10℃月份，晚上和下午温度较低，为了减少消耗，从下午就开始增加休息行为。低温条件下，中华秋沙鸭增加修整和休息行为，这一结果支持"鸟类在低温环境下通过减少行为活动以降低能量消耗和热量损失"这一观点。

日移动距离和活动范围：对江西宜黄县中华秋沙鸭日移动距离和活动范围进行调查。结果显示，中华秋沙鸭日移动距离（3100±1313）m，日活动范围为（122 460±42 019）m^2，整个越冬期活动范围为 202 350 m^2。不同月份日移动距离无显著差异（$F=0.658$, $P>0.05$）。1月与2月、2月与3月的日活动范围差异显著（$P<0.05$），其中 2 月日活动范围最大。其余月份间日活动范围差异不显著（$P>0.05$）。2月正值春节，人为活动较为频繁，中华秋沙鸭日活动范围显著增大。日移动距离与日活动范围相关性不显著（$R=0.256$, $df=12$, $P>0.05$）。日移动距离与日照长度、日最低温度、日最高温度、月份和水位相关性不显著（$P>0.05$），日活动范围仅与日最低温度相关性显著（$R=0.817$, $df=7$, $P<0.01$）。移动距离和活动范围呈现上午下午略长（大），中午略短（小）。

栖息河道及两侧岸边鸟类：鄱阳湖流域中华秋沙鸭栖息河道及两侧岸边共记录鸟类 13 目 36 科 107 种。其中，国家 I 级重点保护鸟类 1 种，即中华秋沙鸭，国家 II 级重点保护鸟类 10 种。居留型方面，留鸟和冬候鸟最多，分别占鸟类物种总数的 57.61%和 35.51%。鸟类区系上，古北界种类最多，占 41.12%。其次是东洋界鸟类，占 32.71%。

致危因子与保护对策：中华秋沙鸭在江西分布区的主要致危因素包括：采砂、非法捕鱼、河岸带植被破坏和水体污染等。建议将有中华秋沙鸭分布的地区划入附近的保护区内，种群数量较大的地区可以单独成立保护区。保护对策分为①加强河流管理；②限制采砂强度；③将部分区域纳入保护区；④禁止非法捕鱼；⑤保护植被；⑥适当控制水位；⑦控制水体污染。

关键词：中华秋沙鸭；越冬期；致危因子；鄱阳湖流域；江西

硕士论文选题与摘要示范2

鄱阳湖越冬水鸟数量分布及4种鹤类生态习性研究

研究生姓名：蒋剑虹

摘　　要

鄱阳湖是东亚–澳大利亚迁徙路线上一处重要的水鸟栖息地,是不少濒危水鸟的避难所。笔者于2012～2015年越冬期对鄱阳湖5个区域水鸟的数量分布及鹤类的昼间行为模式、觅食行为、集群特征、年龄结构、生态位分化等生态习性进行了研究,结果如下：

(1)水鸟的数量分布：两个越冬季共记录水鸟6目15科76种,包括49种冬候鸟。国家Ⅰ级重点保护鸟类有4种：黑鹳 Ciconia nigra、东方白鹳 C. boyciana、白鹤 Grus leucogeranus 和白头鹤 G. monacha；国家Ⅱ级重点保护鸟类有6种。列入IUCN极危物种的有白鹤和青头潜鸭 Aythya baeri,濒危物种有东方白鹳,近危物种有3种,易危物种有6种。鄱阳湖国家级自然保护区(简称PYH,62种)分布的物种数最多。2012～2013年越冬期共记录主要及常见物种24种,2014～2015年越冬期共记录主要及常见物种29种。对应分析显示,白鹤、白头鹤、东方白鹳和反嘴鹬 Recurvirostra avosetta 两年来均偏好PYH,苍鹭 Ardea cinerea 两年来均偏好南矶湿地国家级自然保护区(简称NJ),灰鹤 G. grus 和红嘴鸥 Larus ridibundus 两年来均偏好白沙洲自然保护区(简称BS),赤麻鸭 Tadorna ferruginea 两年来均偏好都昌候鸟省级自然保护区(简称DC)。水位高度与不同区域水鸟的数量分布主要呈负相关,䴙䴘科水鸟因潜水取食需要一定水深及部分样点受人工控制水位常高于主湖等原因,其分布数量与水位高度在部分区域呈显著正相关。主要及常见水鸟的多数物种在浅水生境分布比例最高。

(2)稻田生境的灰鹤行为模式和觅食行为：觅食(64.09%)行为所占比例最大,其次为警戒、飞行和修整。4种主要行为中,觅食行为时间分配随越冬前期(11月)、中期(12月～翌年1月)和后期(2月)逐渐增加,其余行为时间均逐渐减少。日最低温度升高、日最高温度降低、日照长度增加及湿度降低都会使修整行为增加；日照长度增加和湿度降低时,觅食行为增加；日照长度增加时,警戒行为减少。环境因子对成鹤影响效果与总体相同,仅显著影响幼鹤的觅食行为。灰鹤昼间各时段觅食行为保持较高水平,觅食高峰出现在11:00～11:59和17:00～17:30。灰鹤觅食生境与其夜宿地分离，致其上午觅食高峰有所推后。幼鹤昼间行为节律与成鹤有较大差异，各时段觅食行为比例均高于成鹤。稻田生境灰鹤的平均啄食频率为 (32.06 ± 0.47) 次/min，平均步行频率为 (6.55 ± 0.35) 步/min。啄食频率与步行频率呈极显著负相关。稻田中食物资源的可利用性逐渐下降，灰鹤的啄食频率随时间推移逐渐降低，为保证越冬期间获取足够的能量供应，灰鹤采取逐渐增加步行频率和觅食时间的策略。有觅食间隔的抽样单元（1min）中，平均警戒次数为 (1.37 ± 0.04) 次/单元，平均警戒持续时间为 (6.02 ± 0.37) s/单元；成鹤的警戒时间多于幼鹤，个体在家庭群中的警戒持续时间多于聚集群。

（3）集群特征：2014～2015 年越冬期白鹤的平均集群大小为 23.86 ± 10.26 只，白头鹤为 (6.42 ± 1.63) 只，白枕鹤为 (6.09 ± 2.55) 只[2012～2013 年为 (7.52 ± 2.71) 只]，灰鹤为 (5.55 ± 1.26) 只[2012～2013 年为 (8.16 ± 1.37) 只]，物种间差异不显著。越冬期 4 种鹤类平均家庭群大小在 2.5～2.8 只，物种间差异不显著，2014～2015 年白鹤的平均聚集群大小略大[(84.56 ± 37.64) 只]，灰鹤略小[(14.97 ± 5.17) 只]，物种间差异不显著。4 种鹤类的集群类型均以家庭群为主，占 63%～72%，家庭群以 2 成 1 幼或 2 成比例最高。鄱阳湖鹤类的集群大小并不符合警戒行为对集群大小的预测，生境质量差异可能是影响鄱阳湖鹤类集群大小的主要原因之一。

（4）年龄结构：2014～2015 年白鹤的幼鸟比例为 12.27%，白头鹤为 14.42%，白枕鹤为 16.59%，灰鹤为 20.46%（2012～2013 年为 20.21%）。白鹤和白枕鹤的幼鸟比例处于正常值范围内（10%～15%），灰鹤和白头鹤高于正常值。灰鹤、白枕鹤和白头鹤的幼鸟比例已超过处于增长期的美洲鹤 G. americana（13.9%），这 3 种鹤类在鄱阳湖地区的种群数量可能处于增长或稳定状态，而白鹤的种群状态需格外关注，白头鹤的幼鸟比例年际间也有较明显的下降。鄱阳湖 4 种鹤类的幼鸟比例在越冬前期至后期显著下降，高于落基山地区大沙丘鹤 G. canadensis tabida 秋季至冬季的下降比例。

（5）生态位分化：4 种鹤类中灰鹤的生态位宽度最宽，空间生态位（样点选择）宽度较宽（窄）的物种生境生态位（生境类型选择）一般也较宽（窄），这可能是由 4 种鹤类的适应能力差异导致。4 种鹤类之间的生态位重叠度并不高，样点选择方面在 0.09～0.63，生境类型选择方面在 0.11～0.57，说明 4 种鹤类在栖息地点和生境类型选择上产生了较好的生态位分化。4 种鹤类空间生态位重叠度较高（低）的种生境生态位重叠也较高（低）。

关键词：白鹤；白头鹤；白枕鹤；灰鹤；行为；集群；年龄结构

硕士论文选题与摘要示范 3

鄱阳湖东方白鹳及两种雁类越冬生态的初步研究

研究生姓名：郭　宏

摘　要

（1）2013 年 11 月～2015 年 3 月，对鄱阳湖 4 个保护区（鄱阳湖国家级自然保护区、鄱阳湖南矶湿地国家级自然保护区、白沙洲自然保护区和都昌候鸟省级自然保护区）的越冬东方白鹳 Ciconia boyciana 的数量分布、共存涉禽的行为比较、取食对策和共存水鸟做了研究，结果如下。

1）随着越冬时间推移，东方白鹳的种群数量呈先增后减的趋势，其中在 1 月达到峰值，为 2351 只。分布上看，南矶湿地和鄱阳湖两个国家级自然保护区是东方白鹳的重要越冬区域。

2）东方白鹳与其 3 种共存涉禽——白鹤 Grus leucogeranus、苍鹭 Ardea cinerea 和白琵鹭 Platalea leucorodia 的行为比较研究显示。白鹤的取食行为比例远高于东方白鹳、苍鹭和白琵鹭，原因是：边走边取食的白鹤、东方白鹳和白琵鹭在取食时较苍鹭消耗更多的能量，它们通过花费更多的取食时间弥补能量的消耗；植食性的白鹤需投入大量时间摄取食物，才能获得足够的能量收入。东方白鹳、白琵鹭和苍鹭对能量的获取和消耗存在一定的权衡，分别采取不同的行为对策。行为节律的研究显示，东方白鹳（08:00～08:59 和 16:00～16:59）、白琵鹭（07:00～07:59 和 17:00～）和苍鹭（16:00～16:59）的取食高峰并不同步，取食的"错峰"将减轻三种动物性食性为主的涉禽对食物资源利用出现的激烈竞争，以达到共存。

3）越冬东方白鹳取食地选择存在时间差异，随着时间推移，逐渐由浅水转向草地。浅水中东方白鹳以取食鱼类和软体动物为主，处理 > 15cm 的鱼用时（201.07±35.31）s（n=23），处理 < 15cm 的鱼用时（85.22±20.86）s（n=14）。

4）2014 年 11 月～2015 年 3 月，记录东方白鹳的共存水鸟 6 目 13 科 46 种；其中，国家Ⅰ级重点保护鸟类 3 种，即黑鹳 C. nigra、白鹤和白头鹤 G. monacha，国家Ⅱ级重点保护鸟类 5 种，即白琵鹭、小天鹅 Cygnus columbianus、白额雁 A. calbifron、灰鹤 G. grus 和白枕鹤 G. vipio。46 种共存水鸟中，小鸊鷉 Tachybaptus ruficollis、苍鹭、白琵鹭等种类与东方白鹳共存的月频次较多，关系较为密切。

　　(2)2014 年 12 月～2015 年 3 月,对鄱阳湖南矶湿地国家级自然保护区越冬的鸿雁和白额雁进行了调查,从行为和生境利用两方面阐述两种大雁的生态位分化。研究结果如下。

　　1)鸿雁和白额雁均以静栖和觅食行为为主,鸿雁的静栖比例最大,白额雁的取食比例最大。行为节律上,鸿雁的觅食高峰出现在 14:00～14:59;白额雁的觅食行为在 8:00～8:59、11:00～11:59 和 16:00～16:59 时段较高。取食时间上的"错峰"分化将减轻两者对食物资源利用出现的激烈竞争以达到共存。

　　2)鸿雁主要利用浅水和泥滩,白额雁主要利用草地,两种大雁对生境的离岸距离均集中选择在＞400m 区间。两种大雁生境类型选择的分化避免了离岸距离的生态位重叠较大带来的种间竞争,利于两者获得最大化的适合度,以降低种间竞争达到共存。

　　关键词:东方白鹳;越冬期;数量分布;行为模式;取食对策;生态位分化

附　部分研究生成果

曾宾宾硕士阶段第一或第二作者发表的论文

1. 邵明勤, 曾宾宾, 徐贤柱, 等. 2013. 鄱阳湖流域非繁殖期鸟类多样性. 生态学报, 33(1): 140-149.
2. 曾宾宾, 邵明勤, 赖宏清, 等. 2013. 性别和温度对中华秋沙鸭越冬行为的影响. 生态学报, 33(12): 3712-3721.
3. Shao M Q, Zeng B B, Tim H, et al. 2012. Winter ecology and conservation threats of Scaly-sided Merganser *Mergus squamatus* in Poyang Lake Watershed, China. Pakistan Journal of Zoology, 44(2): 503-510.
4. 邵明勤, 曾宾宾, 尚小龙, 等. 2012. 江西鄱阳湖流域中华秋沙鸭越冬期间的集群特征. 生态学报, 32(10): 3170-3176.
5. 邵明勤, 曾宾宾, 王洪斌, 等. 2011. 江西婺源发现白化斑嘴鸭. 安徽农业科学, 39(10): 5873.
6. 获得江西师范大学优秀硕士论文和江西省优秀硕士论文
7. 硕士期间获得硕士研究生国家奖学金和熊智明奖学金

石文娟硕士阶段第一或第二作者发表的论文

1. 邵明勤, 石文娟, 蒋剑虹, 等. 2015. 江西南昌市迁徙期和越冬期湖泊鸟类多样性. 生态与农村环境学报, 31(3): 326-333.
2. 邵明勤, 石文娟, 蒋剑虹, 等. 2014. 南昌市艾溪湖和瑶湖鸟类多样性初步研究. 湖北农业科学, 53(2): 382-384.
3. Shao M Q, Shi W J, Zeng B B, et al. 2014. Diving behavior of Scaly-sided Merganser *Mergus squamatus* in Poyang Lake watershed, China. Pakistan Journal of Zoology, 46(1): 284-287.
4. 石文娟, 邵明勤, 曾宾宾, 等. 2013. 鄱阳湖非繁殖期陆生鸟类多样性初步研究. 四川动物, 32(6): 938-943.
5. 硕士期间获得硕士研究生国家奖学金

蒋剑虹硕士阶段第一或第二作者发表的论文

1. 邵明勤, 蒋剑虹, 戴年华, 等. 2017. 鄱阳湖 4 种鹤类集群特征与成幼组成的时空变化. 生态学报, 37(6): 1777-1785.

2. 邵明勤, 蒋剑虹, 戴年华. 2016. 鄱阳湖非繁殖期水鸟的微生境利用及对水位的响应. 生态学杂志, 35(10): 2759-2767.

3. 蒋剑虹, 邵明勤. 2015. 小䴙䴘和凤头䴙䴘越冬潜水行为及差异. 四川动物, 34(5): 719-724.

4. 蒋剑虹, 戴年华, 邵明勤, 等. 2015. 鄱阳湖区稻田生境中灰鹤越冬行为的时间分配与觅食行为. 生态学报, 35(2): 270-279.

5. 蒋剑虹, 陈斌, 邵明勤. 2015. 鄱阳湖越冬水鸟共存机制的初步研究. 江西师范大学学报(自然科学版), 39(3): 257-262.

6. 邵明勤, 蒋剑虹, 石文娟, 等. 2014. 江西主要湿地鸟类资源与区系分析. 生态科学, 33(4): 723-729.

7. 邵明勤, 蒋剑虹, 戴年华, 等. 2014. 鄱阳湖越冬灰鹤和白枕鹤的数量与集群特征. 生态与农村环境学报, 30(4): 464-469.

8. Shao M Q, Jiang J J, Guo H, et al. 2014. Abundance, distribution and diversity variations of wintering water birds in Poyang Lake, Jiangxi Province, China. Pakistan Journal of Zoology, 46(2): 451-462.

9. 获江西师范大学优秀硕士论文

10. 硕士期间获得硕士研究生国家奖学金

郭宏硕士阶段第一或第二作者发表的论文

1. 邵明勤, 郭宏, 胡斌华, 等. 2016. 鄱阳湖南矶湿地国家级自然保护区 3 种涉禽行为比较. 湿地科学, 14(4): 458-463.

2. 郭宏, 邵明勤, 胡斌华, 等. 2016. 鄱阳湖南矶湿地国家级自然保护区 2 种大雁的越冬行为特征及生态位分化. 生态与农村环境学报, 32(1): 90-95.

3. Shao M Q, Guo H, Cui P, et al. 2015. Preliminary study on time budget and foraging strategy of wintering oriental white stork at Poyang Lake, Jiangxi Province, China. Pakistan Journal of Zoology, 47(1): 71-78.

4. Shao M Q, Guo H, Cui P, et al. 2015. Habitat Selection of Wintering Chinese Merganser *Mergus squamatus*. Pakistan Journal of Zoology, 47(5): 1421-1426.

5. Shao M Q, Guo H, Jiang J H. 2014. Population sizes and group characteristics of Siberian Crane(*Grus leucogeranus*)and Hooded Crane (*Grus monacha*) in Poyang Lake Wetland. Zoological Research, 35(5): 373-379.

6. 硕士期间获得江西省政府奖学金

陈斌硕士阶段第一或第二作者发表的论文及获奖

1. Shao M Q, Chen B, Cui P, et al. 2017. Home Range and Group Characteristics of Wintering Scaly-Sided Merganser *Mergus squamatus* in the Watershed of Poyang Lake, China. Pakistan Journal of Zoology. 49(3): 1005-1011. (SCI)

2. Shao M Q, Chen B. 2017. Effect of sex, temperature, time and flock size on the diving behavior of the wintering Scaly-sided Merganser (*Mergus squamatus*). Avian research: 50-56.

3. 邵明勤, 陈斌. 2017. 中华秋沙鸭越冬期昼间行为能量支出及其变化. 湿地科学, 15(4): 483-488.

4. 邵明勤, 陈斌, 蒋剑虹. 2016. 鄱阳湖越冬雁鸭类的种群动态与时空分布. 四川动物, 35(3): 460-465.

5. Shao M Q, Chen B, Cui P, et al. 2016. Sex Ratios and Age Structure of Several Waterfowl Species Wintering at Poyang Lake, China. Pakistan Journal of Zoology. 48(3): 839-844.

6. 陈斌, 蒋剑虹, 邵明勤. 2015. 小䴙䴘和凤头䴙䴘越冬行为的时间分配及活动节律. 湿地科学, 13(5): 587-592.

7. 硕士期间获得硕士研究生国家奖学金